Dictionary of Soil Bioengineering
Wörterbuch Ingenieurbiologie

English
Deutsch
Français
Italiano

Matthias Oplatka
Christoph Diez
Yves Leuzinger
Fabio Palmeri
Lorenzo Dibona
Pierre-André Frossard

Verein für
Ingenieurbiologie (Hrsg.)

Hochschulverlag AG an der ETH Zürich B.G. Teubner Stuttgart

Die Deutsche Bibliothek – CIP-Einheitsaufnahme

Dictionary of soil bioengineering = Wörterbuch Ingenieurbiologie: English, deutsch, français, italiano / Matthias Oplátka ... – Zürich: vdf; Stuttgart: Teubner, 1996

ISBN 978-3-519-05042-1 ISBN 978-3-322-91992-2 (eBook)
DOI 10.1007/978-3-322-91992-2

NE: Oplatka, Matthias; Wörterbuch Ingenieurbiologie

ISBN 978-3-519-05042-1

Der vdf dankt dem Schweizerischen Bankverein für die Unterstützung zur Verwirklichung seiner Verlagsziele

Contents • Inhalt • Contenu • Contenuto

Preface

To date the use of vegetation for the protection and rehabilitation of land is being demonstrated by a few far-sighted individuals. These individuals have recognised the need to consider cost-effective and environmentally-friendly techniques. As this group grows in numbers, interest in soil bioengineering is developing, standards are being raised and ideas are being exchanged.

Soil bioengineering unites a number of professionals with civil engineering, geomorphology, planning, forestry and horticultural skills. These professionals have the common aim of designing and implementing a quality solution to a specific problem. This multi-disciplinary synergy of ideas and approaches to solving problems can be an exciting and dynamic way to work; the players bring their own methodologies, bases and views of the problem.

Innovative solutions often stem from a knowledge and respect for older labour-intensive technologies. Such skills have , in recent decades, been undervalued and sometimes forgotten. Soil bioengineering offers a chance to revive some of those skills and combine what is best of our modern technologies with a respect for indigenous and sustainable forms of land care.

Soil bioengineering is finding an effective role in less developed countries where it is proving to be not only cost-effective but socially more sensitive. Soil bioengineering draws on indigenous skills and generates employment. The design of soil bioengineering techniques that are sensitive to local conditions can offer mutual benefits to both engineers and local people. These benefits include local peoples' rights to harvest fodder or coppiced wood from road sides whilst in turn managing a system that is protecting slopes form erosion and failure. Favourable growing conditions found in the sub tropics mean that results from well designed soil bioengineering solutions can be quickly realised.

We are now at a point where there is a critical mass of world wide professionals who appreciate the benefits of soil bioengineering. In order to exchange ideas between different professions, speaking different languages and from differing cultural and professional backgrounds, effective communication is essential.

The drawing up of a dictionary which is specifically aimed at assisting in information transfer and communication of ideas and concepts is commendable. The authors of the dictionary of soil bioengineering have achieved a useful and practical goal in drawing together over two thousand soil bioengineering expressions. The enhanced understanding of soil bioengineering terms which is made possible by this dictionary will contribute to the raising of standards, draw together specifications and increase the numbers of professionals utilising soil bioengineering.

Although a dictionary is extremely helpful it is important to remember that it is only a tool, and like other tools, it needs to be used. Ultimately we are the ones responsible for improving the environment that we live in and this is made more possible through effective communication and informed decision-making.

Jane Clark

Natural Ressources Institute
Chatham Maritime – Great Britain

Vorwort

Ingenieurbiologische Sicherungsmassnahmen versuchen durch die Verwendung der Pflanze als Baustoff schonend und friedlich mit der Landschaft umzugehen. Und friedliche Technologie darf und soll weiterverbreitet werden.

Das ist auch das Ziel des vorliegenden Wörterbuches, das in mühevoller Arbeit und grösstenteils unentgeltlich zusammengestellt worden ist. Den Verfassern und Mitarbeitern danke ich an dieser Stelle sehr für ihre wertvolle Grundlage zur Weiterverbreitung landschaftsschonender Bauweisen.

Vielen Menschen sind die Methoden der Ingenieurbiologie fremd, weil es für sie nicht leicht ist, die Fähigkeiten der Pflanze zu verstehen. Noch geringer wird das Verständnis, wenn diese Bauweisen in einer anderen Sprache beschrieben sind.

Der Schutz der Natur darf weder vor Staats- noch Sprachgrenzen haltmachen. Nichterneuerbare Energie und Rohstoffe müssen daher auf der ganzen Welt eingespart werden, vor allem dort, wo sie rücksichtslos verschwendet werden. Auch die menschliche Arbeitskraft, welche in den letzten Jahrzehnten so erschreckend stark wegrationalisiert worden ist, gewinnt bei ingenieurbiologischen Bauweisen wieder an Bedeutung. Wenn wir für diese Technik werben, so treten wir nicht als Welterneuerer auf, sondern suchen um Verständnis für einen schonenden Umgang mit den Ressourcen der Erde.

Der sorglose Umgang mit der Natur und die dadurch entstandenen Schäden sind nur schwer wiedergutzumachen. Doch vielleicht gelingt es, den vielzitierten Tropfen auf das volle Glas zu verhindern.

Wenn wir dazu imstande sind, dann hat das vorliegende, Sprachgrenzen überschreitende Wörterbuch den Zweck erfüllt.

Univ. Prof. Dr. Florin Florineth

Fachbereich Ingenieurbiologie und Landschaftsbau
Universität für Bodenkultur – Wien

Préface

Le langage sert de vecteur aux idées et celles-ci s'expriment le mieux lorsqu'on utilise les mots adéquats. Le dictionnaire technique et polyglotte que voici doit faciliter la compréhension des termes, dans le vaste domaine du génie biologique, lors d'échanges d'informations entre partenaires de langues différentes. Il s'agit donc d'un ouvrage moderne et interdisciplinaire touchant les diverses facettes du génie biologique. A l'heure actuelle, où toutes les sciences et les techniques ne sont plus l'apanage d'une seule nation, il est devenu primordial de pouvoir communiquer, d'échanger correctement des informations à travers la barrière des langues. Même si un tel lexique est le reflet de la connaissance dans un domaine très spécialisé, il a fallu faire des choix afin de pouvoir en tirer la meilleure part, livrer celle-ci par ordre alphabétique dans chaque langue traitée. Finalement, ce sont plus de 2000 expressions anglaises avec leur traduction en allemand, en français et en italien qui ont été retenues dans cet ouvrage. Il s'agit donc d'un recueil des mots du génie biologique avec les correspondances dans quatre langues différentes. Un tel recueil n'est jamais complet et le dictionnaire montrera à l'usage s'il y a des lacunes à combler. Il devra en premier lieu permettre de stimuler le dialogue dans ce domaine en plein essor qu'est le génie biologique.

On ne peut terminer cette courte préface sans remercier les auteurs et les nombreux collaborateurs de cet ouvrage. Les uns et les autres ont fait preuve de beaucoup d'enthousiasme, de persévérance et d'idéalisme. Ils ont accompli un travail d'équipe remarquable et surtout mis leurs connaissances et compétences au service de tous afin que soit réalisé avec succès ce premier dictionnaire du génie biologique. Notre souhait est qu'il jouisse rapidement d'un large rayonnement.

André Chervet

Laboratoire de recherches hydrauliques,
hydrologiques et glaciologiques (VAW) – Zurich

Prefazione

Viene presentata la prima edizione del Dizionario in quattro lingue (inglese, tedesco, francese e italiano) dei termini dell'Ingegneria naturalistica intesa in senso lato e comprendente quindi vari settori, come per esempio l'idraulica, le costruzioni in terra, la geomorfologia, l'ecologia, ecc.

L'opera è il risultato di una grossa ricerca bibliografica pluriennale di quanto prodotto sinora in questo campo, principalmente nel Centro Europa. Il Dizionario è di fondamentale utilità sia nelle traduzioni specialistiche nel settore dell'Ingegneria naturalistica, che per la lettura della bibliografia tecnica, notoriamente prodotta principalmente in lingua tedesca.

L'opera è da considerarsi aperta a tutte le osservazioni, aggiunte e modifiche che scaturiranno dal suo utilizzo e in una possibile futura edizione è previsto l'inserimento della lingua spagnola, nonchè della nuova terminologia che inevitabilmente verrà prodotta a seguito delle applicazioni in ambiente mediterraneo (Italia, Spagna, Grecia).

Alla data della presente edizione è in fase di costituzione un Comitato Europeo per la redazione di un glossario plurilingue, con descrizione delle principali tecniche di Ingegneria naturalistica, quale indispensabile corredo al presente vocabolario e prima attività della neocostituita Federazione Europea per l'Ingegneria Naturalistica (F.E.I.N.).

Giuliano Sauli

Naturstudio – Trieste

Authors
Autoren
Auteurs
Autori

Oplatka Matthias, Versuchsanstalt für Wasserbau, Hydrologie und Glaziologie, ETH-Zürich, Schweiz

Diez Christoph, Forstingenieurbüro Diez, Grosshöchstetten, Schweiz

Leuzinger Yves, Bureau NATURA, Les Reussilles, Suisse

Palmeri Fabio, Studio Forestale/Forstingenieurbüro, Bolzano/Bozen, Italia/ Italien

Dibona Lorenzo, Studio Forestale/Forstingenieurbüro, Belluno, Italia/ Italien

Frossard Pierre-André, Bureau Biotec, Vicques, Suisse

Publishing
Herausgabe
Edition
Edizione

The publication of this dictionary was financially supported by:

Die Herausgabe dieses Werkes wurde ermöglicht durch die finanzielle Unterstützung von:

La publication de cet ouvrage a été rendue possible grâce au soutien financier de:

La presente pubblicazione è stata resa possibile grazie al sostegno finanziario di:

Verein für Ingenieurbiologie, 8810 Horgen, Schweiz

Direktion für Entwicklungszusammenarbeit und humanitäre Hilfe (DEH), 3003 Bern

Bundesamt für Umwelt, Wald und Landschaft (BUWAL), Eidg. Forstdirektion, 3003 Bern

Meliorations- und Vermessungsamt, Amt für Gewässerschutz und Wasserbau, Oberforstamt und Amt für Raumplanung des Kantons Zürich, 8090 Zürich

Acknowledgements

This dictionary was made possible by the combined efforts of a small group of motivated members of the Swiss Society for Soil Bioengineering. The mammoth task of preparing such a dictionary would have been impossible without the assistance of countless experts who reviewed and commented on the provisional scripts. Here, we would like to thank all those, who supported us in our undertaking.

Verdankungen

Das vorliegende Wörterbuch wurde von einer kleinen Gruppe engagierter Mitglieder des schweizerischen Vereins für Ingenieurbiologie erarbeitet. Die grosse Aufgabe hätte aber nie ohne die wertvolle Mitarbeit der unzähligen Experten und Expertinnen, die in zwei Vernehmlassungsrunden zu unseren Entwürfen Stellung genommen haben, bewältigt werden können. Wir danken an dieser Stelle allen, die uns in irgendeiner Form bei unserem Vorhaben unterstützt haben.

Remerciements

Le présent dictionnaire est l'ouvrage d'un petit groupe de membres engagés de l'Association suisse pour le génie biologique. Toutefois, un travail d'une telle envergure n'aurait pas abouti sans le précieux concours d'innombrables spécialistes qui, lors de deux consultations successives, ont fait connaître leur avis à propos des différentes versions esquissées. Nous aimerions donc remercier ici tous ceux qui, d'une manière ou d'une autre, nous ont soutenus dans l'élaboration de ce projet.

Ringraziamenti

Il presente dizionario è stato redatto da un ristretto ma attivo gruppo di soci della società svizzera d'ingegneria naturalistica. Il difficile compito non si sarebbe potuto portare a termine senza la preziosa collaborazione di innumerevoli esperti che hanno preso posizione ed inviato osservazioni, in due tornate successive, sulle bozze di lavoro. Ringraziamo qui tutti coloro che, in qualsivoglia forma, ci hanno sostenuti nel nostro intento.

Contributors
Mitarbeiter und Mitarbeiterinnen
Collaborateurs et Collaboratrices
Collaboratori e Collaboratrici

AIPIN, Associazione Italiana per l'Ingegneria Naturalistica, Comitato Tecnico Glossario, Trieste, Italia

Badeja Thérèse, Zürich, Schweiz

Barker David, Geostructures Consulting, Kent, Great Britain

Baroffio Catherine, Egg ZH, Schweiz

Bezzola Gian Reto, Versuchsanstalt für Wasserbau, Hydrologie und Glaziologie, ETH-Zürich, Schweiz

Bokor-Byrde Christiane, Eidgenössisches Meliorationsamt, Bern, Schweiz

Broll Mario, Ripartizione 32 Foreste/Abteilung 32 Forstwirtschaft, Bolzano/Bozen, Italia/Italien

Bureau NATURA, Les Reussilles, Suisse

Chervet André, Versuchsanstalt für Wasserbau, Hydrologie und Glaziologie, ETH-Zürich, Schweiz

Clark Jane, Natural Resources Institute, Kent, Great Britain

Combe Jean, Antenne romande AR-FNP, EPFL Ecublens, Lausanne, Suisse

Dougoud Jacqueline, Schweizerische Vereinigung für Gewässerschutz und Lufthygiene (VGL), Zürich, Schweiz

Dousse Monique, Forschungsanstalt für Wald, Schnee und Landschaft, Birmensdorf, Schweiz

Evert Klaus-Jürgen, International Federation of Landscape Architects (IFLA), Stuttgart, Deutschland

Faeh Andrew, Versuchsanstalt für Wasserbau, Hydrologie und Glaziologie, ETH-Zürich, Schweiz

Florineth Florin, Institut für Landschaftsplanung und Ingenieurbiologie, Universität für Bodenkultur, Wien, Österreich

Gerber-Balmelli Carmen, Zürich, Schweiz

Göldi Christian, Amt für Gewässerschutz des Kantons Zürich, Zürich, Schweiz

Greminger Peter, Eidg. Forstdirektion, Bundesamt für Umwelt, Wald und Landschaft (BUWAL), Bern, Schweiz

Guidici Fulvio, FNP Sottostazione Sud delle Alpi, Bellinzona, Svizzera

Howell John, Natural Resources Institute, Kent, Great Britain

Kienholz Hans, Geographisches Institut, Universität Bern, Schweiz

Lehmann Christoph, Landeshydrologie und -geologie, Bundesamt für Umwelt, Wald und Landschaft (BUWAL), Bern, Schweiz

Loat Roberto, Bundesamt für Wasserwirtschaft (BWW), Bern, Schweiz

Monney Vincent, Zürich, Schweiz

Moos Rolf, Schweizerische Bundeskanzlei, Sektion Terminologie, Bern, Schweiz

Newson Robin & Janet, Oxfordshire, Great Britain

Niederer Stefan, Niederer und Pozzi, Zürich, Schweiz

Oggionni Francesca, Progetto Verde, Milano, Italia

Osterwalder Walter, ITECO, Affoltern a.Albis, Schweiz

Pagnoncini Celso, Interkantonale Försterschule, Maienfeld, Schweiz

Pellandini Stefano, Faido, Svizzera

Peter Armin, EAWAG, Kastanienbaum, Schweiz

Polli Bruno, Servicio Cantonale della Caccia e Pesca, Bellinzona, Svizzera

Pramstraller Alexander, Ripartizione 30 Acque pubbliche ed opere idriche/Abteilung 30 Wasserwirtschaft und Wasserschutzbauten, Bolzano/Bozen, Italia/Italien

Raemy Felix, Versuchsanstalt für Wasserbau, Hydrologie und Glaziologie, ETH-Zürich, Schweiz

Rickenmann Dieter, Forschungsanstalt für Wald, Schnee und Landschaft, Birmensdorf, Schweiz

Sauli Giuliano, Naturstudio, Trieste, Italia

Schaub Daniel, Geographisches Institut, Universität Basel, Schweiz

Schiechtl Hugo Meinhard, Innsbruck, Österreich

Schneider Gerda, Institut für Landschaftsplanung und Ingenieurbiologie, Universität für Bodenkultur, Wien, Österreich

Schneider Pascal, Professur für Waldbau, ETH-Zürich, Schweiz

Sotir Robbin, Robbin B. Sotir & Associates, Marietta, Georgia, United States of America

Stiles Richard, Institut für Landschaftsplanung und Gartenkunst, TU-Wien, Österreich

Studer Rolf, Natur- und Landschaftsschutz, Freiburg, Schweiz

Thommen Markus, Bundesamt für Umwelt, Wald und Landschaft (BUWAL), Bern, Schweiz

Tobias Silvia, Institut für Kulturtechnik, ETH-Zürich, Schweiz

Tognini Flavio, Sezione Forestale del Cantone del Ticino, Bellinzona, Svizzera

Trentini Mauro, Tecnovia s.r.l./GmbH, Bolzano/Bozen, Italia/Italien

Weibel Thomas, Geo Data Weibel, Horgen, Schweiz

Wiggert David, Michigan State University, East Lansing, United States of America

Wirz Walter, DEH, Bern, Schweiz

Verein für Ingenieurbiologie, Horgen, Schweiz

vdf, Hochschulverlag AG an der ETH Zürich, Schweiz

Versuchsanstalt für Wasserbau, Hydrologie und Glaziologie (VAW), ETH-Zürich, Schweiz

Zanini Barzaghi Christina, Carabbia, Svizzera

Aim and contents of the dictionary

This dictionary is intended as an aid for people involved with the practical planing, construction and maintenance of geotechnical and hydraulic structures employing soil bioengineering methods. Researchers in this field should also benefit from this dictionary.

It has been attempted to include a broad scope of soil bioengineering and fundamental aspects. This dictionary has been subdivided into 19 subject classes, for each of which a keyword is used, the abbreviation for which remains unchanged for the four languages (see p. XXIV). This abbreviation is given in the translations to enable subject classifications to be made. Topics common to those found in publications in the field of soil bioengineering methods and related fundamentals were selected (see p. XXXII).

This dictionary is principally orientated to conditions in Central Europe and in particular to the alp region. In regard to hydraulic structures for example, no reference is made to aspects relating to coastal protection works. Plant names have just a few been included in this dictionary, as these can already be found in other dictionaries.

We are aware of the fact that the chosen entries will not be able to satisfy all the requirements of people involved in such a broad field. We would therefore be very grateful for any **comments on missing or inaccurate entries**. The empty pages at the back of this book or the enclosed response card are intended for this purpose. Comments can be sent to: **Bureau Natura, Yves Leuzinger, Le Saucy 17, CH-2722 Les Reussilles, Switzerland.**

Ziel und Inhalt des Wörterbuches

Das vorliegende Wörterbuch soll als Übersetzungshilfe für Fachleute dienen, die sich mit der Planung, Ausführung und dem Unterhalt von ingenieurbiologischen Bauwerken im Erd- und Wasserbau beschäftigen oder in der dazugehörigen Forschung tätig sind.

Das Feld der Ingenieurbiologie und der benötigten Grundlagen wurde bewusst weit abgesteckt. Das Werk ist in 19 Sachgebiete aufgeteilt, für das je ein Schlagwort steht, welches mit einem in allen vier Sprachen gleichbleibenden Kürzel versehen ist (s. S. XXIV). Dieses Kürzel ist wieder bei den Übersetzungen aufgeführt und soll die sachliche Zuordnung erleichtern. Für die Auswahl der Begriffe zog die Arbeitsgruppe bestehende Fachwörterbücher und Fachbücher der Ingenieurbiologie und ihrer Grundlagen bei (s. S. XXXII).

Unser Wörterbuch berücksichtigt in erster Linie die Verhältnisse in Mitteleuropa und insbesondere im Alpenraum. Beim Wasserbau beispielsweise fehlt der Bereich der Sicherung von Meeresküsten. Auf die Aufnahme von Pflanzennamen haben wir weitgehend verzichtet, da dazu schon andere Wörterbücher vorliegen.

Wir sind uns bewusst, dass die Auswahl bei einem so weitläufigen Gebiet nicht alle Benutzerwünsche abdecken kann. Es ist uns deshalb ein Anliegen, Anregungen und Hinweise auf **fehlende oder fehlerhafte Übersetzungen** für eine spätere Auflage entgegenzunehmen. Benutzen Sie dazu bitte die am Schluss des Buches angefügten leeren Seiten und senden Sie Kopien davon an: **Bureau Natura, Yves Leuzinger, Le Saucy 17, CH-2722 Les Reussilles, Suisse.** Die beigelegte Karte dient dem gleichen Zweck.

Objectifs et contenu du dictionnaire

Le présent dictionnaire est un outil de traduction conçu pour les spécialistes en planification, réalisation et entretien d'ouvrages de génie biologique. Il sera donc utile lors de travaux de consolidation des sols et constructions en cours d'eau, ainsi que pour les chercheurs actifs dans d'autres domaines du génie biologique.

C'est consciemment que le concept englobé par le génie biologique et ses fondements a été défini de manière assez large. L'ouvrage est divisé en 19 domaines spécifiques et un mot clef est attribué à chaque domaine. Ce descripteur est muni d'une abréviation, la même pour les quatre langues (cf. p. XXIV). Cette abréviation est reportée en marge de chaque traduction et permet de situer le mot dans son contexte et de le classer par domaine. Pour le choix des termes, le groupe de travail s'est référé à des ouvrages et dictionnaires spécialisés dans le domaine du génie biologique et de ses fondements (cf. p. XXXII).

Notre dictionnaire se base en premier lieu sur la situation en Europe centrale, et plus particulièrement dans les régions alpines. Dans le domaine des travaux en cours d'eau par exemple, la problématique de protection des côtes maritimes fait défaut. De plus, nous avons renoncé à établir un inventaire des noms de plantes, que l'on trouvera dans d'autres dictionnaires.

Nous sommes parfaitement conscients que le choix pratiqué dans un domaine si vaste ne peut pas prétendre combler les voeux de tous les utilisateurs. Par contre, certains termes spécifiques au génie biologique manquent certainement. Dans d'autres cas, notre choix est certainement trop vaste et il conviendra de restreindre notre liste.

C'est dans l'optique d'une réactualisation future de cette édition que nous vous invitons à nous faire part de vos **suggestions et remarques** concernant des traductions manquantes ou incorrectes. Vous pouvez utiliser les pages prévues à cet effet et insérées à la fin de l'ouvrage, que vous enverrez à: **Bureau Natura, Yves Leuzinger, Le Saucy 17, CH-2722 Les Reussilles, Suisse.** Vous pouvez également vous servir du bulletin-réponse encarté.

Obiettivi e contenuto del dizionario

Il presente dizionario si prefigge lo scopo di servire da ausilio alle traduzioni per esperti di settore che si occupano della pianificazione, esecuzione e manutenzione delle opere di ingegneria naturalistica nell'ambito delle opere in terra su versanti (opere di consolidamento) e delle costruzioni idrauliche, o che sono operanti nella ricerca nel corrispondente settore.

Le basi e l'ambito dell'ingegneria naturalistica sono stati analizzati in modo consapevolmente esteso. L'opera è divisa in 19 settori specifici, per ognuno dei quali è presente una breve descrizione (chiave di lettura) ed una abbreviazione, uguale per tutte e 4 le lingue (si veda al riguardo il p. XXIV). Questa abbreviazione è riportata anche nelle traduzioni allo scopo di facilitare l'attribuzione del termine ad un determinato settore. Per la scelta della terminologia il gruppo di lavoro si è avvalso di dizionari, di manuali e di testi tecnici già esistenti (si veda al riguardo il p. XXXII).

Il presente dizionario prende in considerazione principalmente le tipologie impiegate in Centro Europa ed in particolare in ambito alpino. Per il settore delle costruzioni idrauliche manca per esempio, la stabilizzazione delle coste marine. Per quanto concerne la nomenclatura della vegetazione vi è stato rinunciato, in quanto già disponibili altri dizionari.

Siamo consapevoli del fatto che la scelta dei termini, nel caso di un ambito così vasto, non potrà soddisfare tutte le aspettative degli utenti. Saremo perciò particolarmente grati a chiunque vorrà **fornire suggerimenti, osservazioni e chiarimenti** riguardo a traduzioni inesatte o incomplete, per una successiva edizione. A tale scopo si utilizzino le pagine bianche allegate al presente testo di cui si invii copia al seguente indirizzo: **Yves Leuzinger, Bureau Natura, Le Saucy 17, CH-2722 Les Reussilles, Suisse.** Il cartoncino allegato serve allo stesso scopo.

Notes for users
Benützerhinweise
Aide à l'utilisateur
Guida alla consultazione

Usage Explanation

English serves as the reference language. In the first section of the dictionary all the terms are listed alphabetically, in English, with their relative translations. Common synonyms are also included. Each term has been allocated a reference number. Synonyms appear without reference numbers in the first column and without translations. Translations for the synonyms can be found under the reference numbers given in the last column.

Ref. N°	Keyword	English	Deutsch	Français	Italiano	Ref. N°
4	hy	abrasion	Abrieb *(m)*	abrasion *(f)*	abrasione *(f)*	4
	si,ew	absorbability				5

An additional section of the dictionary has been devoted to each of the remaining languages. These include alphabetical lists of all the terms in that particular language. The reference numbers given here, correlate with those of the English section of the dictionary, in which the relevant translations, in all four languages, can be found. In these sections a reference number in *italics* indicates a synonym.

Ref. N°	Schlagworte	Deutsch	
1766	np	Abbruchgebiet *(n)*	= main word
1500	co	Abdichtung *(f)*	= synonym

Written form

Guide language:	english
Orthography:	european
Synonyms:	separated by semi colons (;) e.g.: after culture; completing
Adjectives:	expressions with preceding adjectives are swapped in order e.g.: active action -> action, active

Erklärungen für die Benutzung

Das Englische dient als Referenzsprache. Alle englischen Begriffe mit den dazugehörigen Übersetzungen sind im ersten Teil des Wörterbuchs alphabetisch aufgeführt. Die gebräulichsten Synonyme wurden ebenfalls aufgenommen. Jedem Begriff ist eine Referenznummer zugeordnet. Englische Synonyme erscheinen jeweils ohne Referenznummer in der ersten Spalte und ohne Übersetzungen. Mit der angegebenen Referenznummer in der letzten Spalte kann der Ausgangsbegriff und somit auch die entsprechenden Übersetzungen gefunden werden.

Ref. N°	Keyword	English	Deutsch	Français	Italiano	Ref. N°
4	hy	abrasion	Abrieb *(m)*	abrasion *(f)*	abrasione *(f)*	4
	si,ew	absorbability				5

Für die übrigen Sprachen existieren in den anschliessenden Teilen alphabetische Listen, die dem Benützer die Referenznummer des gesuchten Begriffes angibt, mit welcher anschliessend der Begriff, in allen vier Sprachen übersetzt, im ersten Teil gefunden werden kann. In diesen Teilen zeigt die *kursiv* gedruckte Referenznummer, dass es sich um ein Synonym handelt.

Ref. N°	Schlagworte	Deutsch	
1766	np	Abbruchgebiet *(n)*	= Hauptwort
1500	co	Abdichtung *(f)*	= Synonym

Schreibweise

Leitsprache: Englisch

Orthographie: europäische Schreibweise

Synonyme: Trennung durch Semikolon (;)
Bsp.: Vogelbeere (f); Eberesche (f) [D,A]

Adjektive: Ausdrücke mit vorangestelltem Adjektiv werden gedreht
Bsp.: kritischer Abfluss –> Abfluss (m), kritischer

Principes d'utilisation

L'anglais sert de base de référence. Tous les mots anglais et leurs traductions sont réunis dans la première partie de l'ouvrage. La recherche est alphabétique et à chaque traduction est associé un numéro de référence.

Les synonymes principaux sont repris dans la liste alphabétique. Ils apparaissent sans N° de référence dans la première colonne et les traductions ne sont pas données. C'est le numéro de référence de la dernière colonne qui renvoie à la bonne expression de base.

Ref. N°	Keyword	English	Deutsch	Français	Italiano	Ref. N°
4	hy	abrasion	Abrieb *(m)*	abrasion *(f)*	abrasione *(f)*	4
	si,ew	absorbability				5

Pour les autres langues, une liste alphabétique simple permet à l'utilisateur de chercher une expression dans la langue souhaitée. Le numéro de référence renvoie le lecteur à la liste complète de la première partie. Dans ces sections les synonymes sont indiqués par l'écriture *italique*.

N° Ref.	Mot clef	Français	
29	rm	alluvions *(f,pl)*	= mot principal
668	ve	aire *(f)* forestière	= synonyme

Style

Langue de référence:	anglais
Ortographe:	style européen
Synonymes:	séparation par un point-virgule (;) exemple: exutoire (m); ouvrage (m) de sortie
Adjectifs:	les expressions comportant un adjectif placé avant le nom sont inversées dans les autre langues exemple: kritischer Abfluss –> Abfluss (m), kritischer

Indicazioni per la consultazione

L'inglese vale come lingua di riferimento. Tutta la terminologia inglese con le corrispondenti traduzioni è riportata in ordine alfabetico nella prima parte del dizionario. Sono stati riportati anche i sinonimi maggiormente utilizzati. Ad ogni termine è stato assegnato un numero di riferimento.

I sinonimi inglesi compaiono di volta in volta senza numero di riferimento nella prima colonna e senza traduzione.

Attraverso il numero di riferimento indicato nell'ultima colonna si può trovare la corrispondente traduzione del sinonimo ricercato.

Ref. N°	Keyword	English	Deutsch	Français	Italiano	Ref. N°
4	hy	abrasion	Abrieb *(m)*	abrasion *(f)*	abrasione *(f)*	4
	si,ew	absorbability				5

Per le restanti lingue, sono riportate di seguito corrispondenti liste, alfabeticamente ordinate, che forniscono all'utente il numero di riferimento del termine, attraverso il quale si può ricercare lo stesso tradotto in 4 lingue, nella prima parte. In queste parti, il numero di riferimento stampato in *corsivo* indica che si tratta di un sinonimo.

Ref. N°	Mot clef	Italiano	
1774	pl	alburno *(m)*	= vocabolo principale
471	rm	allagato	= sinonimo

Stile di scrittura

Lingua di riferimento:	inglese
Sistema di scrittura:	caratteri europei
Sinonimi:	separazione attraverso punto e virgola (;) esempio: Abete (m) rosso; Peccio (m)
Aggettivi:	termini con aggettivo preposto vengono invertiti esempio: kritischer Abfluss –> Abfluss (m), kritischer

Abbreviations
Abkürzungen
Abréviations
Abbreviazioni

(f)	feminine	weiblich	féminin	femminile
(m)	masculine	männlich	masculin	maschile
(n)	neuter	sächlich	neutre	neutro
(pl)	plural	Plural	pluriel	plurale

[ ] explanations, origins
Begriffserläuterungen
commentaires, explications
chiarimento del concetto

[A]	Austria	Österreich	Autriche	Austria
[CH]	Switzerland	Schweiz	Suisse	Svizzera
[D]	Germany	Deutschland	Allemagne	Germania
[F]	France	Frankreich	France	Francia
[I]	Italy	Italien	Italie	Italia
[NZ]	New Zealand	Neuseeland	Nouvelle-Zélande	Nuova Zelanda
[UK]	United Kingdom	Grossbritannien	Grande-Bretagne	Gran Bretagna
[US]	USA, Canada	USA, Kanada	USA, Canada	USA, Canada

Keywords • Schlagworte • Descripteurs • Chiavi di lettura

Abbr.	Special field	Sachgebiet	Domaine spécifique	Settore
am	auxiliary means	Hilfsmittel	moyens auxiliaires	materiali ausiliari
co	construction	Bauwesen	construction	scienza delle costruzioni
dc	detail of construction	Bauteil	détails de construction	elementi costruttivi
de	design	Projektierung	administration	progettazione
ec	ecology	Ökologie	écologie	ecologia
ew	earth works	Erdbau	travaux de consolidation des sols	costruzioni in terra
fa	fauna	Fauna	faune	fauna
fo	forest	Wald	forêt	bosco
gm	geomorphology	Geomorphologie	géomorphologie	geomorfologia
hd	hydrology	Hydrologie	hydrologie	idrologia
hy	hydraulics	Hydraulik	hydraulique	idraulica
ma	maintenance	Unterhalt	entretien	manutenzione
np	natural process	Natürliche Prozesse	processus naturels	processi naturali
pl	plant	Pflanze	plante	pianta
rm	river morphology	Gewässer-morphologie	morphologie des rivières	idromorfologia
rw	river works	Wasserbau	travaux en cours d'eau	sistemazioni idrauliche
si	site	Standort	site	stazione
tc	type of construction	Bauweise	type de construction	tipologia d'opera
ve	vegetation	Vegetation	végétation	vegetazione

Keywords

Abbr.	special field	description
am	auxiliary means	machines, not living construction materials, tools
co	construction	construction works, civil engineering, site supervision
dc	detail of construction	details of soil bioengineering constructions, living material
de	design	planning, design, management, authority
ec	ecology	environmental protection, nature protection, landscape ecology
ew	earth works	soil mechanics, drainage, non soil bioengineering works
fa	fauna	effect of/from animals, protection against animals, zoology
fo	forest	forestry, forest tending, effects of forests, timber exploitation
gm	geomorphology	shape of terrain (not lakes and rivers)
hd	hydrology	water management, ground water, climate, precipitation
hy	hydraulics	discharge calculation, discharge gauging, bedload, open channel design, flood
ma	maintenance	plant protection and removal, machines and tools for the maintenance
np	natural process	erosion, debris flow, natural hazards, damage in cause of natural hazards
pl	plant	plant species, plant physiology, propagation of plants, parts of a plant, damage and diseases to plants
rm	river morphology	
rw	river works	all constructions on rivers and lakes (no soil bioengineering works)
si	site	soil, rock, micro climate, site conditions
tc	type of construction	soil bioengineering constructions (earth- and river training works)
ve	vegetation	geobotanic, plant sociology, plant formations

Schlagworte

Abk.	Sachgebiet	Umschreibung
am	Hilfsmittel	Baumaschinen, tote Baumaterialien (für ingenieurbiologische und konventionelle Bauweisen), Werkzeuge
co	Bauwesen	Bauarbeiten, Bauausführung, Bauingenieurwesen, Bauleitung
dc	Bauteil	Baudetails ingenieurbiologischer Bauweisen, pflanzliche Bauteile (lebende Baumaterial)
de	Projektierung	Dimensionierung, Instanzen, Planung, Projektmanagement
ec	Ökologie	Arten- und Biotopschutz, Landschaftsökologie, Naturschutz, Umweltschutz
ew	Erdbau	Bodenmechanik, Entwässerung, Erdbauarbeiten, Grundbau; ohne ingenieurbiologische Bauweisen
fa	Fauna	Auswirkungen von Tieren, Schutz vor Tieren, Tierökologie, Wildbiologie, Zoologie
fo	Wald	Forstwirtschaft, Waldnutzung, Waldpflege, Waldwirkung
gm	Geomorphologie	Geländeformen (ohne Gewässer)
hd	Hydrologie	Gebietswasserhaushalt, Grundwasser, Klima, Niederschlag
hy	Hydraulik	Abflussberechnung, Abflussmessung, Geschiebe, Gerinnedimensionierung, Hochwasser
ma	Unterhalt	Pflanzenschutz, Pflege, Maschinen und Werkzeuge für den Unterhalt
np	Natürliche Prozesse	Erosion, Murgang, Naturgefahren, Rutschung, Schäden durch Naturgefahren
pl	Pflanze	Pflanzenarten, Pflanzengeographie, Pflanzennachzucht, Pflanzenphysiologie, Pflanzenteile (ohne lebende Baumaterialien), Schäden an Pflanzen

rm	Gewässermorphologie	Gewässerformen
rw	Wasserbau	alle Baumassnahmen am Gewässer und für Murgänge (ohne ingenieurbiologische Bauweisen)
si	Standort	Boden, Gestein, Mikroklima, Standortskunde, Standortsfaktoren
tc	Bauweise	ingenieurbiologische und kombinierte Bauweisen (Erd- und Wasserbau)
ve	Vegetation	Geobotanik, Pflanzenformationen, Pflanzensoziologie

Descripteurs

Abr.	domaine spécifique	description
am	moyens auxiliaires	machines, matériaux de construction non vivants, outils
co	construction	travaux de construction, génie civil, aménagement global de site
dc	détails de construction	détails de constructions en génie biologique, parties de construction avec matériel vivant
de	administration	planification, dessin, gestion, autorité
ec	écologie	protection de l'environnement, protection de la nature
ew	travaux de consolidation des sols	mécanique des sols, drainage, travaux autres que ceux en génie biologique
fa	faune	influence des animaux, protection contre les animaux, zoologie
fo	forêt	sylviculture, entretien des forêts, fonctions des forêts, exploitation du bois
gm	géomorphologie	modelé de terrain (sauf hydromorphologie)
hd	hydrologie	aménagement des eaux, eaux souterraines, climat, précipitations
hy	hydraulique	calculs de débit, mesures de débit, charge du cours d'eau, crues
ma	entretien	protection et soins aux plantes, machines et outils pour l'entretien
np	processus naturels	érosion, coulée de boue, glissement, risques naturels, dommages dus à des risques naturels
pl	plante	espèces, physiologie des plantes, propagation des plantes, partie d'une plante, dommage aux plantes et maladies
rm	morphologie des rivières	structure du lit et des berges, hydromorphologie

rw	travaux en cours d'eau	toutes constructions sur cours d'eau et lacs (travaux autres que ceux en génie biologique)
si	site	sol, roche, microclimat, indications concernant les sites
tc	type de construction	constructions en génie biologique (travaux de stabilisation des pentes et des berges de rivières)
ve	végétation	géobotanique, association végétale, phytosociologie

Chiavi di lettura

Abbr.	settore	descrizione
am	materiali ausiliari	mezzi meccanici, materiali costruttivi non viventi (per l'ingegneria naturalistica e per le costruzioni convenzionali), attrezzi
co	scienza delle costruzioni	lavori di costruzione, esecuzione dei lavori, scienza delle costruzioni, direzione lavori
dc	elementi costruttivi	dettagli costruttivi di tipologie costruttive di ingegneria naturalistica, elementi costruttivi formati da parte di piante (elementi costruttivi viventi)
de	progettazione	pianificazione, dimensionamento, istanze, management progettuale
ec	ecologia	protezione di specie e biotopi, ecologia del paesaggio, protezione della natura, protezione dell'ambiente
ew	costruzioni in terra	meccanica dei suoli, drenaggi, costruzioni in terra, fondazioni (senza tecniche di ingegneria naturalistica)
fa	fauna	effetti degli animali, protezione degli animali, ecologia animale, biologia, zoologia
fo	bosco	scienze forestali, utilizzazione del bosco, cure colturali del bosco, effetti del bosco
gm	geomorfologia	geomorfologia (senza azione delle acque superficiali)
hd	idrologia	bilancio idrologico, acqua di falda, clima, precipitazioni
hy	idraulica	calcoli di portata, misurazioni di portata, trasporto solido, dimensionamento delle sezioni, piene

ma	manutenzione	protezione delle piante, manutenzione, macchinari, attrezzi
np	processi naturali	erosione, scivolamenti, pericoli naturali, smottamenti, danni da eventi naturali
pl	pianta	specie di pianta, biogeografia, cure colturali delle piante, fisiologia delle plante, parti di piante (non vive), danni alle piante
rm	idromorfologia	geomorfologia compresa l'azione delle acque superficiali
rw	sistemazioni idrauliche	tutte le opere e gli interventi in ambito fluviale e lacustre (senza l'utilizzo di tecniche di ingegneria naturalistica)
si	stazione	suolo, substrato roccioso, microclima, indici, caratteri stazionali
tc	tipologia d'opera	di ingegneria naturalistica e combinate (stabilizzazione di versanti ed opere idrauliche)
ve	vegetazione	geobotanica, formazioni vegetazionali, fitosociologia

Bibliography
Literaturverzeichnis
Bibliographie
Bibliografia

Dictionaries
Wörterbücher
Dictionnaires
Dizionari

Arbeitsgruppe für operationelle Hydrologie GHO (1989): Verzeichnis hydrologischer Fachausdrücke mit Begriffserklärung. Bern: Landeshydrologie und -geologie. 86 S. [deutsch – français – english – italiano]

Bucksch, H. (1970): Dictionnaire pour les travaux publics, le bâtiment et l'équipement des chantiers de construction, Tome I et II. Paris: Eyrolles & Berlin, Wiesbaden: Bauverlag. 912 p. [français – deutsch]

Bucksch, H. (1973): Dictionary of civil engineering and construction machinery and equipment, Vol. I and II. Berlin, Wiesbaden: Bauverlag. 1184 p. + 1219 p. [deutsch – english]

Bucksch, H. (1982): Wörterbuch für Bautechnik und Baumaschinen. Berlin, Wiesbaden: Bauverlag. 5. Auflage. 875 S. [deutsch – français]

Bucksch, H. (1985): Dictionnaire pour les travaux publics, le bâtiment et l'équipement des chantiers de construction. Paris: Eyrolles; Wiesbaden, Berlin: Bauverlag. 9ème édition. 548 p. [français – english]

Bucksch, H. (1989): Dictionary of civil engineering and construction machinery and equipment. Paris: Eyrolles; Wiesbaden, Berlin: Bauverlag. 10. ed.. 420 p. [english – français]

Deutscher Verband für Wasserbau und Kulturbau DVWK (1983): Fachwörterbuch für Bewässerung und Entwässerung. Bonn: DVWK. 2. Auflage. 1009 S. [english – deutsch – français – espagnol]

FAO [Ed.] (1986): Torrent control terminology. FAO Conservation Guide 6. Rome: FAO. 156 p. [français – deutsch – english – espagnol – italiano]

Heumader, J. (1984): Wildbach– und Lawinenverbauung, Fachausdrücke, Deutsch – Englisch. Zeitschrift für Wildbach– und Lawinenverbauung 48(1984)1: 145–200.

International Society of Soil Mechanics and Foundation Engineering (1968): Technical terms in english, french, german, swedish, portuguese, spanish, italian and russian used in soil mechanics and foundation engineering. Zürich. 103 p.

Métro, A. (1975): Dictionnaire forestier multilingue. Terminologie forestière. Sciences forestières, technologie, pratiques et produits forestiers. Version française. Collection de terminologie forestière multilingue no. 2. Association française des eaux et forêts. [français – english – deutsch – espagnol]

Onori, L. & Antonelli, A. (1992): A come Ambiente: Glossario dei principali termini correlati alle tematiche ambientali. AAA (Associazione Analisti Ambientali) – AIN (Associazione Naturalisti Italiani) – S.IT.E. (Società Italiana di Ecologia). Milano: Fast. 116 p.

Pfannkuch, H.O. (1990): Elsevier's dictionary of environmental hydrogeology. Amsterdam: Elsevier. 332 p. [english – deutsch – français]

Pohl, R. (1990): Technik Wörterbuch Wasserbau. Berlin: Technik. 200 S. [deutsch – english]

Seidel, E. (1988): Dictionary of environmental protection technology. Amsterdam: Elsevier. 527 p. [english – german – french – russian]

Tuin, J.D. van der (1987): Elsevier's dictionary of water and hydraulic engineering. Amsterdam: Elsevier. 449 p. [english – french – dutch – espagnol – deutsch]

Specialized works
Fachbücher
Ouvrages spécialisés
Pubblicazioni specializzate

Soil bioengineering methods and materials are described, in detail, in the following books:

In den nachfolgenden Büchern werden ingenieurbiologische Bauweisen und verwendete Hilfsmaterialien ausführlich beschrieben:

Le choix non exhaustif d'ouvrages ci-dessous donne des indications détaillées sur les types de constructions du génie biologique et les matériaux utilisés:

Indicazioni dettagliate sulle tipologie d'opera ed i materiali utilizzati in ingegneria naturalistica si trovano nei seguenti volumi:

Begemann, W. & Schiechtl, H.M. (1994): Ingenieurbiologie. Handbuch zum ökologischen Wasser- und Erdbau. Wiesbaden, Berlin: Bauverlag. 2. Auflage. 203 S.

Coppin, N.J. & Richards, I.G. [Eds.] (1990): Use of Vegetation in Civil Engineering. Construction Industry Research and Information Association (CIRIA). Butterworths: Sevenoaks. 292 p.

Florineth, F. (1993): Ingenieurbiologische Massnahmen an Fliessgewässern. Wildbach- und Lawinenverbauung 57(1993)123: 83–99.

Florineth, F. (1993): Ingenieurbiologische Massnahmen zur Hang- und Böschungssicherung. Wildbach- und Lawinenverbauung 57(1993)123: 101–127.

Gray, D.H. & Leiser, A.T. (1982): Biotechnical Slope Protection and Erosion Control. New York: Van Nostrand Reinhold. 271 p.

Lachat, B., Adam, P., Frossard, P.A. & Marcaud, R. (1994): Guide de protection des berges de cours d'eau en techniques végétales. Paris: Ministère de l'environnement.

Lange, G. & Lecher, K. (1993): Gewässerregelung – Gewässerpflege. Naturnaher Ausbau und Unterhaltung von Fliessgewässern. Hamburg, Berlin: Parey. 3. Auflage. 343 S.

Ministero dell'Ambiente, Servizio Valutazione di Impatto Ambientale (1993): Opere di Ingegneria Naturalistica sulle sponde. Roma: Istituto Poligrafico e Zecca dello Stato. 48 p.

Palmeri, F., Oggionni, F., Vallone F., Gibelli, G. & Meucci, D. (1995): Sistemazioni in ambito fluviale. Quaderni di Ingegneria Naturalistica. Milano: Il Verde Editoriale. 43 p.

Regione Emilia-Romagna, Assessorato all'Ambiente e Regione del Veneto, Assessorato Agricultura e Foreste [Ed.] (1993): Manuale Tecnico di Ingegneria naturalistica. Bologna. 237 p.

Schiechtl, H.M. & Stern, R. (1992: Handbuch für naturnahen Erdbau. Eine Anleitung für ingenieurbiologische Bauweisen. Wien: Österr. Agrarverlag. 153 S.

Schiechtl, H.M. & Stern, R. (1992): Ingegneria naturalistica – Manuale delle opere in terra. Edizione Castaldi, Feltre. 163 p.

Schiechtl, H.M. & Stern, R. (1994): Handbuch für naturnahen Wasserbau. Eine Anleitung für ingenieurbiologische Bauweisen. Wien: Österr. Agrarverlag. 176 S.

Schlüter, U. (1986): Pflanze als Baustoff – Ingenieurbiologie in Praxis und Umwelt. Berlin, Hannover: Patzer. 328 S.

Schlüter, U. (1990): Laubgehölze – Ingenieurbiologische Einsatzmöglichkeiten. Berlin, Hannover: Patzer. 164 S.

Zeh, H. (1993): Ingenieurbiologische Bauweisen. Studienbericht Nr. 4. Bern: Bundesamt für Wasserwirtschaft. 60 S.

Zeh, H., Roth, H., Mosimann, R., Schenker, J., Lachat, B. & Durler, R. (1990): Mesures de génie biologique dans l'aménagement des rives. Méthodes et exemples dans le canton de Berne. Berne: Direction des travaux publics du canton de Berne, Office des ponts et chaussées. 44 p.

Addresses of societies for soil bioengineering
Adressen von Ingenieurbiologievereinigungen
Adresses des Associations pour le génie biologique
Indirizzi delle Associazioni per l'ingegneria naturalistica

Schweizerischer Verein für Ingenieurbiologie

c/o GEO DATA WEIBEL
Postfach
CH-8810 Horgen
Schweiz
Tel: +41-1-725 74 44
Fax: +41-1-725 74 43

for informations and questions about the book:
Yves Leuzinger
Bureau NATURA
Le Saucy 17
CH-2722 Les Reussilles
Suisse
Tél: +41-32-97 55 14
Fax: +41-32-97 42 25
Email: 100605.44@compuserve.com

A.I.P.I.N.

Associazione Italiana per l'Ingegneria Naturalistica
Corso Italia, 23
I-34122 Trieste TS
Italia
Tel / Fax: +39-40-760 02 54
or Fax: +39-40-63 16 53

Gesellschaft für Ingenieurbiologie e.V.

Eynattenerstr. 24a
D-52064 Aachen
Deutschland
Tel: +49-241-77 227
Fax: +49-241-71 057

A.I.E.P.

Asociacion española de Ingenieria del Paisaje
apartado de correos, 311
E-20100 Renteria (Guipuzcoa)
España

Dr. A. Paola Sangalli
Bioforesta
Tel / Fax: +34-43-52 97 84

International Group of Bioengineers

National Resources Institute

Chatham Maritime
Chatham
Kent ME44TB
United Kingdom

Contact person: Dr Jane Clark
Tel: +44-634-88 00 88
Fax: +44-634-88 39 59
Email: Jane.Clark@NRI.ORG

Fountain Renewable Resources

The Bell Tower
12 High Street
Brackley NN13 7DT
United Kingdom
Contact person: John Howell
Tel: +44-280-70 57 00
Fax: +44-280-70 67 00

Dictionary of Soil Bioengineering

Complet list with synonyms

1 Dictionary of soil bioengineering

Ref. Nº	Keyword	English	Deutsch
1	pl	ability of regrowing; ability of resprouting	ausschlagfähig
	pl	ability of resprouting	
2	ve	ability to regenerate; capability of regeneration	Regenerationsfähigkeit *(f)*
3	np	abrade (to)	abtragen
4	hy	abrasion	Abrieb *(m)*
	si,ew	absorbability [soil]	
5	si,ew	absorptive capability [soil]; absorbability [soil]	Saugfähigkeit *(f)* [Boden]; Aufnahmefähigkeit *(f)* [Boden]
6	hd	absorptive capacity for rainwater	Regenwasserrückhaltevermögen *(n)*
7	co,rw	abutment; support	Widerlager *(n)*; Auflager *(n)*
8	de	access	Erschliessung *(f)*
9	de	access road; haul road	Erschliessungsweg *(m)*; Zufahrtstrasse *(f)*
10	si	acidity of soil	Säuregehalt *(m)* des Bodens
	de	action, active	
	am	additive	
11	am	adhesive	Kleber *(m)*; Klebstoff *(m)*
	am	adhesives	
12	pl	adventitious root	Adventivwurzel *(f)*
13	pl	adventitious shoot	Adventivtrieb *(m)*
14	si	aerobic	aerob
	rm	affluent	
15	fo	afforestation; reforestation	Aufforstung *(f)*
16	fo	afforestation in small groups	Rottenaufforstung *(f)*
	ma	after culture; completing	
17	rm	aggradation	Auflandung *(f)*
	hy	aggradational grade; depositional grade	
18	rm,hy	aggrading reach	Auflandungsstrecke *(f)*
19	am	aggregate; additive	Zuschlagstoff *(m)*
	am	air-placed concrete; shotcrete	
20	de	airial photograph	Luftbild *(n)*
	fo	aisle	
21	pl	alder [Alnus]	Erle *(f)*
22	fa	algae	Algen *(f,pl)*
23	ma	algae control	Algenbekämpfung *(f)*
24	si	alkalinity of soil	Basengehalt *(m)* [Boden]
25	de	allowable load	Belastung *(f)*, zulässige; Last *(f)*, zulässige
26	rm	alluvial	alluvial
	rm	alluvial cone	
	rm	alluvial deposits	

Français	Italiano	Ref. Nº
apte à repousser; apte à rejeter	capace di ricacciare	1
		1
capacité *(f)* de régénération; pouvoir (m) régénérateur	capacità *(f)* di rigenerazione	2
éroder	asportare; denudare	3
abrasion *(f)*	abrasione *(f)*	4
		5
capacité *(f)* d'absorption	capacità *(f)* di suzione del terreno; capacità *(f)* d'assorbimento	5
capacité *(f)* de rétention des eaux de pluies	capacità *(f)* di ritenzione delle precipitazioni	6
culée *(f)* (d'un pont)	supporto *(m)*; piedritto *(m)*; appoggio *(m)*; spalla *(f)* di un ponte	7
desserte *(f)* (chemin de)	collegamento *(m)*; accessibilità *(f)*; allaciamento *(m)*	8
accès *(m)* routier; route *(f)* d'accès; chemin *(m)* d'accès	strada *(f)* d'accesso	9
acidité *(f)* du sol	acidità *(f)* del terreno	10
		1051
		19
liant *(m)*	collante *(m)*; adesivo *(m)*	11
		721
racine *(f)* adventive	radice *(f)* avventizia	12
pousse *(f)* adventive	cacciata *(f)* avventizia; getto *(m)*	13
aérobie	aerobico	14
		1961
afforestation *(f)*; boisement *(m)*; reboisement *(m)*	rimboschimento *(m)*; imboschimento *(m)*	15
afforestation *(f)* en petits collectifs	rimboschimento *(m)* a gruppi; rimboschimento *(m)* a collettivo	16
		1346
exhaussement *(m)* du lit; engravement *(m)*; atterrissement *(m)*	colmata *(f)*; rinterro *(m)*; interramento *(m)*	17
		1634
tronçon *(m)* d'atterrissement	tratto *(m)* interrato	18
adjuvant *(m)*	materiale *(m)* aggiuntivo; additivo *(m)*	19
		805
photographie *(f)* aérienne	fotografia *(f)* aerea; aerofotografia *(f)*	20
		936
aulne *(m)*; aune *(m)*	ontano *(m)*	21
algues *(f,pl)*	alghe *(f,pl)*	22
lutte *(f)* contre les algues	controllo *(m)* delle alghe	23
alcalinité *(f)* [du sol]	contenuto *(m)* in basi del terreno	24
charge *(f)* admissible	carico *(m)* ammesso; carico *(m)* ammissibile	25
alluvial	alluvionale	26
		27
		29

27	rm	alluvial fan; alluvial cone	Schwemmkegel *(m)*; Bachkegel *(m)*
28	ve	alluvial forest; floodplain forest; riparian forest	Auenwald *(m)*
29	rm	alluvium; alluvial deposits	Alluvium *(n)*; Ablagerung *(f)*, alluviale
30	gm	alpine area	Hochlage *(f)*
31	rm	alternate bars	Bänke *(f,pl)*, alternierende
32	si,de	altitude above sea-level; elevation	Meereshöhe *(f)* [CH]; Seehöhe *(f)* [A]
33	si	altitudinal zone	Höhenstufe *(f)*
34	si	altitudinal zone, alpine	Höhenstufe *(f)*, alpine
35	si	altitudinal zone, colline	Höhenstufe *(f)*, kolline
36	si	altitudinal zone, lowland	Höhenstufe *(f)*, planare
37	si	altitudinal zone, montane	Höhenstufe *(f)*, montane
38	si	altitudinal zone, nival	Höhenstufe *(f)*, nivale
39	si	altitudinal zone, subalpine	Höhenstufe *(f)*, subalpine
40	de	amelioration; land improvement; consolidation of farmland	Melioration *(f)*; Flurbereinigung *(f)* [D]
41	hy	amount of bedload	Geschiebemenge *(f)*
42	hd	amount of evaporation; evaporation level	Verdunstungsmenge *(f)*; Verdunstungshöhe *(f)*
	hd	amount of precipitation	
43	hd	amount of precipitation; precipitation volume	Niederschlagshöhe *(f)*
44	fa	amphibian	Amphibie *(f)*
45	si	anaerobic	anaerob
46	am,co	anchor	Anker *(m)*
47	dc	anchor log; cribbing; log crib construction	Zange *(f)*
48	am,co	anchor pile; spud; grouser	Ankerpfahl *(m)*
49	am	anchor stay; stay	Zuganker *(m)*
50	co	anchoring; keying-in	Einbindung *(f)*; Verankerung *(f)*
51	de,ew,hy	angle of inclination	Neigungswinkel *(m)*
52	ew,si	angle of internal friction	Winkel *(m)* der inneren Reibung
	de	angle of repose; natural slope (angle)	
53	tc	angle planting; angle-notch planting	Winkelpflanzung *(f)*
	ew	angle, decreasing	
	tc	angle-notch planting	
54	hd,hy	annual discharge	Jahresabflussmenge *(f)*
55	hy	annual flood	Hochwasser *(n)*, jährliches
56	hd	annual precipitation	Jahresniederschlag *(m)*
57	ec	anthropogenic influence; human influence	Einfluss *(m)*, anthropogener; Einfluss *(m)*, menschlicher
58	rw	anti-scour groyne	Grundbuhne *(f)*
	rm	apex of debris cone	
	pl	apical bud; end bud	

cône *(m)* d'alluvions; cône *(m)* de déjection	cono *(m)* alluvionale; lava *(f)* torrentizia	27
forêt *(f)* alluviale; forêt *(f)* riveraine	bosco *(m)* ripario; bosco *(m)* di golena	28
alluvions *(f,pl)*; dépot *(m)* alluvial	alluvium *(m)*; deposito *(m)* di materiale alluvionale; materiale *(m)* solido	29
zone *(f)* d'altitude	zona *(f)* d'alta quota	30
bancs *(m,pl)* alterné	banchi *(m,pl)* che s'alternano	31
altitude *(f)*	altitudine *(f)* sul livello del mare; quota *(f)*	32
étage *(m)* altitudinal	piano *(m)* altitudinale; orizzonte *(m)* altitudinale	33
étage *(m)* alpin	piano *(m)* alpino	34
étage *(m)* des collines; étage *(m)* collinéen	piano *(m)* collinare	35
étage *(m)* de la plaine	piano *(m)* basale	36
étage *(m)* montagnard	piano *(m)* montano	37
étage *(m)* nival	piano *(m)* nivale	38
étage *(m)* subalpin	piano *(m)* subalpino	39
amélioration *(f)* foncière; remaniement *(m)* parcellaire	miglioramento *(m)* del terreno; bonifica *(f)*	40
charriage *(m)* de fond (quantité du); quantité *(f)* charriée	quantità *(f)* di trasporto solido di fondo	41
quantité *(f)* d'évaporation; hauteur *(f)* d'évaporation	quantità *(f)* d'evaporazione; altezza *(f)* d'evaporazione	42
		1299
hauteur *(f)* de précipitation	altezza *(f)* delle precipitazioni	43
batracien *(m)*	anfibio *(m)*	44
anaérobie	anaerobico	45
ancrage *(m)*	ancoraggio *(m)*	46
bois *(m)* d'ancrage; entretoise *(f)*	tronchetto *(m)* d'ancoraggio; palo *(m)* di ancoraggio; montante *(m)* di palificata	47
pieu *(m)* d'ancrage	palo *(m)* d'ancoraggio	48
tirant *(m)*	tirante *(m)*	49
ancrage *(m)*; encastrement *(m)*	ancoraggio *(m)*; ammorsamento *(m)*	50
angle *(m)* d'inclinaison	angolo *(m)* d'inclinazione	51
angle *(m)* de frottement interne	angolo *(m)* d'attrito interno	52
		1105
plantation *(f)* à l'équerre	piantagione *(f)* a fessura	53
		1455
		53
débit *(m)* annuel	deflusso *(m)* annuale	54
crue *(f)* annuelle	piena *(f)* annuale	55
précipitations *(f,pl)* annuelles	precipitazione *(f)* annuale	56
influence *(f)* anthropogène	influsso *(m)* antropico; influsso *(m)* umano	57
épi *(m)* parafouille	pennello *(m)* di fondo [interrato]; pennello *(m)* interrato	58
		820
		1889

59	ew,co,hy	applied force	Kraft *(f)*, angreifende
	pl,de	appropriate for the site	
60	rw	apron	Sohlenbefestigung *(f)*
	co	apron; stone paving	
	pl	aquatic plant	
61	ve	aquatic vegetation zone	Wasserpflanzenzone *(f)*
62	ew,hd,si	aquifer	Grundwasserträger *(m)*, wasserführender; Aquifer *(m)*
63	hd	aquifer layer	Grundwasserleiter *(m)*
	ew,hd,si	aquifuge; aquiclude; confining bed	
64	co	arching	Gewölbewirkung *(f)*
	si	argillaceous	
65	hy	armour layer; toplayer; natural bed pavement	Deckschicht *(f)*
66	np,hy	armouring [river bed]	Abpflästerung *(f)* [Flussohle]
	tc	array of posts	
67	tc	array of stakes; array of posts	Verpfählung *(f)*
	rw	array of stones; array of blocks	
	hd	artificial lowering of groundwater level	
68	rw	artificial pond	Stauteich *(m)*; Teich *(m)*
69	fo	artificial regeneration	Verjüngung *(f)*, künstliche
70	pl	ash [Fraxinus]; ash-tree	Esche *(f)*
	pl	ash-tree	
71	pl	aspen [Populus tremula]	Aspe *(f)*; Zitterpappel *(f)*; Espe *(f)* [D]
72	de	assessment of flood damage	Hochwasserschadenserhebung *(f)*
	de	assignment of jobs	
73	de	assignment of work; assignment of jobs	Arbeitsvergabe *(f)*; Vergabe *(f)* der Arbeiten
74	rw	auxiliary dam	Vorsperre *(f)*; Gegensperre *(f)*
75	am	auxiliary material; counter-dam	Hilfsstoff *(m)*; Hilfsmaterial *(n)*
	de,si	availability of water	
76	si	available water supply; stock of water	Wasservorrat *(m)*
77	np	avalanche	Lawine *(f)*
78	co	avalanche baffle	Lawinenleitwerk *(n)*
79	co	avalanche breaker	Lawinenhöcker *(m)*; Lawinenbrecher *(m)*
80	co	avalanche channelling wall	Lawinenleitdamm *(m)*
81	co	avalanche control; avalanche defence	Lawinenverbauung *(f)*
	co	avalanche defence	
82	ew	avalanche deflector	Spaltkeil *(m)*
	np,gm	avalanche path	
83	de	avalanche protection walls	Lawinenabweisdamm *(m)*
84	np,gm	avalanche track; avalanche path	Lawinenbahn *(f)*; Sturzbahn *(f)*
	hd	average discharge	
85	rw,hy	average water level	Wasserspiegel *(m)*, mittlerer

force *(f)* agressive	forza *(f)* agente	59
		1839
consolidation *(f)* du lit; renforcement *(m)* du lit	consolidamento *(m)* del fondo; protezione *(f)* del fondo	60
		1157
		861
zone *(f)* à végétation aquatique	zona *(f)* delle piante acquatiche	61
aquifère *(m)*	acquifero *(m)*	62
couche *(f)* aquifère	strato *(m)* acquifero; falda *(f)* acquifera	63
		867
effet *(m)* de voûte; effet *(m)* de courbure	effetto *(m)* d'arco	64
		245
couche *(f)* superficielle du lit; pavage *(m)* naturel du lit	strato *(m)* di copertura; materiale *(m)* di copertura	65
consolidation *(f)* naturelle du lit	pavimentazione *(f)* del fondo del letto	66
		67
mise *(f)* en place de pieux; création *(f)* d'une palissade de pieux	palificazione *(f)*	67
		1383
		463
bassin *(m)*; bassin *(m)* de retenue	stagno *(m)* di sbarramento; stagno *(m)* artificiale	68
régénération *(f)* artificielle	rinnovazione *(f)* artificiale	69
frêne *(m)*	frassino *(m)*	70
		70
peuplier *(m)* tremble; tremble *(m)*	pioppo *(m)* tremulo	71
relevé *(m)* des dégâts de crue	rilievo *(m)* dei danni alluvionali	72
		73
adjudication *(f)* des travaux	aggiudicazione *(f)* dei lavori	73
contre-barrage *(m)*; avant seuil *(m)*	controbriglia *(f)*	74
matériau *(m)* auxiliaire	materiale *(m)* ausiliario	75
		2047
réserves *(f,pl)* en eau	riserva *(f)* d'acqua	76
avalanche *(f)*	valanga *(f)*	77
ouvrage *(m)* guide-avalanche	opera *(f)* di deviazione di valanga; deviatore *(m)* di valanghe	78
brise-avalanche *(m)*	cumuli *(m,pl)* di ritardo per le valanghe; coni *(m,pl)* antivalanga; frangivalanghe *(m)*	79
paroi *(f)* guide avalanche	argine *(m)* paravalanghe	80
ouvrage *(m)* de protection contre les avalanches	sistemazione *(f)* paravalanghiva	81
		81
déviateur *(m)* d'avalanche	cuneo *(m)* spartivalanga	82
		84
mur *(m)* pare-avalanches *(m)*	muro *(m)* di deviazione di valanghe	83
couloir *(m)* d'avalanche	direttrice *(f)* della valanga; tracciato *(m)* di valanga	84
		1040
niveau *(m)* d'eau moyen	livello *(m)* dell'acqua [medio]	85

86	am	axe; hatchet	Axt *(f)*; Beil *(n)*
87	rw,de	axis of channel	Bachachse *(f)*
88	ew,co	backfilling; backpacking	Hinterfüllung *(f)*
	ew,co	backpacking	
89	hy	backwater	Oberwasser *(n)*
90	rw	baffle	Störstein *(m)*; Schikane *(f)*; Igel *(m)*
	ew	ballasting [chips]	
91	rm	bank [river]	Ufer *(n)*
	np,rm	bank deposit	
92	np,rm	bank erosion; streambank cut	Uferanbruch *(m)*
93	np,rm	bank failure; embankment failure; bank slide	Uferabbruch *(m)*
94	rm,hy	bank line	Uferlinie *(f)*
95	rm,rw	bank of a small river	Bachufer *(n)*
	rw	bank pavement	
96	rw	bank paving; bank pavement	Uferpflaster *(n)*; Uferpflästerung *(f)*
	rw	bank protection	
97	rw	bank protection; revetment works	Ufersicherung *(f)*
98	rw	bank protection [river]; river bank protection	Uferschutz *(m)* [Fliessgewässer]
99	rw, tc	bank revetment	Uferdeckwerk *(n)*; Uferverkleidung *(f)*
100	np	bank slide	Uferrutschung *(f)*
101	rw	bank timber	Uferbalken *(m)*
102	rm	bankside slope	Uferneigung *(f)*
103	rw,ew	bankside, levelled	Uferabtrag *(m)*, künstlicher
	rm	bar	
104	am	barbed wire	Stacheldraht *(m)*
105	fa, ec	barbel zone	Barbenregion *(f)*
106	pl	bark	Rinde *(f)*
107	rw	barrage; dam; weir	Staumauer *(f)*
	ew	base failure	
108	hd,hy	base flow	Basisabfluss *(m)*
	de	base level	
109	np,rm,hy,rw	base level of erosion; erosional base level	Erosionsbasis *(f)*
	ew	base of slope	
110	co,ew	batter	Anzug *(m)*
	de	batter	
111	co	batter board	Schnurgerüst *(n)*
112	rm	bay; cove [small bay]	Bucht *(f)*
	ma	be freed of debris (to)	
113	np,rm	beach deposit; bank deposit	Uferauflandung *(f)*
114	tc	beach grass planting; dune grass planting	Strandhaferpflanzung *(f)*
	am	beam	

hache *(f)*	accetta *(f)*; ascia *(f)*	86
axe *(m)* du lit	asse *(m)* del torrente; asse *(m)* del letto	87
remplissage *(m)* derrière un ouvrage	riempimento *(m)* posteriore	88
		88
eau *(f)* d'amont	acqua *(f)* a monte	89
hérisson *(m)* parafouille	masso *(m)* di disturbo; scogliera *(f)*	90
		1416
rive *(f)*; berge *(f)*	sponda *(f)*	91
		113
niche *(f)* d'érosion	erosione *(f)* di sponda; lunata *(f)*	92
zone *(f)* d'arrachement de berge; arrachement *(m)* de berge	franamento *(m)* spondale	93
ligne *(f)* des berges	linea *(f)* spondale	94
berge *(f)* d'un ruisseau; rive *(f)* d'un ruisseau	sponda *(f)* del torrente; riva *(f)* del torrente	95
		96
perré *(m)*	selciato *(m)* spondale	96
		1273
stabilisation *(f)* de berge	consolidamento *(m)* della sponda	97
protection *(f)* de berges [eaux courantes]	protezione *(f)* della sponda; difesa *(f)* di sponda [acque correnti]	98
revêtement *(m)* de berge; ouvrage *(m)* de revêtement de berge	rivestimento *(m)* di sponda	99
glissement *(m)* de berge	franamento *(m)* della sponda	100
solive *(f)* de rive	trave *(f)* di sponda	101
pente *(f)* des berges	inclinazione *(f)* della sponda	102
arasement *(m)* de berge	asportazione *(f)* artificiale della sponda	103
		745
fil *(m)* de fer barbelé; barbelé *(m)*	filo *(m)* spinato	104
zone *(f)* à barbeau	regione *(f)* a barbo	105
écorce *(f)*	corteccia *(f)*	106
barrage *(m)*; déversoir *(m)*	diga *(f)* in cemento armato	107
		765
écoulement *(m)* de référence; débit *(m)* de référence	deflusso *(m)* di base	108
		366
niveau *(m)* de base de l'érosion	livello *(m)* di partenza dell'erosione regressiva di un corso d'acqua	109
		657
front *(m)* de coupe; fruit *(m)*; talus *(m)* de remblai	inclinazione *(f)*; scarpata *(f)*	110
		541
chevalet *(m)* pour tirer au cordeau	cavalletto *(m)* per teleferica	111
crique *(f)*; anse *(f)*	ansa *(f)*; insenatura *(f)*; baia *(f)*	112
		377
atterrissement *(m)*	interrimento *(m)* spondale	113
plantation *(f)* de dunes avec Ammophila arenaria; reverdissement *(m)* de dunes avec Ammophila arenaria	piantagione *(f)* con Ammophila arenaria	114
		1741

115	rw	beam dam; log dam	Balkensperre *(f)*; Rostsperre *(f)*
116	ew,co,de	bearing capacity; loading capacity	Tragfähigkeit *(f)*
117	rm, hy	bed; bottom; base; floor	Sohle *(f)*
118	hy	bed form	Sohlenform *(f)*
119	hy	bed load	Geschiebe *(n)*
120	hy,np	bed load abrasion	Geschiebeabrieb *(m)*
121	hy	bed load discharge; bed load tran sport	Geschiebetransport *(m)*; Geschiebeführung *(f)*
122	hy,np	bed load potential	Geschiebepotential *(n)*
123	hy	bed load regime	Geschiebehaushalt *(m)*
	hy	bed load transport	
124	hy	bed material	Unterschichtmaterial *(n)*
125	hy	bed material load	Geschiebefracht *(f)*
126	rm	bed rock	Steinbett *(n)*; Felssohle *(f)*
127	gm,si	bed rock; parent material	Muttergestein *(n)*; Grundgestein *(n)*
128	hy	bed shear stress	Schleppspannung *(f)*
129	hy	bed slope; slope of the bottom	Sohlengefälle *(n)*
130	rm	bed width	Sohlenbreite *(f)*; Bettbreite *(f)*; Gerinnebreite *(f)*
	ew,hd,si	bedding	
131	pl	beech [Fagus sylvatica]	Buche *(f)*; Rotbuche *(f)* [D]
132	hy	beginning of backwater	Stauwurzel *(f)*
	hd	belt of water table fluctuation	
133	de	bench mark; control point	Fixpunkt *(m)*
	rw,de	bend	
134	co	bending strengh; flexural strengh	Biegesteifigkeit *(f)*
135	ec,de	beneficial effects of the forest	Wohlfahrtswirkungen *(f,pl)* des Waldes
136	ec	benthos	Benthos *(n)*
137	co	berm; ledge; small terrace	Berme *(f)*; Böschungsabsatz *(m)*; Terrasse *(f)*
	ew	*berm*	
138	co	berm construction	Bermenbau *(m)*; Terrassenbau *(m)*
	rm	bifurcation [river]; junction	
	am	bind (to); join (to)	
139	ec	bio-indicator	Bioindikator *(m)*
140	ec	biocenosis	Biozönose *(f)*
	de	bioengineering	
141	ec	biological cycle	Kreislauf *(m)*, biologischer
142	ec	biological self-purificationability; self-clearing capacity	Selbstreinigungsvermögen *(n)*, biologisches
143	ec	biology	Biologie *(f)*
144	de	biotechnical suitability of a plant	Eignung *(f)* einer Pflanze, biotechnische

barrage *(m)* de poutre; barrage-grille *(m)*	briglia *(f)* aperta a elementi orizzontali; briglia *(f)* a finestre; briglia *(f)* trave; briglia *(f)* selettiva; briglia *(f)* filtrante	115
portance *(f)*	capacità *(f)* di carico; portata *(f)*	116
fond *(m)* du lit; lit *(m)*	fondo *(m)* del letto; fondo *(m)* del torrente	117
configuration *(f)* du fond; configuration *(f)* du lit	forma *(f)* del fondo	118
matériaux *(m,pl)* charriés; charriage *(m)* de fond	materiale *(m)* di fondo	119
usure *(f)* des matériaux charriés	usura *(f)* del materiale solido trasportato	120
débit *(m)* solide charrié	portata *(f)* del materiale di fondo	121
potentiel *(m)* du débit solide; potentiel *(m)* sédimentaire grossier	potenziale *(m)* di trasporto solido	122
bilan *(m)* des matériaux charriés	bilancio *(m)* del materiale di fondo	123
		121
matériaux *(m,pl)* du lit; matériaux *(m,pl)* du fond du lit	materiale *(m)* sotto lo strato superficiale	124
charriage *(m)*	massa *(f)* del materiale di fondo	125
lit *(m)* rocheux	alveo *(m)* sassoso	126
roche *(f)* mère; roche *(f)* de fond	roccia *(f)* madre; substrato *(m)* pedogenetico	127
force *(f)* tractrice; force *(f)* d'arrachement	forza *(f)* di trascinamento unitaria	128
pente *(f)* du lit	pendenza *(f)* del fondo	129
largeur *(f)* du lit	larghezza *(f)* dell'alveo; larghezza *(f)* del letto del fiume	130
		1794
hêtre *(m)*	faggio *(m)*	131
origine *(f)* de la retenue	origine *(f)* del rigurgito	132
		2124
point *(m)* fixe	punto *(m)* fisso; punto *(m)* di controllo; punto *(m)* trigonometrico	133
		333
résistance *(f)* à la flexion	rigidità *(f)* alla flessione	134
effets *(m,pl)* bienfaisants de la forêt	effetti *(m,pl)* benefici del bosco	135
benthos *(m)*	bentos *(m)*	136
berme *(f)*	gradone *(m)*; gradoncino *(m)*; berma *(f)*	137
		1892
construction *(f)* en terrasse; construction *(f)* de bermes	costruzione *(f)* di gradoni; sistemazione *(f)* a gradoni; costruzione *(f)* di terrazze	138
		671
		1974
bio-indicateur *(m)*	bioindicatore *(m)*	139
biocénose *(f)*	biocenosi *(f)*	140
		1669
cycle *(m)* biologique	ciclo *(m)* biologico	141
capacité *(f)* naturelle d'autoépuration	capacità *(f)* d'autodepurazione biologica	142
biologie *(f)*	biologia *(f)*	143
aptitude *(f)* biotechnique d'une plante	attitudine *(f)* biotecnica d'una pianta	144

145	ma	biotope care	Biotoppflege *(f)*
146	pl	birch [Betula]; birch tree	Birke *(f)*
	pl	birch tree	
147	fa	biting off of young shoots; browsing	Verbiss *(m)*; Knospen *(f,pl)* abfressen
148	tc	bitumen straw seeding	Bitumen-Strohdecksaat *(f)*
149	ve	blank; clearing; gap	Blösse *(f)*
150	co	blasting	Sprengung *(f)*
	gm	block	
	hy	block (to)	
151	rw	block ramp	Blockschwelle *(f)*; Blockrampe *(f)*; Rampe *(f)*
152	rm	blockage	Verstopfung *(f)*
153	ew,rw	blockstone bankprotection; blockstone embankment	Steinsatz *(m)*; Blockwurf *(m)*; Blocksatz *(m)*
	ew,rw	blockstone embankment	
154	rw	blockstone weir	Blocksteinschwelle *(f)*
155	rm	bluff; cliff	Kliff *(n)*; Felsufer *(n)*, steiles
156	gm	bog; moor	Moor *(n)*
	rm,gm	bog; marsh	
157	ew	bog drainage	Moordrainage *(f)*
158	gm,si	boggy soil; marshy ground; boggy ground	Moorboden *(m)*
	rw	bolster; gabion spur	
159	de	border; edge; margin	Rand *(m)* [Grenze]
	co	borehole	
	am	borehole pump	
	de,ew	boring for ground investigation	
	co	boring sample	
160	de	bottom level	Unterkante *(f)*
	rw	bottom of riverbank	
	gm,ew	bottom of slope	
	gm	bottom of the valley	
161	rw	bottom outlet	Grundablass *(m)*
	rw	bottom, muddy	
	rm, hy	bottom; base; floor	
162	gm	boulder; block	Felsblock *(m)*; Steinblock *(m)*
163	gm	boulder field	Steinhalde *(f)*
164	gm,rm	boundary spring; contact spring	Schüttquelle *(f)*
165	tc	box drain	Kastendrän *(m)*
166	am	brace; support	Strebe *(f)*; Versteifung *(f)*; Querholz *(n)*
167	rm	braided channel	Gerinne *(n)*, verzweigtes
168	pl	branch	Ast *(m)*
	de	branch	
169	ew,rw	branch ditch	Stichgraben *(m)*
170	tc	branch layering of gullies; brush placement in gullies	Runsenausbuschung *(f)*
	pl	branch, small	

entretien *(m)* de biotope	cura *(f)* dei biotopi	145
bouleau *(m)*	betulla *(f)*	146
		146
abroutissement *(m)*; abroutissement *(m)* des bourgeons	morsicatura *(f)*; morso *(m)* di gemme	147
ensemencement *(m)* avec paille et bitume	semina *(f)* con paglia e bitume	148
découverte *(f)*; partie *(f)* découverte	chiaria *(f)*	149
dynamitage *(m)*	brillamento *(m)*; volata *(f)* di mine	150
		162
		357
rampe *(f)* de blocs	soglia *(f)* a blocchi; rampa *(f)*; rampa *(f)* a blocchi	151
obstruction *(f)*	intasamento *(m)*; ostruzione *(f)*	152
enrochement *(m)*	scogliera *(f)*; scogliera *(f)* elastica a massi giustapposti	153
		153
seuil *(m)* en blocs	soglia *(f)* di massi	154
falaise *(f)*; rive *(f)* rocheuse escarpée	rupe *(f)*	155
tourbière *(f)*; marais *(m)*	palude *(f)*	156
		1860
drainage *(m)* de tourbière	drenaggio *(m)* di terreno paludoso	157
sol *(m)* tourbeux; sol *(m)* marécageux	terreno *(m)* paludoso	158
		699
bordure *(f)*	margine *(m)*	159
		466
		1286
		535
		467
niveau *(m)* du fond	spigolo *(m)* inferiore	160
		1917
		1918
		2000
vidange *(f)* de fond	scaricatore *(m)* di fondo	161
		771
		117
pierre *(f)* de taille; bloc *(m)* naturel	masso *(m)* di roccia	162
perré *(m)* de gros blocs; surface *(f)* de gros blocs roulés	sfasciumi *(m,pl)* di roccia; pietraia *(f)*	163
résurgence *(f)*	sorgente *(f)* che nasce dai detriti di falda	164
drain *(m)* en caisson	drenaggio *(m)* con cassoni	165
contrefiche *(f)*; étançon *(m)*	puntello *(m)*; palo *(m)* di rinforzo	166
lit *(m)* ramifié; chenal *(m)* ramifié	corso *(m)* d'acqua ramificato	167
branche *(f)*	ramo *(m)*	168
		1303
fossé *(m)* secondaire	fosso *(m)* secondario	169
rigole *(f)* stabilisé avec lit de branches; caniveau *(m)* stabilisé avec des fascines; embroussaillement *(m)* (des ravins)	consolidamento *(m)* d'erosione lineare con ramaglia	170
		1970

171	pl	branched rooter; heart rooter	Herzwurzler *(m)*
172	pl	branches (pl)	Astwerk *(n)*; Geäst *(n)*
173	tc	branchlayer; layer of branches	Asteinlage *(f)*; Astlage *(f)*
174	tc	branchpacking; brush packing	Packwerk *(n)*
175	np	break; fracture; failure	Bruch *(m)* [Versagen]
176	rm	breaker [wave]	Brecher *(m)* [Welle]
177	si	breaking up [soil]; hoeing; tilling	Auflockerung *(f)* [Boden]
178	rw	breakwater; mole	Wellenbrecher *(m)*
179	fa, ec	bream zone	Brachsenregion *(f)*
	pl	breeding	
180	tc	broadcast seeding; broadcast sowing	Flächensaat *(f)*; Vollsaat *(f)*; Normalsaat *(f)*
	tc	broadcast sowing	
	ma	brook cleaning	
181	rw	brook culvert	Bachdurchlass *(m)*
	rm	brook; creek; rivulet	
182	rm	brooklet; rill	Bächlein *(n)*; Bach *(m)*, kleiner
183	si	brown soil	Braunerde *(f)*
	fa	browsing	
	fa	browsing	
184	fa	browsing protection	Verbissschutz *(f)*
185	tc	brush foundation; brush matting	Grassbettung *(f)*
	tc	brush grating	
186	tc	brush gully checks	Ausbuschung *(f)*
187	tc	brush gully checks; live brush gully plugging	Rauhpackung *(f)*; Ausbuschung *(f)*
188	tc	brush layering; brush work	Ausbuschung *(f)*
	tc	brush matting	
189	tc	brush mattress; live brush mattress	Spreitlage *(f)*
190	tc	brush mattress with reeds	Schilfspreitlage *(f)*
191	tc	brush mattress with willows	Weidenspreitlage *(f)*
	tc	brush packing	
	tc	brush placement in gullies	
192	tc,rw	brush sill; live brush obstacle	Buschschwelle *(f)*
193	tc	brush weir	Buschwehr *(n)*
	tc	brush work	
194	rw	brush work; fascine mattress work	Faschinendamm *(m)*
195	tc	brush-log work	Holzgrassbau *(m)*
196	tc	brush-rock work	Steingrassbau *(m)*
197	tc	brushlayer	Buschlage *(f)*
198	dc,ve	brushwood; twigs	Reisig *(n)*
199	pl	bud	Knospe *(f)*

racine *(f)* fasciculée	piante *(f,pl)* a radicazione fascicolata	171
ramure *(f)*	ramaglia *(f)*	172
lit *(m)* de plançons	inserimento *(m)* di rami; strati *(m,pl)* di rami	173
ouvrage *(m)* en paquet	graticciata *(f)* di ramaglia a strati (con piloti, con sassi)	174
fissure *(f)*	rottura *(f)*; frattura *(f)*; fessura *(f)*; crepa *(f)*	175
brisant *(m)*	frangiflutti *(m)* [moto ondoso]	176
décompactage *(m)* (du sol)	dissodamento *(m)* del terreno; allentamento *(m)* del terreno	177
brise-lame *(m)*	frangiflutti *(m)*; scogliera *(f)* artificiale	178
zone *(f)* à brême	regione *(f)* a ciprinidi	179
		330
ensemencement *(m)* [surface entière]	semina *(f)* a spaglio; semina *(f)* a tutto campo; semina *(f)* normale	180
		180
		233
ponceau *(m)*; canalisation *(f)* sous-voie	passaggio *(m)* di torrente; tombino *(m)*	181
		1804
ruisselet *(m)*; ruisseau *(m)*	ruscelletto *(m)*	182
sol *(m)* brun	terra *(f)* bruna	183
		757
		147
protection *(f)* contre l'abroutissement	difesa *(f)* dal morso; trattamento *(m)* antiselvaggina; prevenzione *(f)* del morso	184
couche *(f)* de fondation en branchage	strato *(m)* basale di ramaglia fine con rami vivi o morti	185
		1114
garnissage *(m)* des ravins	rivestimento *(m)* vegetale dei burroni torrentizi	186
ouvrage *(m)* en paquet; ouvrage *(m)* à effet de peigne	rivestimento *(m)* vegetale dei burroni torrentizi	187
stabilisation *(f)* avec lit de plançons	rivestimento *(m)* vegetale di burroni torrentizi	188
		185
tapis *(m)* de branches à rejets; couche *(f)* de branches à rejets	copertura *(f)* diffusa con ramaglia viva; rivestimento *(m)* vegetale	189
tapis *(m)* de roseaux	copertura *(f)* diffusa con culmi di canna	190
tapis *(m)* de saules; tapis *(m)* de branches de saules	copertura *(f)* diffusa con ramaglia viva di salici	191
		174
		170
chute *(f)* en branches vivantes; seuil *(m)* en branchage	soglia *(f)* a cespuglio vivo	192
barrage *(m)* en fascines	opera *(f)* di difesa con cespugliame	193
		188
ouvrage *(m)* en fascines; digue *(f)* en fascines	opera *(f)* in fascine; fascinata *(f)* spondale; graticciata *(f)* di ramaglia a strati	194
ouvrage *(m)* mixte végétal/bois	opera *(f)* mista in verde e legname	195
ouvrage *(m)* mixte végétal /pierres	opera *(f)* mista in verde e pietrame	196
lit *(m)* de plançons	gradonata *(f)* suborizzontale con ramaglia viva	197
brindille *(f)*; branchage *(m)*; ramille *(f)*	ramaglia *(f)* fine con corteccia	198
bourgeon *(m)*	gemma *(f)*	199

200	ec	buffer zone	Pufferzone *(f)*
201	de	building permit	Baubewilligung *(f)*; Baugenehmigung *(f)* [D]
202	pl	bulb	Pflanzenzwiebel *(f)*; Knolle *(f)*
	pl	bulrushes	
203	pl	bunch plant	Büschelpflanze *(f)*; Horstpflanze *(f)*
204	tc	bunch planting	Büschelpflanzung *(f)*
	hy	buoyancy	
	de	burial; founding depth	
205	ew	bury (to)	eingraben
	pl,ve	bush	
206	ve	bush; shrub; scrub	Gebüsch *(n)*; Gestrüpp *(n)*
	ve	bushy	
	ve,fo	bushy wood	
207	pl	buttress root	Stützwurzel *(f)*
	rw	by-pass channel	
208	np,rm,hy	bypass (to)	umgehen
	am	cable	
209	am	cable crane	Seilkran *(m)*; Kabelkran *(m)*
210	si	calcareous	kalkhaltig
211	si	calcareous soil	Kalkboden *(m)*
	si	calcareous stone	
212	rw	canal; waterway [for ships]	Gerinne *(n)*, künstliches
213	rw	canalisation; confinement	Kanalisierung *(f)*
214	rw	canalise (to)	kanalisieren
215	ve	canopy density	Deckungsgrad *(m)*
	gm, rm	canyon; narrows	
	ve	capability of regeneration	
216	si	capillary space	Kapillarraum *(m)*
217	si	capillary water	Kapillarwasser *(n)*
	rw	capture of spring	
	ew	carry away (to)	
	de	carrying out	
218	de	case study	Fallstudie *(f)*
	ew	casing	
219	hy,de	catastrophic flood	Katastrophen-Hochwasser *(n)*
220	ew	catch drain; collecting drain	Sammeldrän *(m)*
	ew	catch trench; catch ditch	
221	hd	catchment area	Abflussgebiet *(n)*
222	hd	catchment basin [UK]; watershed [US]	Einzugsgebiet *(n)*
223	hd	catchment boundary; watershed [UK]	Einzugsgebietsgrenze *(f)*
224	rw	catchment of spring; capture of spring	Quellfassung *(f)*
225	am	caterpillar tractor for swamps; caterpillar tractor with wide tracks	Moorraupe *(f)*
	am	caterpillar tractor with wide tracks	

zone *(f)* tampon	zona *(f)* tampone	200
permis *(m)* de construire	concessione *(f)* edilizia	201
bulbe *(m)*; tubercule *(m)*	bulbo *(m)*	202
		1466
plante *(f)* en touffe; touffe *(f)*	piante *(f,pl)* a ciuffo	203
plantation *(f)* par bouquet; plantation *(f)* en touffes	piantagione *(f)* a ciuffi	204
		1994
		676
enterrer; ensevelir	interrare; infossare; sotterrare	205
		1577
broussaille *(f)*	macchia *(f)*; sterpaglia *(f)*; cespugliame *(m)*; boscaglia *(f)*	206
		1582
		1583
racine *(f)* de soutien	radice *(f)* di sostegno	207
		433
dériver ; contourner	deviare; tagliar fuori; aggirare	208
		1769
câble-grue *(m)*	gru *(f)* a cavo; gru *(f)* a funi	209
calcaire	calcareo	210
sol *(m)* calcaire	suolo *(m)* calcareo	211
		957
canal *(m)*; chenal *(m)* artificielle	canale *(m)*; corso *(m)* d'acqua artificiale	212
canalisation *(f)*	canalizzazione *(f)*	213
canaliser	canalizzare	214
degré *(m)* de recouvrement	grado *(m)* di copertura	215
		723
		2
espace *(m)* capillaire	spazio *(m)* capillare; zona *(f)* capillare	216
eau *(f)* capillaire	acqua *(f)* capillare	217
		224
		1813
		532
étude *(f)* de cas	progetto *(m)* pilota	218
		1964
crue *(f)* catastrophique	piena *(f)* catastrofica	219
drain *(m)* collecteur	drenaggio *(m)* collettore	220
		436
bassin *(m)* récepteur des eaux; bassin *(m)* versant	bacino *(m)* di deflusso	221
bassin *(m)* versant	bacino *(m)* imbrifero idrografico	222
limite *(f)* du bassin versant	limite *(m)* del bacino imbrifero	223
captage *(m)*	captazione *(f)* di una sorgente; presa *(f)* di una sorgente	224
engin *(m)* à chenille élargie	escavatore *(m)* a cingoli per palude	225
		225

	fa	cattle	
226	fa, gm	cattle terrace; cow paths; cattle trail	Viehtritt *(m)*; Vertritt *(m)*
	pl	cembran pine	
	ew	central shaft; storage shaft	
227	am	chaff	Häcksel *(m,pl)*
228	rw	chain of check dams; step-wise correction works; heel-to-toe correction works; check dam series	Sperrentreppe *(f)*; Sperren-Staffel *(f)*
	si	chalky clay	
229	hy	change in cross-section	Querschnittswechsel *(m)*
230	hy,rw,rm	change of cross-section [river]	Querschnittsänderung *(f)* [Fluss]
231	de,ew,hy	change of grade; change of slope	Gefällsknick *(m)*; Gefällsbruch *(m)*; Neigungswechsel *(m)*
	de,ew,hy	change of slope	
232	rm	channel	Gerinne *(n)*, natürliches
	rm	channel bottom	
233	ma	channel cleaning; brook cleaning	Bachräumung *(f)*
	np,hy	channel degradation; channel scour	
234	ma	channel dredging; channel excavation	Ausbaggerung *(f)* [im Fluss]
235	rw,hy	channel enlargement; channel widening	Gerinneaufweitung *(f)*
	ma	channel excavation	
236	hy	channel flow; flow of water	Wasserführung *(f)*
237	rw	channel lining	Gerinneauskleidung *(f)*
238	rw	channel re-alignment	Bachumlegung *(f)*
	rw	channel shifting	
	rw,hy	channel widening	
239	rw	check dam; dam	Sperre *(f)*
240	rw	check dam, torrent	Wildbachsperre *(f)*; Konsolidierungssperre *(f)*
	am	chips	
241	fo,de	choice of tree species	Baumartenwahl *(f)*
	hy	choking up; blockage; clogging	
242	rw	chute	Schussrinne *(f)*
	co	clamping	
243	si	clay	Ton *(m)*
244	ew,co	clay packing; puddle clay; puddle core	Tondichtung *(f)*
245	si	clayey; argillaceous	tonhaltig; tonig
	fo	clear (to); fell (to); cut down (to)	
246	fo	clear cutting; clear felling	Kahlschlag *(m)*; Kahlhieb *(m)*
	fo	clear felling	
	ma,fo	clearing	
	ve	clearing; gap	
	rm	cliff	
247	gm	cliff; mountain wall	Felswand *(f)*
248	hd	climate	Klima *(n)*
249	hd	climatic zone	Klimazone *(f)*

		972
gradin *(m)* de pâturage	calpestio *(m)*	226
		1787
		270
copeaux *(f,pl)*	paglia *(f)* tritata	227
barrage *(m)* en escalier; correction *(f)* en marches d'escalier; échelonnement *(m)*	sistemazione *(f)* con briglie a gradinata	228
		1017
changement *(m)* de gabarit	cambio *(m)* di sezione	229
changement *(m)* de la section d'écoulement; modification *(f)* de la section d'écoulement	modificazione *(f)* della sezione trasversale [fiume]; cambiamento *(m)* della sezione trasversale [fiume]	230
rupture *(f)* de pente	cambio *(m)* di pendenza	231
		231
chenal *(m)* naturel; chenal *(m)* d'écoulement	corso *(m)* d'acqua naturale	232
		1394
curage *(m)* du lit	pulizia *(f)* del letto; svaso *(m)*	233
		405
dragage *(m)* du lit	dragaggio *(m)* del letto	234
recalibrage *(m)*; élargissement *(m)*, reprofilage *(m)*	ampliamento *(m)* del canale; ampliamento *(m)* del corso d'acqua	235
		234
écoulement *(m)* du cours d'eau; flots *(m,pl)*	portata *(f)* d'acqua	236
revêtement *(m)* d'un canal	rivestimento *(m)* del corso d'acqua; rivestimento *(m)* del canale	237
déviation *(f)* (artificielle) du lit	deviazione *(f)* artificiale del letto	238
		1809
		235
barrage *(m)*	briglia *(f)*; diga *(f)*; traversa *(f)*	239
barrage *(m)* en torrent; chute *(f)* de consolidation	briglia *(f)* di consolidamento; traversa *(f)* di torrente	240
		1722
choix *(m)* des essences	scelta *(f)* della specie	241
		913
canal *(m)* de chute; goulotte *(f)* de déversement	cunettone *(m)*; canaletta *(f)* di recapito; acquidoccio *(m)*	242
		595
argile *(f)*; glaise *(f)*	argilla *(f)*	243
recouvrement *(m)* de limon	impermeabilizzazione *(f)* con argilla	244
argileux	argilloso	245
		387
coupe *(f)* rase	taglio *(m)* raso	246
		246
		347
		149
		155
falaise *(f)*; paroi *(f)* rocheuse	parete *(f)* rocciosa	247
climat *(m)*	clima *(m)*	248
zone *(f)* climatique	zona *(f)* climatica	249

250	ve	climax community	Klimaxgesellschaft *(f)*
251	fo,ve	climax forest	Schlusswald *(m)*; Klimaxwald *(m)*
252	am	climbing excavator; Menzi Muck	Schreitbagger *(m)*; Menzi Muck *(m)* [CH]
253	rm,hy	clogging up; siltation	Kolmatierung *(f)*; Abdichtung *(f)*
254	hy	clogging up naturally	Selbstabdichtung *(f)*
255	hd	cloud burst; heavy rainfall; downpour; rainstorm	Wolkenbruch *(m)*
	pl	clump	
	pl	clump	
256	am	coarse rack	Grobrechen *(m)*
257	rm	coarse sediment deposition	Überschotterung *(f)*
	si	coarse soil; raw soil	
258	rm	coast; shore	Küste *(f)*
259	de	coast protection	Küstenschutz *(m)*
260	rw	coastal structure	Küstenbauwerk *(n)*
261	co	cobble-stone; cobbles *(pl)*	Pflasterstein *(m)*; Kopfstein *(m)* [D]
	co	cobbles *(pl)*	
262	am	coconut fibre	Kokosfaser *(f)*
263	si	coefficient of bulking	Auflockerungsbeiwert *(m)*
264	ew,si	coefficient of compressibility	Verdichtungsbeiwert *(m)*
	si	coefficient of permeability	
265	rw,ew	coffer-dam	Fangdamm *(m)*; Auffangdamm *(m)*
266	si,ew	cohesion	Kohäsion *(f)*; Bindigkeit *(f)* [Boden]
267	si,ew	cohesionless; non-cohesive	kohäsionslos; nichtbindig
268	ew,si	cohesive	bindig
269	ew,si	cohesiveness	Bindigkeit *(f)*
	ew	collecting drain	
270	ew	collecting shaft; central shaft; storage shaft	Sammelschacht *(m)*
271	ew	collector ditch; main drain	Sammelgraben *(m)*
272	ew	compact (to)	walzen
273	ew,si	compact [soil] (to)	verdichten
274	ew	compaction; consolidation	Verdichtung *(f)*
275	rw	compensating basin	Ausgleichsbecken *(n)*
	ec	competition capacity	
276	ec	competitive ability; competition capacity	Konkurrenzkraft *(f)*
277	ew	complete (full area) drainage	Flächendrainage *(f)*
278	ma	compost	Kompost *(m)*
279	ew,co	compression strength; pressure resistance; crushing strength	Druckfestigkeit *(f)*
280	de	computation of quantities	Massenberechung *(f)*
	rm	concave bank	
281	np	concave break	Muschelbruch *(m)*; Schalenbruch *(m)*
	de	conceptual design	
282	am	concrete	Beton *(m)*

association *(f)* climacique	associazione *(f)* climax	250
forêt *(f)* climax	foresta *(f)* climax	251
pelle *(f)* araignée	scavatore *(m)* a ragno; ragno *(m)* idraulico	252
colmatation *(f)*; colmatage *(m)*	interrimento *(m)*; colmata *(f)*	253
colmatage *(m)* naturel; colmatation *(f)*	autoimpermeabilizzazione *(f)*; colmazione *(f)*	254
pluie *(f)* torrentielle	pioggia *(f)* torrenziale; nubifragio *(m)*	255
		1965
		1968
grille *(f)* grossière	rastrello *(m)* a denti larghi	256
engravement *(m)*; dépôt *(m)* de sédiments grossiers	accumulo *(m)* di sedimenti grossolani; accumulo *(m)* di ghiaia	257
		1311
côte *(f)*	costa *(f)*	258
protection *(f)* côtière	protezione *(f)* costiera; difesa *(f)* costiera	259
ouvrage *(m)* de protection côtière	opera *(f)* costiera; manufatto *(m)* costiero	260
pavé *(m)*	pietra *(f)* da pavimentazioni; selciato *(m)*; lastricato *(m)*	261
		261
fibre *(f)* de coco	fibre *(f,pl)* di cocco	262
coefficient *(m)* de foisonnement	coefficiente *(m)* d'allentamento	263
coefficient *(m)* de compressibilité	coefficiente *(m)* di compressione; coefficiente *(m)* di costipamento	264
		1166
digue *(f)* de retenue	diga *(f)* di ritenuta; tura *(f)*	265
cohésion *(f)*	coesione *(f)*; tenacità *(f)* [terreno]	266
non cohésif	incoerente; privo di coesione	267
solidaire; attaché	coerente	268
cohésion *(f)* [force de]	coesione *(f)*; compattezza *(f)*	269
		220
puits *(m)* collecteur	pozzo *(m)* collettore	270
fossé *(m)* collecteur	canale *(m)* collettore; fossato *(m)* collettore	271
rouler	rullare	272
compacter	compattare	273
compactage *(m)*	compattazione *(f)*; costipamento *(m)*	274
bassin *(m)* de compensation	bacino *(m)* di compensazione	275
		276
compétitivité *(f)*	forza *(f)* concorrenziale	276
drainage *(m)* intégral	drenaggio *(m)* completo	277
compost *(m)*	composto *(m)*	278
résistance *(f)* à la pression	resistenza *(f)* alla compressione	279
calcul *(m)* des masses	calcolo *(m)* delle masse; calcolo *(m)* dei volumi	280
		1134
glissement *(m)* concave	frana *(f)* a forma di conchiglia	281
		447
béton *(m)*	calcestruzzo *(m)*	282

283	tc	concrete crib wall	Betonkrainerwand *(f)* (bepflanzt, begrünt)
284	dc	concrete grating with seed	Rasengitterstein *(m)*
285	am	concrete, reinforced	Eisenbeton *(m)*; Beton *(m)*, armierter; Stahlbeton *(m)*
	rw	confinement	
	gm	confluence	
286	ve	conifer; coniferous tree	Nadelbaum *(m)*; Nadelholz *(n)*
287	fo	coniferous forest	Nadelwald *(m)*
	ve	coniferous tree	
288	pl	conquering capacity; invasion capacity	Ausbreitungskapazität *(f)*
	ec	conservation	
	ew	consolidation	
	np,ew	consolidation [soil after pressure]; settlement [construction]; slump	
	ew	consolidation of landslide	
289	ew	consolidation; grouting	Verfestigung *(f)*; Konsolidierung *(f)*
290	co	construction machinery	Baumaschinenpark *(m)*
291	co	construction material	Baumaterial *(n)*
292	de	construction schedule	Bauzeitplan *(m)*
293	co	construction site	Baustelle *(f)*; Bauplatz *(m)*
	dc	construction wood; lumber [US]	
	gm,rm	contact spring	
294	tc	container plant	Containerpflanze *(f)*
	dc,pl	container plant	
	tc	container planting	
295	ec	contaminate (to); pollute (to)	verunreinigen; verschmutzen
296	ec	contamination; pollution	Verunreinigung *(f)*; Verschmutzung *(f)*
	tc	contour planting	
297	tc	contour planting; planting in contour rows	Cordonpflanzung *(f)*
298	de	control device	Kontrolleinrichtung *(f)*
299	de	control measure; security measure	Sicherungsmassnahme *(f)*
	de	control point	
301	rw	control structure; regulation structure	Regulierbauwerk *(n)*
300	rw	control structure; reservoir	Stauanlage *(f)*
	hy	conveyance	
302	ve	coppice	Gehölz *(n)*
303	fo	coppice; low forest	Niederwald *(m)*; Stockausschlagwald *(m)*
304	ma	coppice (to)	auf den Stock setzen
305	co	core	Bohrkern *(m)*
	ew	core drilling	
306	ew	coring; core drilling	Kernbohrung *(f)*
	de	correlation	
307	am	corrugated iron sheet	Wellblech *(n)*
308	de	cost-benefit analysis	Kosten-Nutzen-Analyse *(f)*

paroi *(f)* végétalisée en béton	muro *(m)* cellurare (con messa a dimora di piante, rinverdito)	283
dalle *(f)* ajourée	mantellata *(f)* verde	284
béton *(m)* armé	calcestruzzo *(m)* armato	285
		213
		916
conifère *(m)*; résineux *(m)*	conifera *(f)*	286
forêt *(f)* de conifères	bosco *(m)* di conifere	287
		286
capacité *(f)* de propagation; pouvoir *(m)* de dissémination	capacità *(f)* d'espandersi; capacità *(f)* di diffusione [di piante]	288
		501
		274
		1541
		935
consolidation *(f)*	consolidamento *(m)*	289
parc *(m)* de machines	parco *(m)* macchine	290
matériel *(m)* de construction	materiale *(m)* da costruzione	291
planification *(f)* des travaux	pianificazione *(f)* dei lavori	292
chantier *(m)*	cantiere *(m)*	293
		1906
		164
plant *(m)* en container; plant *(m)* en récipient	piante *(f,pl)* in contenitori; piante *(f,pl)* in vasetto	294
		1241
		1242
polluer; contaminer	inquinare	295
contamination *(f)*; pollution *(f)*	inquinamento *(m)*	296
		1377
cordons *(m,pl)*; plantation *(f)* en cordon	piantagione *(f)* a cordonata	297
mesure *(f)* de contrôle	dispositivo *(m)* di controllo; unità *(f)* di controllo	298
mesure *(f)* de sécurité; précaution *(f)*	misura *(f)* di sicurezza	299
		133
ouvrage *(m)* de régulation	opera *(f)*; manufatto *(m)* di regolazione; opera *(f)* di sistemazione [idraulica]	301
barrage *(m)* [installation]; réservoir *(m)*	bacino *(m)* di ritenuta; serbatoio *(m)* di ritenzione; bacino *(m)* d'invaso	300
		1460
formation *(f)* boisée	pianta *(f)* legnosa	302
taillis *(m)*; hallier *(m)*	bosco *(m)*; ceduo *(m)*	303
recéper; essarter	ceduare	304
carotte *(f)* de forage	carota *(f)*	305
		306
forage *(m)*; carottage *(m)*	carotaggio *(m)*	306
		899
tôle *(f)* ondulée	lamiera *(f)* ondulata	307
analyse *(f)* coûts-bénéfices	analisi *(f)* costi/ricavi; analisi *(f)* costi/benefici	308

	am	counter-dam	
	rm	cove [small bay]	
	tc	cover	
309	co,ew	cover (to) with topsoil	humusieren
310	pl	cover crop	Deckfrucht *(f)*
311	co	cover layer	Deckschicht *(f)*
312	co	cover(ing)	Eindeckung *(f)*
313	gm	coverage	Verschüttung *(f)*
314	pl,ve	coverage resistance; resistance to covering	Verschüttungsresistenz *(f)*
315	tc,ew	covered fascine drain; pole drain	Stangendrän *(m)*
	co	covering wall	
316	tc	covering; cover	Überdeckung *(f)*
	fa, gm	cow paths; cattle trail	
	gm	crack; crevasse	
317	co	crack; fracture	Riss *(m)*
	co,gm	cracking	
318	gm,ew,np	creep	Kriechen *(n)*
	gm	crest	
319	rw	crest spillway	Kronenüberfall *(m)*
320	gm,np	crevasse [soil]; fissure; crack; crevice	Spalte *(f)* [Boden]; Riss *(m)*
	dc	cribbing; log crib construction	
321	hy	critical shear force	Schleppkraft *(f)*, kritische; Grenzschleppspannung *(f)*
322	ew,hy	critical slope	Grenzgefälle *(n)*; Gefälle *(n)*, kritisches
	ma	crop (to)	
	hy	cross current	
323	ew,co,hy,de	cross gradient; transversal gradient	Quergefälle *(n)*
	ew,hy,co,de	cross section	
324	hy	cross-section	Querprofil *(n)*
325	hy	cross-sectional area	Querschnittsfläche *(f)*
326	ew,co,hy,de	crossfall	Querneigung *(f)*; Quergefälle *(n)*
327	rw	crown of wall; top	Mauerkrone *(f)*; Krone *(f)*
	rw	crown; top of dam	
328	co	crushed gravel	Kies *(m)*, gebrochener
329	gm,si	crystalline rock	Kristallingestein *(n)*
330	pl	cultivation; breeding	Züchtung *(f)*
331	co,de,ma	cultivation of soil; soil (ground) cultivation	Bodenbearbeitung *(f)*
332	ew, co	culvert	Durchlass *(m)*; Rohrdurchlass *(m)*
	rw	culverting	
	hy	current	
333	rw,de	curvature; bend	Krümmung *(f)*
334	rm	curved reach	Strecke *(f)*, geschwungene

		75
		112
		316
recouvrir d'humus; créer une couche d'humus	apportare humus	309
plante *(f)* de couverture; culture *(f)* dérobée	semente *(f)* di copertura; semente *(f)* per consociazione	310
couche *(f)* de couverture; revêtement *(m)*	strato *(m)* di copertura; strato *(m)* superficiale	311
recouvrement *(m)*	ricopertura *(f)*	312
ensevelissement *(m)*	copertura *(f)*; ricoprimento *(m)* [con materiali]	313
résistance *(f)* à l'ensevelissement	resistenza *(f)* al ricoprimento	314
drain *(m)* formé de perches enterrées; fascine *(f)* drainante de perche	drenaggio *(m)* con stangame	315
		1366
couverture *(f)*; recouvrement *(m)*	copertura *(f)*; ricoprimento *(m)*	316
		226
		592
fissure *(f)*	fessura *(f)*	317
		591
solifluction *(f)*; reptation *(f)*	solifluizione *(f)*	318
		1376
déversoir *(m)* d'écrêtement	stramazzo *(m)* dal coronamento; sfioratore *(m)* dal coronamento	319
crevasse *(f)*; fissure *(f)*	crepa *(f)*; spacco *(m)*	320
		47
force *(f)* tractrice critique	forza *(f)* di trascinamento critica	321
pente *(f)* limite; pente *(f)* critique	pendenza *(f)* limite	322
		335
		1946
pente *(f)* latérale	pendenza *(f)* trasversale	323
		1947
profil *(m)* en travers	sezione *(f)* trasversale	324
section *(f)* transversale	area *(f)* della sezione trasversale	325
pente *(f)* transversale	inclinazione *(f)* trasversale; pendenza *(f)* trasversale	326
couronnement *(m)*; crête *(f)*	coronamento *(m)* del muro	327
		353
gravier *(m)* concassé	ghiaia *(f)* frantumata	328
roche *(f)* cristalline	roccia *(f)* cristallina	329
sélection *(f)* de plantes	allevamento *(m)*; coltivazione *(f)*	330
travail *(m)* des sols	lavorazione *(f)* del terreno	331
ponceau *(m)* ; canal *(m)* d'évacuation de l'eau	passaggio *(m)*; fognolo *(m)*; tombino *(m)*	332
		1153
		634
courbure *(f)*	curvatura *(f)*	333
tronçon *(m)* en courbe	tratto *(m)* sinuoso d'un corso d'acqua	334

	hy	cushioning pool	
335	ma	cut (to); crop (to)	schneiden
336	ma	cut back (to)	zurückschneiden
337	ma	cut down (to)	auf den Stock setzen
	np	cut off	
338	ew	cut slope	Einschnittböschung *(f)*
339	ew,de	cut slope	Hanganschnitt *(m)*
340	ew	cut slope; escarpment	Anschnittböschung *(f)*; Abtragsböschung *(f)*
	ew,de	cut-and-fill; balanced excavation	
341	rw	cut-off	Durchstich *(m)*
342	dc	cutting; slip	Steckholz *(n)*; Steckling *(m)*
343	pl	cutting; layer; slip; runner; offset	Ableger *(m)*; Absenker *(m)*
	fo,ma	cutting; logging	
344	ew	cutting; dip	Einschnitt *(m)*
345	ma	cutting back	Rückschnitt *(m)*
346	ma	cutting down	Fällung *(f)*
347	ma,fo	cutting down; clearing	Abholzung *(f)*
348	pl	cutting propagation; reproduction by cuttings	Stecklingsvermehrung *(f)*
349	am	cylindrical gabion	Drahtschotterwalze *(f)*
	rw	dam	
350	rw	dam; dike; levee	Ufer(schutz)damm *(m)*
351	rw	dam; retaining dam	Staudamm *(m)*
	rw	dam; weir	
352	rw	dam beam	Dammbalken *(m)*
353	rw	dam crest; crown; top of dam	Dammkrone *(f)*
354	rw	dam failure	Dammbruch *(m)*
355	rw	dam raising; topping	Dammerhöhung *(f)*
356	rw	dam toe	Dammfuss *(m)*
	hy	dam up (to)	
357	hy	dam up (to); block (to)	stauen
358	co	dam wall drainage	Sperrenentwässerung *(f)*
359	rw	dam with open grill	Rostsperre *(f)*
	rw	dam, deflecting	
360	np	damage	Schaden *(m)*
361	fo	damage (pl) to forests; damage (pl) to woods	Waldschäden *(m,pl)*
	fo	damage (pl) to woods	
	fa	damage by game	
362	rw	damming; impounding	Aufstau *(m)* eines Flusses
363	hy	damming effect	Stauwirkung *(f)*
	hy	damming up; impoundment; store	
	ew	dampen (to)	
	np	danger of slip	
364	de	danger zone; hazard zone; risk zone	Gefahrenzone *(f)*
365	np	danger, natural	Naturgefahr *(f)*

		2032
tailler	tagliare	335
rabattre; ravaler	taglio *(m)* parziale del fusticino	336
recéper	ceduare	337
		1106
talus *(m)* de tranchée	scarpata *(f)* in scavo; scavo *(m)* in trincea	338
front *(m)* de coupe	sezione *(f)* nuova di sterro o di riporto	339
pente *(f)* talutée	scarpata *(f)* in trincea	340
		1024
coupure *(f)*	taglio *(m)* d'un corso d'acqua [nuovo inalveamento]	341
bouture *(f)*	talea *(f)*	342
marcotte *(f)*	propaggine *(f)*	343
		563
entaille *(f)*; tranchée *(f)*	incisione *(f)*; intacco *(m)*; sterro *(m)*	344
recépage *(m)*	taglio *(m)* parziale del fusticino	345
abattage *(m)*	abbattimento *(m)*	346
déboisement *(m)*	deforestazione *(f)*; taglio *(m)*; disboscamento *(m)*	347
bouturage *(m)*	propagazione *(f)* per talee; impiego *(m)* di parti vegetali atte al radicamento	348
gabion-boudin *(m)*; gabion *(m)* en rouleau	rullo *(m)*; burga *(f)*; gabbione *(m)* cilindrico	349
		239
barrage *(m)* de protection de rive	argine *(m)* di difesa spondale; diga *(f)* di difesa spondale	350
barrage *(m)* de rétention	argine *(m)* di ritenuta; diga *(f)* di retenuta	351
		107
batardeau *(m)*	trave *(f)* di sbarramento	352
couronne *(f)* d'une digue; couronnement *(m)*	coronamento *(m)* della diga	353
rupture *(f)* d'une digue	rotta *(f)* arginale; rottura *(f)* di una diga	354
surélèvement *(m)* de digue	sopraelevazione *(f)* dell'argine	355
pied *(m)* de la digue	piede *(m)* dell'argine	356
		868
refouler	invasare	357
drainage *(m)* d'un barrage	prosciugamento *(m)* d'un muro; drenaggio *(m)* d'un muro	358
barrage *(m)* formé par un grille	briglia *(f)* aperta di tipo reticolato; briglia *(f)* filtrante	359
		434
dommage *(m)*	danno *(m)*	360
dégâts *(m,pl)* forestiers	danni *(m,pl)* boschivi; danni *(m,pl)* forestali	361
		361
		702
endiguement *(m)*	invasamento *(m)* d'un fiume	362
effet *(m)* de barrage	effetto *(m)* dell'invasamento; effetto *(m)* di barriera	363
		869
		842
		1389
zone *(f)* à risques; zone *(f)* de danger	zona *(f)* a rischio	364
danger *(m)* naturel	pericolo *(m)* naturale	365

366	de	datum; base level	Bezugsebene *(f)*
367	de	dead load; dead weight; self weight	Eigengewicht *(n)*; Eigenlast *(f)*
	de	dead weight; self weight	
	fa	debarking	
368	gm	debris; talus material	Schutt *(m)*
369	np	debris avalanche	Geröllawine *(f)*; Schuttgang *(m)*
370	rw	debris basin; sedimentation pool	Ablagerungsplatz *(m)*; Geschiebefang *(m)*
371	rw	debris cone channel, artificial	Schwemmkegelgerinne *(n)*, künstliches
372	rm	debris cone head; fan apex	Schwemmkegelhals *(m)*
373	np	debris flow	Murgang *(m)*; Murschub *(m)*; Mure *(f)* [A,D]
374	rw	debris flow breaker	Murbrecher *(m)*
375	rw	debris flow deflection dam; debris flow diversion dam	Murabweisdamm *(m)*
376	np,gm	debris flow deposition	Vermurung *(f)*; Übermurung *(f)*
	rw	debris flow diversion dam	
	np	debris flow front [during motion]; debris flow lobe [as deposit]; terminal lobe [as deposit]	
	gm	debris from rock weathering	
377	ma	debris removal; be freed of debris (to)	Freilegen *(n)* von Schutt
	rw	debris retention dam	
378	rw	debris retention dam; sediment control dam; deposit dam	Geschieberückhaltesperre *(f)*; Rückhaltesperre *(f)*
	hy	debris source (area)	
379	rm,gm,hy	debris source (area); source of bedload	Geschiebeherd *(m)*
380	rm	debris-flow cone	Murkegel *(m)*
	ma	decapitate	
381	ve	deciduous forest	Laubwald *(m)*
382	pl,fo	deciduous tree	Laubbaum *(m)*; Laubholz *(n)*
383	am	decomposition	Verrottung *(f)*
	co	decrease of steep slope (to); grade (to)	
384	tc	deep hole planting	Tieflochpflanzung *(f)*
385	pl	deep rooter	Tiefwurzler *(m)*
386	hd	deep water seepage	Tiefensickerung *(f)*
	rw	deflecting groyne; training groyne	
387	ma, fo	deforest (to); clear (to); fell (to); cut down (to)	abholzen; entwalden
388	fo	deforestation	Rodung *(f)*; Entwaldung *(f)*
389	rm	degrading reach	Erosionsstrecke *(f)*
390	de	degree of danger	Gefährdungspotential *(n)*
391	ve	dehydration	Wasserentzug *(m)*
392	ve,pl	delay of growth; retarded growth	Wachstumsverzögerung *(f)*
393	de	delimitation of hazard zones	Gefahrenzonenabgrenzung *(f)*
394	hd	delivery of a spring; spring discharge	Quellergiebigkeit *(f)*; Quellschüttung *(f)*

niveau *(m)* de référence	piano *(m)* di riferimento	366
poids *(m)* propre	peso *(m)* proprio	367
		367
		1815
décombres *(m)*; dépôt *(m)*	detrito *(m)*	368
glissement *(m)* d'éboulis	movimento *(m)* del detrito	369
place *(f)* de dépôt	piazza *(f)* di deposito; cassa *(f)* di deposito	370
canal *(m)* sur le cône de déjection	canale *(m)* di scarico (del cono di deiezione alluvionale) artificiale	371
exutoire *(m)* de la gorge	sbocco *(m)* della vallata; sommità *(f)* del cono di deiezione	372
coulée *(f)* de boue; lave *(f)* de boue; lave *(f)* torrentielle	lava *(f)* torrentizia; colata *(f)* di fango	373
ouvrage *(m)* freineur de boues; brise-lave *(m)*	opera *(f)* per frenare le lave torrentizie; argine *(m)* di difesa dalle lave torrentizie	374
digue *(f)* de rétention des boues	sbarramento *(m)* di deviazione delle lave torrentizie	375
depôt *(m)* de débris	inghiaiamento *(m)* da lava torrentizia; ricoprimento *(m)* con colata di fango	376
		375
		819
		2072
dégager; déblayer	messa *(f)* allo scoperto di detrito	377
		1507
barrage *(m)* de retenue	briglia *(f)* di trattenuta	378
		1515
source *(f)* du débit solide	focolaio *(m)* di portata solida	379
cône *(m)* de boue; tas *(m)* de boue	cono *(m)* d'una colata di lava torrentizia	380
		1924
forêt *(f)* de feuillus	bosco *(m)* di latifoglie	381
feuillu *(m)*; arbre *(m)* à feuilles caduques	pianta *(f)* di latifoglia	382
décomposition *(f)*	decomposizione *(f)*; marcitura *(f)*	383
		953
plantation *(f)* en trou profond	piantagione *(f)* a buche profonde	384
plante *(f)* à racine profonde	pianta *(f)* a radicazione profonda	385
infiltration *(f)* profonde	infiltrazione *(f)*; percolazione *(f)* profonda	386
		1347
abattre [le bois]	disboscare; abbattere	387
défrichement *(m)*	dissodamento *(m)*	388
tronçon *(m)* d'érosion	tratto *(m)* in erosione	389
potentiel *(m)* de risque	pericolosità *(f)* potenziale	390
déshydratation *(f)*	disidratazione *(f)*; suzione *(f)*; captazione *(f)*	391
retard *(m)* de croissance	ritardo *(m)* nella crescita	392
délimitation *(f)* des zones à risques	delimitazione *(f)* delle zone a rischio	393
débit *(m)* d'une source	portata *(f)* di una sorgente	394

395	rm	delta	Delta *(n)*
396	rw	dentated sill; dragon's teeth; dentated end sill	Zahnschwelle *(f)*
397	np	denudation	Abtrag *(m)*; Abtragung *(f)*; Denudation *(f)*; Gebietsabtrag *(m)*
	gm	denudation area	
398	co,np	deposit	Ablagerung *(f)*
399	ew	deposit (to)	deponieren
400	rm	deposit [result]; sediment	Ablagerung *(f)* [Ergebnis]
401	ew	deposition	Aufschüttung *(f)*; Bodenauftrag *(m)*
402	rm, hy	deposition [process]; sedimentation	Ablagerung *(f)* [Vorgang]; Sedimentation *(f)*
403	hy,gw,np	deposition of bed load material	Geschiebeablagerung *(f)*
404	gm	depression	Senke *(f)*; Kuhle *(f)* [D]
405	np,hy	depth erosion; channel degradation; channel scour	Tiefenerosion *(f)*; Tiefenschurf *(m)* [A,D]
406	hd	depth of (ground)water table	Flurabstand *(m)* [des (Grund) Wasserspiegels]
407	de,ew	depth of excavation; level of excavation	Aushubtiefe *(f)*
408	co,ew,de	depth of foundation	Fundationstiefe *(f)*; Gründungstiefe *(f)*
	hy	depth of scouring	
	hy	depth of water	
409	rw	derivation; diversion	Ableitung *(f)*
410	de	design; determination of dimensions; structural design	Dimensionierung *(f)*; Bemessung *(f)*
411	de	design assumption	Bemessungsannahme *(f)*
	hy	design capacity	
	de,ew,rw	design cross section	
412	hy	design discharge; design capacity	Ausbauwassermenge *(f)*
413	co,ew,de	design load; loading assumption; assumed load	Lastannahme *(f)*
414	rw	desilting works	Sandfanganlage *(f)*
415	ec	destruction of vegetation cover	Bodenverwundung *(f)* [D,A]
416	rw	detention dam	Hochwasserschutzdamm *(m)*
	de	determination of dimensions; structural design	
417	de	develop (to); open up (to)	erschliessen
418	de	development planning	Raumplanung *(f)*
	ma,ew	dewater (to)	
419	rw	dewatering	Wasserhaltung *(f)* [im Fluss]
420	co	dewatering of an excavation; dewatering; drainage	Wasserhaltung *(f)* [Baugrube]
	co	dewatering; drainage	
	ma,ew	dewatering; draining	
	tc	diagonal wattlefence	
	tc	dibbling	
	rw	dike; levee	
421	rw	dike; levee [US]; floodbank; stopbank [NZ]	Damm *(m)*; Uferdamm *(m)*

delta *(m)*	delta *(m)*	395
seuil *(m)* crénelé	soglia *(f)* dentata	396
dénudation *(f)*; érosion *(f)* générale	denudamento *(m)*; asportazione *(f)* di territorio	397
		516
dépôt *(m)*	sedimentazione *(f)*	398
mettre en dépôt	depositare; scaricare	399
sédiment *(m)* [résultat]	sedimento *(m)* [risultato]; sedimentazione *(f)*	400
remblayage *(m)*; remblai *(m)*	reinterro *(m)*	401
sédimentation *(f)*	sedimentazione *(f)* [processo]; deposito *(m)*	402
dépôt *(m)* de gravier	sedimentazione *(f)* del materiale di fondo	403
dépression *(f)*	depressione *(f)*; abbassamento *(m)*	404
érosion *(f)* profonde; érosion *(f)* linéaire concentrée	erosione *(f)* lineare profonda concentrata	405
profondeur *(f)* du niveau piézométrique	profondità *(f)* della falda	406
profondeur *(f)* d'excavation	profondità *(f)* dello scavo	407
profondeur *(f)* de fondation	profondità *(f)* della fondazione	408
		1492
		2035
dérivation *(f)*	derivazione *(f)*	409
dimensionnement *(m)*; mesure *(f)*; mensurations *(f,pl)*	dimensionamento *(m)*	410
hypothèse *(f)* de dimensionnement	ipotesi *(f)* di dimensionamento	411
		412
		1765
débit *(m)* de projet	portata *(f)* di progetto	412
charge *(f)* projetée	ipotesi *(f)* di carico	413
ouvrage *(m)* de décantation	impianto *(m)* dissabbiatore	414
destruction *(f)* de la couverture végétale	decapitazione *(f)* del profilo del suolo	415
barrage *(m)* de rétention des crues	argine *(m)* di protezione dalle piene	416
		410
viabiliser	aprire; collegare	417
aménagement *(m)* du territoire	pianificazione *(f)* del territorio; pianificazione *(f)* territoriale	418
		449
épuisement *(m)*	aggottamento *(m)* [di un fiume]	419
assèchement *(m)* des fouilles *(f,pl)*; épuisement *(m)* d'une fouille	esaurimento *(m)* delle acque (di una fossa di scavo)	420
		420
		453
		1373
		1194
		350
digue *(f)*	argine *(m)*; terrapieno *(m)*; diga *(f)*; diga *(f)* arginale	421

	rw	dike; levee; stopbank [NZ];	
	rw	diking; banking up of a river	
	ew	dip	
	hd	direct runoff; surface run-off	
	hy,de	direction of flow	
422	de	disaster map; map of disaster	Schadenkarte *(f)*
423	hy	discharge; run-off	Abfluss *(m)*; Durchfluss *(m)*; Abflussmenge *(f)*
424	hy	discharge area; discharge cross section	Abflussquerschnitt *(m)*; Durchflussquerschnitt *(m)*
	hy	discharge cross section	
425	hy	discharge detention	Abflussverzögerung *(f)*
426	hy	discharge gauging	Abflussmessung *(f)*
427	hy	discharge rate	Durchflussmenge *(f)*
428	hy	discharge velocity	Abflussgeschwindigkeit *(f)*
	hy	discharge velocity	
	hy	discharge, lowest	
	ma	displacement	
	gm	disturbance	
429	rm	ditch [sloping]	Graben *(m)*
430	ew,rm	ditch [walls at an angle]; trench [vertical walls]; open cut	Wassergraben *(m)*
431	ew,co	ditch lining	Grabenauskleidung *(f)*
	rw	diversion	
432	ew	diversion canal	Ableitungsgraben *(m)*
433	rw	diversion channel; by-pass channel	Umleitungskanal *(m)*
434	rw	diversion dam; dam, deflecting	Ablenkdamm *(m)*; Abweisdamm *(m)*
435	rw	diversion dam [river]; guide bank [river]	Leitwerk *(n)* [Fluss]
436	ew	diversion ditch; catch trench; catch ditch	Fanggraben *(m)*; Auffanggraben *(m)*
437	rw	diversion structure; diversion work	Ablenksperre *(f)*; Ablenkdamm *(m)*
	rw	diversion work	
	hd	divide; drainage divide [US]	
438	de	divining rod	Wünschelrute *(f)*
439	rw,ew	doline; sink hole; sink	Doline *(f)*
440	si	dolomite	Dolomit *(m)*
441	ve	dormancy	Wachstumsruhe *(f)*; Keimruhe *(f)*
442	pl	dormant bud; dormant eye	Knospe *(f)*, schlafende; Auge *(n)*, schlafendes
	pl	dormant eye	
443	rw	double-row palissade (against wave)	Lahnung *(f)*
444	gm	downhill (face)	talseits
445	hd	downpour	Platzregen *(m)*
	hd	downpour	
446	rm	downstream	flussabwärts; stromabwärts

		620
		496
		344
		1143
		636
carte *(f)* des dommages	carta *(f)* dei danni	422
débit *(m)*	portata *(f)* idrica; portata *(f)* di deflusso	423
gabarit *(m)* d'écoulement	sezione *(f)* di deflusso	424
		424
écrétage *(m)* de crue; retardement *(m)* de l'écoulement	ritardo *(m)* del deflusso	425
mesure *(f)* de débit	misura *(f)* di deflusso	426
capacité *(f)* d'écoulement; débit *(m)*	quantità *(f)* di deflusso	427
vitesse *(f)* d'écoulement	velocità *(f)* di deflusso	428
		641
		644
		1343
		560
caniveau *(m)*; fossé *(m)*	fossato *(m)* a pareti inclinate	429
drain *(m)* de surface	fosso *(m)*	430
revêtement *(m)* de fossé	rivestimento *(m)* del fosso	431
		409
fossé *(m)* de dérivation; fossé *(m)* de décharge	fosso *(m)* di derivazione; canale *(m)* di derivazione	432
canal *(m)* de dérivation	canale *(m)* di derivazione; diversivo *(m)*	433
digue *(f)* de dérivation	sbarramento *(m)* di deviazione; diga *(f)* di deviazione	434
digue *(f)* de conduite des eaux	opera *(f)* longitudinale; opera *(f)* di guida; sbarramento *(m)* di guida [fiume]	435
fossé *(m)* d'arrêt; fossé *(m)* de rétension	fosso *(m)* di guardia	436
ouvrage *(m)* de dérivation	opera *(f)* di deviazione; traversa *(f)* di derivazione	437
		437
		2061
baguette *(f)* de sourcier	bacchetta *(f)* da rabdomante	438
doline *(f)*; emposieu *(m)*	luce *(f)* di fondo; apertura *(f)* di fondo; dolina *(f)*	439
dolomite *(f)*	dolomite *(f)*; dolomia *(f)*	440
dormance *(f)*	dormienza *(f)*; riposo *(m)* vegetativo	441
bourgeon *(m)* dormant	gemma *(f)* dormiente	442
		442
palissade *(f)* filtrante; ouvrage *(m)* pour briser les vagues	repellente *(m)* vivo; traversa *(f)* viva	443
versant *(m)*	a valle; verso valle	444
pluie *(f)* diluvienne	acquazzone *(m)*	445
		1904
aval; tronçon *(m)* aval (du ruisseau)	a valle	446

No.	Field	English	German
	rw	downstream inclined spur; fending groyne; groyne, declined	
447	de	draft; conceptual design	Entwurf *(m)*
	hy	drag	
	rw	dragon's teeth; dentated end sill	
448	ew	drain; drain ditch	Entwässerungsgraben *(m)*; Abflussgraben *(m)*
449	ma,ew	drain (to); dewater (to)	entwässern; drainieren
	ew	drain ditch	
	ew	drain manhole	
450	ew	drain shaft; drain manhole	Drainageschacht *(m)*
451	de	drain spacing	Drainagenabstand *(m)*
452	ew	drain wedge	Filterkeil *(m)*
453	ma,ew	drainage; dewatering; draining	Entwässerung *(f)*; Drainage *(f)*; Dränage *(f)* [D]
454	hd	drainage basin	Einzugsgebiet *(n)*, hydrologisches
455	si,ew	drainage blanket	Entwässerungsschicht *(f)*
456	rw	drainage canal	Entwässerungskanal *(m)*
	ew	drainage ditch	
457	ew	drainage hole	Drainageloch *(n)*
458	ew,si	drainage layer	Entwässerungsschicht *(f)*
459	ew	drainage pipe	Entwässerungsleitung *(f)*
460	am,co	drainage pipe	Drainageröhre *(f)*
461	am	drainage well	Entwässerungsschacht *(m)*
462	tc	drainage; biotechnical	Entwässerung *(f)*, biotechnische
463	hd	drawdown; artificial lowering of groundwater level	Grundwasserabsenkung *(f)*
464	rw, ma	dredging	Ausbaggern *(n)*
	ew	dredging; cutting	
	rm	drift wood	
	gm	drifting dune	
465	co	drilled grout hole	Injektionsbohrloch *(n)*
466	co	drilling; borehole	Bohrung *(f)*
467	co	drilling sample; boring sample	Bohrprobe *(f)*
468	co	drive in (to)	rammen
469	ew	driving resistance; ram hardness	Rammwiderstand *(m)*
470	rw,gm,rm	drop	Absturz *(m)*
	rw,hy	drop	
	hd,si	drought [of a period]	
471	rm	drowned; innundated	unter Wasser stehend
	ew,co	dry masonry wall; drylaid masonry [US]	
	rm	dry river bed [US]	
472	ew,co	dry stone masonry; dry masonry wall; drylaid masonry [US]	Trockenmauerwerk *(n)*
473	ew	dry stone wall; stone wall without mortar	Trockensteinmauer *(f)*; Trockenmauer *(f)*
474	np	drying out of soil	Bodenaustrocknung *(f)*
475	hd,si	dryness; drought [of a period]	Trockenheit *(f)*

		795
esquisse *(f)*; premières idées *(f,pl)*	bozza *(f)*; schizzo *(m)*	447
		639
		396
drain *(m)*; fossé *(m)* de drainage	fosso *(m)* di drenaggio; fosso *(m)* drenante	448
épuiser les eaux; drainer	prosciugare	449
		448
		450
puits *(m)* de drainage	pozzo *(m)* di drenaggio	450
espacement *(m)* entre les drains	distanza *(f)* di drenaggio	451
cône *(m)* de drainage	cuneo *(m)* filtrante	452
drainage *(m)*	drenaggio *(m)*; prosciugamento *(m)*; bonifica *(f)* idraulica	453
bassin *(m)* versant hydrologique; bassin *(m)* d'alimentation	bacino *(m)* imbrifero idrologico	454
couche *(f)* drainante	strato *(m)* di prosciugamento	455
canal *(m)* de drainage	canale *(m)* di prosciugamento	456
		1130
trou *(m)* de drainage; puits *(m)* de drainage	foro *(m)* di drenaggio; perforazione *(f)* di drenaggio	457
couche *(f)* de drainage	strato *(m)* drenante grossolano	458
conduite *(f)* de drainage	tubo *(m)* di drenaggio	459
tuyau *(m)* de drainage	tubo *(m)* di drenaggio	460
puits *(m)* de drainage	pozzo *(m)* di drenaggio	461
drainage *(m)* biotechnique	prosciugamento *(m)* biotecnico	462
rabattement *(m)* de la nappe	abbassamento *(m)* della falda freatica	463
curage *(m)*	escazione *(f)*	464
		528
		1908
		1067
forage *(m)* d'injection	foro *(m)* trivellato per l'iniezione	465
forage *(m)*	trivellazione *(f)*; perforazione *(f)*; sondaggio *(m)*	466
échantillon *(m)* de forage; carotte *(f)* de forage	carota *(f)*	467
enfoncer avec un bélier; battre	battere; infiggere	468
résistance *(f)* au battage	resistenza *(f)* alla battitura	469
chute *(f)*	caduta *(f)*; dirupo *(m)*	470
		546
		475
noyé; submergé	sommerso; allagato	471
		472
		2016
ouvrage *(m)* en pierre sèche	opera *(f)* in muro a secco; muratura *(f)* a secco	472
mur *(m)* de pierre sèche	muro *(m)* a secco in pietrame; muro *(m)* a secco	473
assèchement *(m)* du sol	disseccamento *(m)* del terreno; inaridimento *(m)*	474
sècheresse *(f)*	siccità *(f)*; aridità *(f)*	475

476	tc	dryseeding	Trockensaat *(f)*; Trockenansaat *(f)*
	si	duff-mull	
477	ew	dumping	Schüttung *(f)*
478	rm,gm	dune	Düne *(f)*
	tc	dune grass planting	
479	de,hd	duration curve	Dauerkurve *(f)*; Summenhäufigkeit *(f)*
480	hd	duration of sunshine	Sonnenscheindauer *(f)*
481	de	dynamic load	Belastung *(f)*, dynamische
482	hd,si	early frost	Frühfrost *(m)*
	ew	earth construction	
	ew,co	earth dam	
	gm	earth flow	
483	ew	earth pressure	Erddruck *(m)*
	ew	earth work	
484	ew	earth, reinforced	Erde *(f)*, bewehrte
485	ew,co	earthfill dam; earth dam	Erddamm *(m)*
486	ew	earthwork	Erdarbeit *(f)*
487	ew	earthworks (pl); earth construction	Erdbau *(m)*; Erdarbeiten *(f,pl)*
	ec	eco-system	
488	ec	ecologically harmless	umweltverträglich
489	ec	ecology	Ökologie *(f)*
490	ec	ecosystem; eco-system	Ökosystem *(n)*
491	ec	ecotype	Ökotyp *(m)*
	hy	eddy	
492	hy	eddy; vortex; swirl	Wirbel *(m)*
493	gm	edge of break	Bruchkante *(f)*
494	ve	edge of the forest; edge of the wood	Waldrand *(m)*
	ve	edge of the wood	
	de	edge; margin	
495	rw,ew	elephant back groyne; turtle shell groyne	Elefantenrücken *(m)* [Buhne]; Schildkröte *(f)*
	si,de	elevation	
	rw	embanking; correction	
	np,rm	embankment failure; bank slide	
496	rw	embankment; diking; banking up of a river	Eindämmung *(f)*; Eindeichung *(f)* [D]
	rm	end in (to)	
497	de	endangered area	Gefährdungsbereich *(m)*
498	rw,hy	energy dissipation	Energievernichtung *(f)*
499	hy	energy head; specific head	Energiehöhe *(f)*
500	hy	energy line; hydraulic grade line	Energielinie *(f)*
501	ec	environmental protection; conservation	Umweltschutz *(m)*
502	de	equilibrium	Gleichgewicht *(n)*
503	hy	equilibrium bed slope	Gleichgewichtsgefälle *(n)*
504	hy	equilibrium reach; stable reach	Gleichgewichtsstrecke *(f)*
505	np	erode (to)	erodieren; abtragen
506	rm	eroding bank	Prallufer *(n)*
507	np	erosion	Erosion *(f)*

ensemencement *(m)*; ensemencement *(m)* à sec	semina *(f)* a secco	476
		1074
remblaiement *(m)*	rilevato *(m)*	477
dune *(f)*	duna *(f)*	478
		114
courbe *(f)* des débits classés	curva *(f)* dei valori classificati	479
durée *(f)* d'ensoleillement	durata *(f)* dell'insolazione	480
charge *(f)* dynamique	carico *(m)* dinamico	481
gel *(m)* précoce	gelo *(m)* precoce	482
		487
		485
		964
poussé *(f)* du terrain; pression *(f)* des terres	spinta *(f)* del terreno; pressione *(f)* delle terre	483
		531
terre *(f)* armée; terre *(f)* renforcée	terra *(f)* rinforzata; terra *(f)* armata	484
digue *(f)* de terre	argine *(m)* in terra; terrapieno *(m)*	485
mouvement *(m)* de terre	movimento *(m)* di terra	486
terrassement *(m)*; travail *(m)* de terrassement	lavori *(m,pl)* in terra	487
		490
compatible avec l'environnement	compatibile coll'ambiente	488
écologie *(f)*	ecologia *(f)*	489
écosystème *(m)*	ecosistema *(m)*	490
écotype *(m)*	ecotipo *(m)*	491
		1864
remous *(m)*	gorgo *(m)*; rigurgito *(m)*	492
arête *(f)* de rupture	spigolo *(m)*; orlo *(m)* di rottura	493
lisière *(f)*	margine *(m)* del bosco	494
		494
		159
épi *(m)* en dos d'éléphant	pennello *(m)* a dorso d'elefante o di tartaruga	495
		32
		1401
		93
endiguement *(m)* [latéral]; canalisation *(f)*	argine *(m)*; canalizzazione *(f)*	496
		637
secteur *(m)* à risque	settore *(m)* a rischio	497
dissipation *(f)* d'énergie	dissipazione *(f)* energetica	498
charge *(f)* spécifique; hauteur *(f)* d'énergie; hauteur *(f)* de charge	energia *(f)* specifica	499
ligne *(f)* de charge; ligne *(f)* d'énergie	linea *(f)* del carico idraulico	500
protection *(f)* de l'environnement	protezione *(f)* ambientale	501
équilibre *(m)*	equilibrio *(m)*	502
pente *(f)* d'équilibre	pendenza *(f)* d'equilibrio; profilo *(m)* d'equilibrio	503
tronçon *(m)* en équilibre	tratto *(m)* in equilibrio; tronco *(m)* in equilibrio	504
éroder	erodere	505
berge *(f)* d'affouillement; rive *(f)* concave	sponda *(f)* in erosione	506
érosion *(f)*	erosione *(f)*	507

508	np	erosion area	Erosionsgebiet *(n)*
509	de,hy,ew	erosion control	Erosionsschutz *(m)*
510	np	erosion damage	Erosionsschaden *(m)*
511	gm	erosion gully	Erosionsrinne *(f)*
512	np	erosion resistance	Erosionsresistenz *(f)*
513	gm	erosion rill	Erosionsrille *(f)*
514	gm	erosion scar	Anbruch *(m)* [Ort]
515	np	erosion surface	Erosionsfläche *(f)*
516	gm	erosion zone; denudation area	Abtragsgebiet *(n)*
517	np,rm,hy	erosion, progressive	Erosion *(f)*, fortschreitende
518	np,rm,hy	erosion, regressive	Erosion *(f)*, rückschreitende
	np,rm,hy,rw	erosional base level	
519	np	erosive	erodierend
	ew	escarpment	
520	ew,de	escarpment; steep slope	Steilböschung *(f)*; Steilabfall *(m)*
	ew	escarpment; steep slope	
	rm	escarpment; vertical bank	
521	tc	establishment of slope vegetation; revegetation	Böschungsbegrünung *(f)*
522	de	estimate [costs]	Kostenvoranschlag *(m)*
523	si,ec	eutrophication	Eutrophierung *(f)*; Überdüngung *(f)*
524	hd	evaporation	Evaporation *(f)*
	hd	evaporation level	
525	hd	evapotranspiration	Evapotranspiration *(f)*; Verdunstung *(f)*
	de	examination method	
	de	examination; probe	
526	ew	excavate (to)	ausheben
527	ew	excavation	Abtrag *(m)*; Aushub *(m)*; Bodenabtrag *(m)*
528	ew	excavation; dredging; cutting	Aushub *(m)*; Erdaushub *(m)*; Materialabtrag *(m)*
529	ew	excavation; pit	Grube *(f)*; Baugrube *(f)*
530	co	excavation pit; foundation excavation; foundation digging	Baugrube *(f)*
531	ew	excavation work; earth work	Aushubarbeit *(f)*
532	de	execution; carrying out	Ausführung *(f)*
	rw	exhaust; outfall	
	rm	exit (to)	
	rm	exiting	
	pl	expansion	
533	co	expansion joint	Dehnungsfuge *(f)*
534	de	expert's report	Gutachten *(n)*; Expertise *(f)*
535	de,ew	exploratory borehole; boring for ground investigation	Erkundungsbohrung *(f)*
536	pl	exposed tree roots	Wurzeln *(f,pl)*, freigelegte
537	si	exposure	Exposition *(f)*
538	pl	extensive rooter; spreading rooter	Extensivwurzler *(m)*
539	hy	extreme flood	Extremhochwasser *(n)*; Spitzenhochwasser *(n)*
540	si	extrusive rock; volcanic rock	Ergussgestein *(n)*

zone *(f)* d'érosion	zona *(f)* in erosione	508
protection *(f)* contre l'érosion	difesa *(f)* dall'erosione; protezione *(f)* dall'erosione	509
dégât *(m)* d'érosion	danno *(m)* da erosione	510
couloir *(m)* d'érosion	solco *(m)* d'erosione	511
résistance *(f)* à l'érosion	resistenza *(f)* all'erosione	512
rigole *(f)* d'érosion	solco *(m)* d'erosione	513
fissure *(f)* d'érosion	focolaio *(m)* d'erosione; inizio *(m)* d'erosione	514
surface *(f)* d'érosion	area *(f)* in erosione; superficie *(f)* in erosione	515
zone *(f)* d'érosion	zona *(f)* d'erosione	516
érosion *(f)* progressive	erosione *(f)* progressiva; erosione *(f)* crescente	517
érosion *(f)* régressive	erosione *(f)* regressiva	518
		109
érosif	erosivo	519
		340
talus *(m)* raide; talus *(m)* escarpé	scarpata *(f)* ripida	520
		1487
		1771
végétalisation *(f)* de talus; reverdissement *(m)* de talus	rinverdimento *(m)* della scarpata slope	521
devis *(m)*	preventivo *(m)* di spesa	522
eutrophisation *(f)*	eutrofizzazione *(f)*	523
évaporation *(f)*	evaporazione *(f)*	524
		42
évapotranspiration *(f)*	evapotraspirazione *(f)*	525
		907
		906
excaver	scavare	526
déblai *(m)*; découverte *(f)*	scavo *(m)*; sterro *(m)*; asporto *(m)* del terreno; escavazione *(f)*	527
extraction *(f)* de matériaux	sterro *(m)*; scavo *(m)*	528
fosse *(f)*	fossa *(f)*; scavo *(m)* di fondazione	529
fouille *(f)* de fondation	fossa *(f)* di scavo	530
travaux *(m,pl)* d'excavation	lavoro *(m)* di sterro; lavoro *(m)* di scavo	531
exécution *(f)*	esecuzione *(f)*	532
		1137
		1529
		1537
		875
joint *(m)* de dilatation	giunto *(m)* di dilatazione	533
expertise *(f)*	perizia *(f)*	534
forage *(m)* de fond	sondaggio *(m)* esplorativo; trivellazione *(f)* esplorativa	535
racines *(f,pl)* apparentes	radici *(f,pl)* scoperte	536
exposition *(f)*	esposizione *(f)*; direzione *(f)* d'inclinazione	537
racine *(f)* extensive	specie *(f)* a radicazione estensiva	538
hautes eaux *(f,pl)* exceptionnelles	piena *(f)* eccezionale	539
roche *(f)* volcanique; roche *(f)* extrusive	roccia *(f)* eruttiva	540

541	de	face slope; batter	Anzug *(m)*
	co	face wall	
	tc	faggot	
	tc	faggotting	
542	de	failure	Versagen *(n)*
543	np	failure	Abbruch *(m)* [d.h. als Vorgang]; Anbruch *(m)*
544	gm	failure edge	Bruchrand *(m)*
545	gm, np	failure zone	Anbruchzone *(f)*
546	rw,hy	fall height; drop	Fallhöhe *(f)*; Absturzhöhe *(f)*
547	ew,hy,rw	fall-line	Fallinie *(f)*
548	ve	fallow land	Brachland *(n)*
	rm	fan apex	
549	gm	fan; talus cone; debris cone; debris fan	Schuttkegel *(m)*
	ma	farm animal waste; liquid manure	
550	tc	fascine; faggot	Faschine *(f)*; Faschinenwalze *(f)*
551	tc,rw	fascine along the toe of embankment	Uferfaschine *(f)*
552	dc	fascine bundle	Faschinenbündel *(n)*
553	tc	fascine construction; faggotting	Faschinenbau *(m)*
554	ew,tc	fascine drain	Faschinendrain *(m)*; Faschinendrän *(m)*; [D] Drainfaschine *(f)*
555	rw	fascine groyne	Faschinen-Buhne *(f)*
556	tc	fascine layer	Faschinenlage *(f)*
557	tc	fascine mattress	Faschinenmatte *(f)*
	rw	fascine mattress work	
558	rw,tc	fascine sill	Faschinenschwelle *(f)*
559	gm	fault; fold	Falte *(f)*; Faltung *(f)*
560	gm	fault; disturbance	Störung *(f)*
561	fa	fauna	Fauna *(f)*
562	de	feasibility study	Machbarkeitsstudie *(f)*
	pl	feeder root; absorbing root	
563	fo,ma	felling; cutting; logging	Holzschlag *(m)*; Fällen *(n)*; Schlägerung *(f)* [A]
564	dc	fence	Zaun *(m)*
565	fa,ma	fence (in) (to)	einzäunen
566	fa,ma	fencing; game exclosure; game fencing	Zäunung *(f)*; Einzäunung *(f)*
567	am	fertilizer	Dünger *(m)*
568	ma	fertilizing; manuring	Düngung *(f)*
569	si	field moisture; soil moisture	Bodenfeuchte *(f)*
570	de	field test; in situ test; test in place	Feldversuch *(m)*; Versuch *(m)* im Gelände
571	ve	field wood, small	Feldgehölz *(n)*
572	co,ew	fill; filling	Auffüllung *(f)*
573	co	fill material	Füllmaterial *(n)*
574	co	fill up (to) with gravel	einschottern
	co,ew	filling	
575	am	filter	Filter *(m)*
576	am	filter gravel; filter stones	Filterkies *(m)*
577	ew	filter layer	Filterschicht *(f)*
578	am	filter mat	Filtermatte *(f)*

Français	Italiano	Nr.
fruit *(m)*	scarpa *(f)*	541
		688
		550
		553
panne *(f)*; défaillance *(f)*	fallimento *(m)*; cedimento *(m)*	542
cassure *(f)*; faille *(f)*	franamento *(m)*; frana *(f)*	543
bord *(m)* d'un arrachement	ciglio *(m)* di distacco	544
zone *(f)* de rupture	zona *(f)* di distacco; zona *(f)* di rottura	545
hauteur *(f)* de chute	altezza *(f)* di caduta	546
ligne *(f)* de chute	linea *(f)* di caduta; linea *(f)* di massima pendenza	547
friche *(f)*	incolto *(m)*; superficie *(f)* abbandonata	548
		372
cône *(m)* de déjection	cono *(m)* di deiezione	549
		1650
fascine *(f)*	fascina *(f)*; fascinata *(f)*	550
fascine *(f)* de pied de berge	fascinata *(f)* spondale viva	551
botte *(f)* de fascines; amas *(m)* de fascines	fascinata *(f)*	552
fascinage *(m)*; consolidation *(f)* en fascines	costruzione *(f)* di fascinate	553
fascine *(f)* drainante; drain *(m)* avec fascines	fascinata *(f)* viva drenante; drenaggio *(m)* di fascine	554
épi *(m)* en fascines	pennello *(m)* di fascine	555
couche *(f)* de fascines	strato *(m)* di fascine	556
tapis *(m)* de fascines	materasso *(m)* di fascine; stuoia *(f)* di fascine	557
		194
seuil *(m)* en fascines	soglia *(f)* di fascine	558
pli *(m)*	piega *(f)*	559
perturbation *(f)* ; dérangement *(m)*	perticaia *(f)*; disturbo *(m)*	560
faune *(f)*	fauna *(f)*	561
étude *(f)* de faisabilité	studio *(m)* di fattibilità	562
		1837
coupe *(f)* de bois; défrichement *(m)*; abattage *(m)*	abbattimento *(m)*; taglio *(m)*	563
clôture *(f)*	recinzione *(f)*; siepe *(f)*	564
clôturer	recintare	565
pose *(f)* de clôture	recinzione *(f)*	566
engrais *(m)*	concime *(m)*; fertilizzante *(m)*	567
fumure *(f)*; engraissement *(m)*	concimazione *(f)*; fertilizzazione *(f)*	568
humidité *(f)* du sol	umidità *(f)* del terreno	569
essai *(m)* in situ; essai *(m)* dans le terrain	prova *(f)* di campo; esperienza *(f)* in situ	570
bosquet *(m)*	specie *(f)* legnosa di campagna	571
remplissage *(m)*	riporto *(m)*; riempimento *(m)*	572
matériel *(m)* de remplissage	terreno *(m)* di riempimento	573
remplir de gravier	inghiaiare	574
		572
filtre *(m)*	filtro *(m)*	575
gravier *(m)* filtrant	ghiaia *(f)* filtrante	576
couche *(f)* filtrante	strato *(m)* filtrante	577
natte *(f)* filtrante	stuoia *(f)* filtrante	578

579	am	filter material	Filtermaterial *(n)*
580	am	filter screen [pump]; pump strainer	Saugkorb *(m)* [Pumpe]
	am	filter stones	
581	de,co	final approval; handing over	Bauabnahme *(f)*
	am	fine rack	
582	si	fine sand	Feinsand *(m)*
583	am	fine screen; fine rack	Feinrechen *(m)*
584	si	fine-grained material	Feinmaterial *(n)*
585	pl	fir, white [Abies alba]	Weisstanne *(f)*; Tanne *(f)*
586	fa	fish	Fisch *(m)*
587	rw	fish barrier	Aufstiegshindernis *(n)*; Fischsperre *(f)*
588	rw	fish ladder	Fischtreppe *(f)*
589	fa,ec	fish lies	Fischlebensraum *(m)*
	fa	fish pass; fish passage	
590	fa	fishway; fish pass; fish passage	Fischpass *(m)*
591	co,gm	fissuration; cracking	Rissbildung *(f)*
	rm	fissure	
592	gm	fissure; crack; crevasse	Riss *(m)*
	gm,np	fissure; crack; crevice	
593	co	fixation	Befestigung *(f)*
594	co	fixation by pegs	mit Pfählen *(m)* fixieren
595	co	fixing; clamping	Einbindung *(f)*
596	hy,hd	flash flood	Extremhochwasser *(n)*, kurzzeitiges
597	co	flatten (to)	abflachen
	am	fleece	
	co	flexural strengh	
598	hy,rw	floating debris	Geschwemmsel *(n)*
599	hy	flood; high water	Hochwasser *(n)*
600	hy,rw	flood (to); overwash (to) [dam]; inundate (to) [area]	überfluten
	rm,np	flood (to)	
601	hy,hd	flood analysis	Hochwasserberechnung *(f)*
602	hy,rw	flood channel	Hochwassergerinne *(n)*
603	de,rw	flood control	Hochwasserschutz *(m)*
604	rw,hy	flood cross-section	Hochwasserprofil *(n)*
605	de	flood damage	Hochwasserschaden *(m)*
606	hy,hd,np,de	flood danger; flood hazard	Hochwassergefahr *(f)*
607	rm	flood debris	Schwemmgut *(n)*
608	hy	flood depth	Überflutungshöhe *(f)*
609	de,hy	flood disaster	Hochwasserkatastrophe *(f)*
610	hy,hd,rm	flood event	Hochwasserereignis *(n)*
	hy,hd,np,de	flood hazard	
611	rw	flood hazard area; flood plain	Hochwasserbereich *(m)*; Überschwemmungsgebiet *(n)*
612	hy,hd	flood hydrograph	Hochwasserganglinie *(f)*
613	hy	flood mark	Hochwassermarke *(f)*

matériel *(m)* filtrant	materiale *(m)* filtrante	579
crépine *(f)*	succhieruola *(f)*	580
		576
réception *(f)* des travaux	collaudo *(m)* dei lavori	581
		583
sable *(m)* fin	sabbia *(f)* fine	582
grille *(f)* fine	rastrello *(m)* a denti sottili	583
matériaux *(m,pl)* fin	materiale *(m)* fine	584
sapin *(m)*	abete *(m)* bianco	585
poisson *(m)*	pesce *(m)*	586
obstacle *(m)* pour le poisson; barrière *(f)* à poisson	barriera *(f)* per i pesci	587
échelle *(f)* à poisson	scala *(f)* di risalita per i pesci	588
habitat *(m)* pour le poisson	habitat *(m)* per i pesci	589
		590
passage *(m)* à poisson; passe *(f)* à poisson	via *(f)* di migrazione per i pesci	590
fissuration *(f)*	formazione *(f)* di fessure	591
		914
fissure *(f)*	fessura *(f)*; spaccatura *(f)*	592
		320
fixation *(f)*; consolidation *(f)*	fissaggio *(m)*	593
fixer avec des piquets	fissare con pali	594
fixation *(f)*	concatenamento *(m)*; collegamento *(m)*	595
crue *(f)* exceptionnelle	massima piena *(f)* di breve durata	596
adoucir la pente	spianare; ridurre la pendenza	597
		715
		134
débris *(m,pl)* flottants	materiali *(m,pl)* trasportati per galleggiamento	598
hautes eaux *(f,pl)*; crues *(f,pl)*	piena *(f)*	599
déborder; inonder	inondare; sommergere	600
		901
calcul *(m)* des débits de crue	calcolo *(m)* della piena	601
lit *(m)* majeur	canale *(m)* di scarico per le piene	602
protection *(f)* contre les crues	protezione *(f)* contro le piene	603
profil *(m)* en travers du lit majeur; gabarit *(m)* du lit majeur; section *(f)* du lit majeur	sezione *(f)* di piena	604
dégât *(m)* de crue	danno *(m)* alluvionale; danno *(m)* da piena	605
danger *(m)* de crue	pericolo *(m)* di piena	606
débris *(m,pl)* flottés	materiale *(m)* galleggiante	607
hauteur *(f)* de débordement	altezza *(f)* della lama tracimante	608
catastrophe *(f)* de crue	piena *(f)* catastrofica; alluvione *(f)*	609
évènement *(m)* de crue	evento *(m)* di piena	610
		606
zone *(f)* d'inondation	areale *(m)* di piena; zona *(f)* d'inondazione	611
courbe *(f)* de débit de crue	diagramma *(m)* di piena	612
délaissées *(f,pl)* de crue; traces *(f,pl)* du niveau de crue	traccia *(f)* di massima piena; marcatura *(f)*	613

614	rw	flood overflow	Hochwasserüberlauf *(m)*
615	hy	flood peak	Hochwasserspitze *(f)*
616	hy,np	flood peak discharge	Maximalabfluss *(m)* [des Hochwassers]; Hochwasserspitzenabfluss *(m)*
617	rw	flood plain; piedmont	Vorland *(n)*
	rw	flood plain	
	hy	flood plain discharge	
618	hy	flood plain flow; flood plain discharge	Vorlandabfluss *(m)*; Abfluss *(m)* über die Vorländer
619	de	flood probability	Hochwasserwahrscheinlichkeit *(f)*
620	rw	flood protection dam; dike; levee; stopbank [NZ];	Hochwasser(schutz)damm *(m)*
621	de,rw	flood protection, preventive	Hochwasserschutz *(m)*, vorbeugender
622	hd,de	flood retention analysis	Retentionsberechnung *(f)*
623	de,rw	flood retention plain	Retentionsfläche *(f)*
624	hy	flood stage	Hochwasserstand *(m)*
625	hd,hy,rw	flood storage capacity	Hochwasserrückhaltevermögen *(n)*
	hy	flood surge	
626	hy	flood wave; flood surge	Hochwasserwelle *(f)*
	rw	flood-control reservoir; retarding basin	
627	rw	flood-dosing dam; flow-dosing dam	Dosiersperre *(f)*
	rw	flood-retarding basin	
628	rw	flood-retention basin; flood-retarding basin	Hochwasserrückhaltebecken *(n)*
629	rw	floodbank, rearward	Damm *(m)*, rückwärtiger
630	hy,rw	flooded	überflutet
631	np,hy	flooding; submersion	Überschwemmung *(f)*
	rm,np	flooding; flood	
632	de,rw, hy	flooding zone; inundation area; floodplain	Überflutungsgebiet *(n)*; Überflutungsfläche *(f)*
	ve	floodplain forest; riparian forest	
633	rw	floodway [river]; relief reach	Entlastungsstrecke *(f)* [Fluss]
634	hy	flow; current	Strömung *(f)*
635	am,hd	flow (to); stream (to); drip (to)	fliessen
	hy	flow area	
636	hy,de	flow direction; direction of flow	Fliessrichtung *(f)*
637	rm	flow into (to); end in (to)	münden
	hy	flow of water	
638	hd	flow off (to)	abfliessen
639	hy	flow resistance; drag	Strömungswiderstand *(m)*
	rw	flow section	
640	hy	flow transition	Fliesswechsel *(m)*
641	hy	flow velocity; discharge velocity	Durchflussgeschwindigkeit *(f)*
642	hy	flow velocity	Strömungsgeschwindigkeit *(f)*
643	hy	flow, critical	Abfluss *(m)*, kritischer

déversoir *(m)* de crue	stramazzo *(m)* della piena; trabocco *(m)* della piena	614
pointe *(f)* de crue	colmo *(m)* di piena	615
dérivation *(f)* des pointes de crue	deflusso *(m)* di massima piena; laminazione *(f)* massima della piena	616
terrasse *(f)* alluviale; lit *(m)* majeur	golena *(f)*	617
		611
		618
écoulement *(m)* dans le lit majeur	deflusso *(m)* nelle aree extraarginali o golenali	618
probabilité *(f)* de crue	probabilità *(f)* di piena	619
digue *(f)* de protection contre les crues	argine *(m)* di protezione dalle piene	620
protection *(f)* préventive contre les crues	prevenzione *(f)* delle piene	621
calcul *(m)* de la rétention; calcul *(m)* de la crue	calcolo *(m)* della ritenzione; calcolo *(m)* delle opere di difesa	622
surface *(f)* de rétention; plaine *(f)* inondée	area *(f)* di ritenuta; superficie *(f)* di ritenuta	623
niveau *(m)* de crue	livello *(m)* di piena	624
capacité *(f)* de rétention des crues	capacità *(f)* di trattenuta delle piene	625
		626
onde *(f)* de crue	ondata *(f)* di piena	626
		1362
seuil *(m)* de dosage; ouvrage *(m)* de dosage; retenue *(f)* de dosage	briglia *(f)* di dosaggio; traversa *(f)* di dosaggio dei detriti	627
		628
bassin *(m)* tampon; bassin *(m)* de rétention	bacino *(m)* di ritenuta della piena; bacino *(m)* d'accumulazione; cassa *(f)* d'espansione	628
arrière-digue *(f)*	argine *(m)* posteriore	629
inondé; submergé	inondato; sommerso	630
submersion *(f)*	straripamento *(m)*; inondazione *(f)*; sommersione *(f)*; allagamento *(m)*	631
		902
zone *(f)* inondable; zone *(f)* de débordement; zone *(f)* d'inondation	zona *(f)* d'inondazione; zona *(f)* di straripamento	632
		28
tronçon *(m)* de décharge des eaux	tratto *(m)* di scarico; percorso *(m)* di scarico [di un fiume]	633
courant *(m)*	corrente *(f)*; flusso *(m)*	634
ruisseler; couler	scorrere	635
		2086
direction *(f)* d'écoulement	direzione *(f)* di flusso	636
déboucher	sfociare; immettersi; sboccare in	637
		236
ruisseler	defluire	638
résistance *(f)* au courant	resistenza *(f)* della corrente	639
		1123
transition *(f)* de l'écoulement	cambio *(m)* del flusso; cambiamento *(m)* di regime idraulico	640
vitesse *(f)* d'écoulement	velocità *(f)* di flusso; velocità *(f)* di scorrimento	641
vitesse *(f)* d'écoulement	velocità *(f)* di corrente	642
écoulement *(m)* critique	deflusso *(m)* critico	643

644	hy	flow, minimum; discharge, lowest	Abfluss *(m)*, niedrigster
645	hy	flow, subcritical	Abfluss *(m)*, strömender
646	hy	flow, supercritical	Abfluss *(m)*, schiessender
	rw	flow-dosing dam	
647	pl	flower bud	Blütenknospe *(f)*
648	rm	flowing water; stream	Fliessgewässer *(n)*
649	rw	flush (to); rinse (to); wash out (to)	spülen; durchspülen
650	rw	flushing	Spülung *(f)*
651	ew,de	flushing of drains	Drainagespülung *(f)*
652	rm	fluvial deposit	Flussablagerung *(f)*
653	si,ew	flysch	Flysch *(m)*
654	ec	foam	Schaum *(m)*
	gm	fold	
655	pl	foliage	Belaubung *(f)*
656	ec	food chain	Nahrungskette *(f)*
657	ew	foot of slope; base of slope	Böschungsfuss *(m)*
	co	footing	
	ve,pl	forbs	
658	rw	ford	Furt *(f)*
659	de	forecast; prediction	Vorhersage *(f)*
660	fo	forest [big]; wood [smaller]	Wald *(m)*
	fo	forest border	
661	fo, ve	forest community	Waldgesellschaft *(f)*
662	fa	forest grazing	Waldweide *(f)*
	ve	forest limit	
663	fo	forest line; forest border	Waldgrenze *(f)*
664	fo	forest management	Waldbewirtschaftung *(f)*
665	co,de	forest road; logging road	Forststrasse *(f)*
666	de,ma	forest service	Forstdienst *(m)*
	fo	forest stand	
667	fo	forest tending	Waldpflege *(f)*
668	ve	forest zone	Waldgebiet *(n)*
669	ve	forest-covered; wooded	bewaldet
670	de, fo	forestry	Forstwirtschaft *(f)*
671	rm	fork [river]; bifurcation [river]; junction	Gabelung *(f)*; Verzweigung *(f)*
	am	form; framing; shuttering; lining	
672	gm	formation	Formation *(f)*, geologische
	rm	former bed	
673	am	formwork; form; framing; shuttering; lining	Schalung *(f)*
674	co	found (to)	fundieren
675	co	foundation; footing	Fundament *(n)*; Gründung *(f)*
676	de	foundation depth; burial; founding depth	Einbautiefe *(f)*
	co	foundation excavation; foundation digging	
677	am	foundation log	Fundamentsbaum *(m)*

Français	Italiano	No.
débit *(m)* d'étiage	deflusso *(m)* minimo	644
écoulement *(m)* tranquille	deflusso *(m)* normale	645
écoulement *(m)* torrentiel	deflusso *(m)* torrentizio; corrente *(f)* veloce	646
		627
bouton *(m)* floral	gemma *(f)* floreale; bottone *(m)* fiorale	647
cours d'eau *(m)*	acque *(f,pl)* correnti	648
purger; rincer	lambire; bagnare; dilavare	649
purge *(f)*	pulizia *(f)*; dilavamento *(m)*	650
purge *(f)* de drain; rinçage *(m)* de drain; lavage *(m)* de drain	pulizia *(f)* del drenaggio; spurgo *(m)*	651
dépôt *(m)* fluvial	deposito *(m)* fluviale	652
flysch *(m)*	flysch *(m)*	653
écume *(f)*; mousse *(f)*	schiuma *(f)*	654
		559
feuillage *(m)*	fogliazione *(f)*	655
chaîne *(f)* alimentaire	catena *(f)* alimentare	656
pied *(m)* du talus	piede *(m)* della scarpata	657
		675
		829
gué *(m)*	guado *(m)* con cunetta di passaggio per il deflusso di magra	658
prévision *(f)*	previsione *(f)*	659
forêt *(f)*	foresta *(f)*; bosco *(m)*	660
		663
association *(f)* végétale forestière	associazione *(f)* forestale	661
pâturage *(m)* boisé	pascolo *(m)* nel bosco	662
		1913
limite *(f)* forestière	limite *(m)* del bosco	663
aménagement *(m)* sylvicole	gestione *(f)* forestale	664
chemin *(m)* forestier	strada *(f)* forestale	665
service *(m)* forestier	servizio *(m)* forestale	666
		1910
soins *(m,pl)* forestiers	operazioni *(f,pl)* colturali	667
zone *(f)* forestière; aire *(f)* forestière	zona *(f)* forestale; territorio *(m)* forestale	668
recouvert de forêt	boscato; boschivo	669
économie *(f)* forestière	economia *(f)* forestale	670
ramification *(f)*	diramazione *(f)*	671
		673
formation *(f)* géologique	formazione *(f)* geologica	672
		1132
coffrage *(f)*	cassaforma *(f)*; cassero *(m)*	673
consolider; fonder	gettare le fondazioni; fondare	674
fondation *(f)*	fondazione *(f)*	675
profondeur *(f)* de construction	profondità *(f)* d'interramento	676
		530
grume *(f)* de fondation	fondazione *(f)* in legno	677

678	am	foundation pile	Gründungspfahl *(m)*
	co	fracture	
679	gm	fracture line	Anbruchlinie *(f)*
	np	fracture; failure	
680	gm	fractured; jointed	zerklüftet
681	hy,rw	free board	Freibord *(n)*
	ew	french drain	
	ew	french drain construction	
682	de	frequency of recurrence	Wiederkehrhäufigkeit *(f)*
683	hd	fresh water	Süsswasser *(n)*
684	ew,hy	friction	Reibung *(f)*
685	np,ew	friction circle; slip circle	Gleitkreis *(m)*
686	ew,hy	friction loss	Reibungsverlust *(m)*
687	ew,hy	frictional resistance	Reibungswiderstand *(m)*
688	co	front; face wall	Stirnseite *(f)*
689	hd	frost	Frost *(m)*
690	np	frost cracking; frost splitting	Frostsprengung *(f)*; Frostverwitterung *(f)*
	np	frost splitting	
691	np	frost weathering	Frostverwitterung *(f)*
692	pl	fungal disease; mycosis	Pilzkrankheit *(f)*
693	pl	fungus	Pilz *(m)*
694	gm	funnel; funnel-type gully	Keilanbruch *(m)*
	gm	funnel-type gully	
695	si	furrow	Furche *(f)*
696	np	furrow erosion	Furchenerosion *(f)*
697	rw	gabion	Gabion *(m)*; Steinkorb *(m)*
698	rw	gabion check dam	Drahtschottersperre *(f)*
699	rw	gabion groyne; bolster; gabion spur	Drahtkorb-Buhne *(f)*; Drahtkorbbuhne *(f)*
700	rw	gabion sill	Drahtschotterschwelle *(f)*
701	fa	game	Wild *(n)*
703	fa,ma	game damage prevention	Wildschadenverhütung *(f)*
702	fa	game damage; damage by game	Wildschaden *(m)*
704	fa	game density	Wilddichte *(f)*
	fa,ma	game exclosure; game fencing	
705	ec	garbage	Müll *(m)*
	ma	garbage; waste	
706	hy	gauge; stage recorder; water level recorder	Pegelmesser *(m)*
707	hy	gauging site	Abflussmessstelle *(f)*
708	hy	gauging station; mesuring station	Messstelle *(f)*
709	gm	geologic deposits	Altschutt *(m)*
710	ew,rw,co,si	geological substrate	Unterlage *(f)*, geologische
711	gm,ew,si	geology	Geologie *(f)*
712	gm	geomorphology	Geomorphologie *(f)*
713	am	geotextile	Geotextil *(n)*
714	am	geotextile, biodegradable	Geotextil *(n)*, biologisch abbaubares; Geotextil *(n)*, verrottbares
715	am	geotextile, non-woven; fleece	Geotextil *(n)*, nicht gewobenes; Vlies *(n)*

pieu *(m)* de fondation	palo *(m)* di fondazione; fondazione *(f)*	678
		317
ligne *(f)* de rupture	linea *(f)* di rottura	679
		175
fracturé	frastagliato; fratturato	680
franc-bord *(m)*	franco *(m)* bordo	681
		1644
		1531
période *(f)* de retour	frequenza *(f)* di ritorno	682
eau *(f)* douce	acqua *(f)* dolce	683
frottement *(m)*; friction *(f)*	attrito *(m)*; frizione *(f)*	684
cercle *(m)* de frottement	cerchio *(m)* di slittamento	685
perte *(f)* due au frottement	perdita *(f)* d'attrito	686
résistance *(f)* au frottement	resistenza *(f)* all'attrito	687
façade *(f)*; front *(m)*	fronte *(m)*	688
gel *(m)*	gelo *(m)*	689
gélifraction *(f)*	disgregazione *(f)* da gelo	690
		690
désagrégation *(f)* par le gel	disgregazione *(f)* da gelo	691
mycose *(f)*	malattia *(f)* fungina	692
champignon *(m)*	fungo *(m)*	693
ravin *(m)* en entonnoir	burrone *(m)* a forma di cuneo	694
		694
sillon *(m)*	solco *(m)*	695
érosion *(f)* en sillon; ravinement *(m)*	erosione *(f)* a solchi	696
gabion *(m)*	gabbione *(m)*	697
barrage *(m)* en gabions métalliques	briglia *(f)* in gabbioni metallici	698
épi *(m)* en gabions métalliques	pennello *(m)* di gabbioni metallici	699
seuil *(m)* en gabion [métallique]	soglia *(f)* in gabbioni metallici	700
gibier *(m)*	selvaggina *(f)*	701
prévention *(f)* des dégâts du gibier	prevenzione *(f)* dei danni da selvaggina	703
dégâts *(m,pl)* du gibier	danni *(m,pl)* della selvaggina	702
densité *(f)* de gibier	densità *(f)* della selvaggina	704
		566
ordures *(f,pl)*; déchets *(m,pl)*	rifiuti *(m,pl)* solidi	705
		1951
limnimètre *(m)*	idrometro *(m)*; limnimetro *(m)*	706
emplacement *(m)* de jaugeage	stazione *(f)* di misura del deflusso	707
station *(f)* de mesures	stazione *(f)* di misura; punto *(m)* di misura	708
dépôts *(m,pl)* anciens	depositi *(m,pl)* antichi	709
substrat *(m)* géologique	substrato *(m)* geologico; roccia *(f)* madre	710
géologie *(f)*	geologia *(f)*	711
géomorphologie *(f)*	geomorfologia *(f)*	712
géotextile *(m)*	geotessile *(m)*; geotessuto *(m)*	713
géotextile *(m)* biodégradable	geotessuto *(m)* biodegradabile	714
géotextile *(m)* non tissé	feltro (di geotessile) *(m)*; stuoia *(f)*	715

716	pl	germinate (to)	keimen
717	pl	germination; sprouting	Keimung *(f)*
	pl	germination capability	
718	pl	germination capacity; germination capability	Keimfähigkeit *(f)*
719	ma, pl	germination inhibitor; substance hindering germination	Stoff *(m)*, keimhemmender
	gm	glacial deposit	
720	si	gley [soil]	Gley *(m)*
721	am	glue; adhesives	Kleber *(m)*
722	si	gneiss	Gneis *(m)*
	rm	gorge	
723	gm, rm	gorge; canyon; narrows	Schlucht *(f)*; Tobel *(n)*; Klamm *(f)* [A,D]
724	ew	gradation	Kornabstufung *(f)*
725	ew	grade (to); regrade (to); level (to)	nivellieren
726	fo	grade of mixture	Mischungsgrad *(m)*
727	si	grade of saturation; percent saturation	Sättigungsgrad *(m)*; Bodenwassergehalt *(m)*
	de,hy,ew	gradient; fall; angle; inclination	
728	ew,hy	grain size	Korngrösse *(f)*
729	de,hy	grain size distribution	Korngrössenverteilung *(f)*; Kornverteilung *(f)*
730	ew,hy	grain size distribution analysis	Korngrössenanalyse *(f)*
731	hy,ew,si	grain size distribution curve	Kornverteilungskurve *(f)*
732	ew,hy	grain size fraction	Kornfraktion *(f)*
733	si	granite	Granit *(m)*
	ve	grass	
734	tc	grass cover	Grasdecke *(f)*
735	tc,rw	grass embankment	Grasböschung *(f)*
	tc	grass lining	
736	tc	grass protection	Rasenbewuchs *(m)*, schützender
737	tc	grass thatched roof	Grasdach *(m)*
738	tc,ve	grassed	grasbewachsen
739	tc	grassed waterway; sod waterway; grass channel	Rasenrinne *(f)*
740	pl	grasses	Gräser *(n,pl)*
741	ve	grassland	Grünland *(n)*
	dc	grating	
742	co	gravel; pebble; shingle	Kies *(m)*
743	am	gravel	Schotter *(m)*; Brechschotter *(m)*
744	rm	gravel bar	Kiesbank *(f)*
745	rm	gravel bar; bar	Geschiebebank *(f)*
746	ew	gravel drain; rubble drain; french drain	Sickerschlitz *(m)* mit Steinfüllung
747	ew	gravel drain with pipe	Sickerdole *(f)*
748	co	gravel fill	Einschotterung *(f)*
749	si,ew	gravel filter layer	Kiesfilterschicht *(f)*

germer	germinare	716
germination (*f*)	germinazione (*f*)	717
		718
pouvoir (*m*) germinatif	facoltà (*f*) germinativa	718
inhibiteur (*m*) de germination	sostanze (*f,pl*) inibitrici di germinazione; germoinibitore (*m*)	719
		1081
gley (*m*)	gley (*m*)	720
colle (*f*); glu (*f*)	colla (*f*)	721
gneiss (*m*)	gneiss (*m*)	722
		1309
gorge (*f*); canyon (*m*)	gola (*f*); stretta (*f*); forra (*f*)	723
séparation (*f*) granulométrique	gradazione (*f*) granulometrica	724
niveler	livellare; riprofilare; appianare	725
degré (*m*) de mélange	grado (*m*) di mescolanza	726
degré (*m*) de saturation	contenuto (*m*) d'acqua del terreno; grado (*m*) di saturazione	727
		1622
diamètre (*m*) des grains	diametro (*m*) dei grani	728
granulométrie (*f*)	granulometria (*f*)	729
analyse (*f*) granulométrique	analisi (*f,pl*) granulometriche	730
courbe (*f*) granulométrique	curva (*f*) granulometrica	731
fraction (*f*) granulométrique	frazione (*f*) granulometrica	732
granite (*m*)	granito (*m*)	733
		939
couverture (*f*) herbeuse [graminée]	copertura (*f*) erbosa	734
talus (*m*) herbeux	scarpata (*f*) rinverdita	735
		1659
herbage (*m*) de protection; semis (*m*) de protection	copertura (*f*) erbosa protettiva	736
toit (*m*) engazonné	tetto (*m*) verde	737
engazonné	ricoperto di erba	738
canal (*m*) engazonné	cunetta (*f*) rinverdita	739
graminées (*f,pl*)	graminacee (*f,pl*)	740
campagne (*f*); terre (*f*) agricole	prateria (*f*)	741
		762
gravier (*m*)	ciottolame (*m*) naturale; ghiaia (*f*)	742
pierre (*f*) concassée; cailloux (*m,pl*)	breccino (*m*); ghiaia (*f*) di frantumazione; pietrisco (*m*)	743
banc (*m*) de galets; banc (*m*) de gravier	banco (*m*) di ghiaia	744
banc (*m*) d'alluvion; dépôt (*m*) de gravier	banco (*m*) alluvionale	745
fossé (*m*) filtrant empierré; fossé (*m*) de drainage empierré	drenaggio (*m*) filtrante con riempimento di sassi; vespaio (*m*)	746
drain (*m*) fermé avec aqueduc souterrain	drenaggio (*m*) sotterraneo	747
remplissage (*m*) avec du gravier	inghiaiamento (*m*)	748
couche (*f*) filtrante de gravier; couche (*f*) de gravier	strato (*m*) filtrante di ghiaia	749

750	gm	gravel pit; quarry	Kiesgrube *(f)*
751	rw	gravel trap	Kiessammler *(m)*
752	rw	gravity dam; solid gravity dam	Gewichtssperre *(f)*; Schwergewichtssperre *(f)*
753	rw	gravity dam wall	Schwergewichtsmauer *(f)*
754	fa, ec	grayling zone	Äschenregion *(f)*
755	fa	graze (to)	beweiden
756	fa	grazed	beweidet
757	fa	grazing; browsing	Äsung *(f)*
758	fa	grazing	Beweidung *(f)*
	ec,fa	grazing exclusion	
759	tc,ma	green crop fertilization	Gründüngung *(f)*
760	tc	grid of willow slips	Weidenzopf *(m)*
761	tc	grid planting	Verbandpflanzung *(f)*
762	dc	grille; grating	Rost *(m)*
	rw	groin [US]; spur; current deflector	
	rm	groove	
763	co, de	ground; subsoil	Baugrund *(m)*
764	co	ground coverage	Bodenbedeckung *(f)*
	ve	ground covering	
765	ew	ground failure; base failure	Grundbruch *(m)*
766	de	ground level; terrain level	Bodenniveau *(m)*
767	rw	ground ramp	Sohlrampe *(f)*
768	rw	ground sill; submerged sill	Sohlschwelle *(f)*; Grundschwelle *(f)*; Sohlgurte *(f)* [D]
769	hy	ground swell	Grundwalze *(f)*
770	hd	ground water emergence	Wasseraufstieg *(m)*; Wasseraustritt *(m)*
771	rw	ground, muddy; bottom, muddy	Schlammgrund *(m)*
772	gm,de	ground, sloping	Gelände *(n)*, abfallendes
773	hd	groundwater	Grundwasser *(n)*
774	hd	groundwater depletion	Grundwasserabsenkung *(f)*
775	hd	groundwater discharge	Grundwasserabfluss *(m)*
776	hd	groundwater flow	Grundwasserströmung *(f)*
777	hd	groundwater gauge	Grundwasserpegel *(m)*
778	hd	groundwater level; water table	Grundwasserspiegel *(m)*
	co,hd	groundwater supply	
779	co,hd	groundwater yield; groundwater supply	Grundwasserentnahme *(f)*
	ew	grouting	
780	pl	grow (to)	wachsen
781	pl	growing behaviour; growth habit; mode of growth	Wuchsverhalten *(n)*
782	ve,si	growing condition	Wuchsbedingung *(f)*; Wachstumsbedingung *(f)*
783	fo	growing region	Wuchsgebiet *(n)*
	fo	growing stock	

French	Italian	No.
gravière *(f)*	cava *(f)* di ghiaia	750
piège *(m)* à gravier	zona *(f)* di deposito della ghiaia; zona *(f)* di deposito	751
barrage *(m)* poids; barrage *(m)* [sans fondations, stabilisé avec son propre poids]	briglia *(f)* a gravità	752
mur *(m)* [sans fondations, stabilisé avec son propre poids]	muro *(m)* a gravità	753
zone *(f)* à ombre	regione *(f)* a temolo	754
paître	pascolare	755
pâturé	pascolato	756
viandis *(m)*	pastura *(f)*	757
pâturage *(m)*	pascolamento *(m)*	758
		1263
engrais *(m)* vert; fertilisation *(f)* avec engrais vert	sovescio *(m)*	759
grille *(f)* tressée en saule	graticciata *(f)* viva di salice interrata	760
plantation *(f)* à écartement fixe	piantagione *(f)* a gruppi; piantagione *(f)* spaziata	761
grille *(f)*	grata *(f)*; griglia *(f)*	762
		790
		1378
assise *(f)*; terrain *(m)* de fondation	terreno *(m)* di fondazione	763
couverture *(f)* du sol par des plantes	copertura *(f)* del terreno; copertura *(f)* del suolo	764
		1673
rupture *(f)* de fond	sifonamento *(m)*; fontanazzo *(m)*	765
niveau *(m)* du sol	livello *(m)* del terreno	766
rampe *(f)* de fond	rampa *(f)* a blocchi; rampa *(f)* di fondo	767
seuil *(m)* de fond; radier *(m)*	soglia *(f)* di fondo; sagoma *(f)* bassa	768
remous *(m,pl)* de fond	soglia *(f)* di stabilizzazione	769
remontée *(f)* d'eau souterraine	risalita *(f)* dell'acqua; emersione *(f)*	770
fond *(m)* vaseux; limon *(m)*	fondo *(m)* limoso	771
terrain *(m)* en pente	versante *(m)* inclinato	772
nappe *(f)* phréatique	falda *(f)* freatica	773
abaissement *(m)* de la nappe souterraine	abbassamento *(m)* della falda freatica	774
débit *(m)* de la nappe phréatique	deflusso *(m)* della falda freatica	775
écoulement *(m)* phréatique	flusso *(m)* della falda freatica; flusso *(m)* dell' acqua sotterranea	776
jauge *(f)* pour la nappe phréatique	piezometro *(m)*	777
niveau *(m)* de la nappe phréatique	livello *(m)* della falda freatica	778
		779
prélèvement *(m)* d'eau de la nappe phréatique	captazione *(f)* della falda freatica	779
		289
croître	crescere	780
mode *(m)* de croissance	modalità *(f)* d'accrescimento	781
condition *(f)* de croissance	condizioni *(f,pl)* d'accrescimento	782
zone *(f)* de croissance	zona *(f)* di crescita	783
		1783

784	ve	growing stock; supply	Vorrat *(m)*
785	ve	growth	Aufwuchs *(m)*
786	ve	growth form	Wuchsform *(f)*
	pl	growth habit; mode of growth	
787	ve	growth inhibiting	wachstumshemmend
788	ma	growth inhibitor	Stoff *(m)*, wuchshemmender
	ve	growth period	
789	ve	growth promotion	Wachstumsförderung *(f)*
	ve	growth type	
	rw	groyne	
790	rw	groyne [UK]; groin [US]; spur; current deflector	Buhne *(f)*; Sporn *(m)*
791	rw	groyne base; groyne root	Buhnenwurzel *(f)*
	rw	groyne bay	
	rw	groyne construction	
792	rw	groyne field; groyne bay	Buhnenfeld *(n)*; Buhnenkammer *(f)*
793	rw	groyne head	Buhnenkopf *(m)*
	rw	groyne root	
	rw	groyne, attracting	
794	rw	groyne, base flow level	Niederwasser-Buhne *(f)*
795	rw	groyne, downstream facing; downstream inclined spur; fending groyne; groyne, declined	Buhne *(f)*, stromabwärtsgerichtete; Buhne *(f)*, deklinante
796	rw,tc	groyne, living	Buhne *(f)*, lebende
797	rw	groyne, mean flow level	Mittelwasserbuhne *(f)*
798	rw	groyne, upstream looking; groyne, attracting	Buhne *(f)*, stromaufwärtsgerichtete; Verlandungsbuhne *(f)*; Buhne *(f)*, inklinante
	rw	guide bank [river]	
	rw	guide wall [river]	
799	de	guideline	Richtlinie *(f)*
800	np,gm	gulch; trapezoidal shaped gully	Troganbruch *(m)*
801	rm	gully; ravine; runlet; rill	Runse *(f)* [CH]; Gully *(n)*; Graben *(m)*
802	tc	gully control works	Runsenverbau *(m)*
	gm,rm	gully cutting	
803	np	gully erosion	Grabenerosion *(f)*; Runsenerosion *(f)* [CH]
804	gm,rm	gullying; gully cutting	Runsenbildung *(f)*
805	am	gunite; air-placed concrete; shotcrete	Spritzbeton *(m)*
806	fa	habitat	Lebensraum *(m)*; Habitat *(n)*
807	hd	hail	Hagel *(m)*

réserve *(f)*; provision *(f)*	provvigione *(f)* legnosa; provvigione *(f)*; riserva *(f)* legnosa	784
croissance *(f)*	accrescimento *(m)*; crescita *(f)*	785
forme *(f)* de croissance; type *(m)* de morphologie	forma *(f)* di sviluppo; forma *(f)* di accrescimento	786
		781
inhibition *(f)* de la croissance	inibente *(m)* la crescita	787
inhibiteur *(m)* de croissance	sostanze *(f,pl)* inibitrici di crescita	788
		2008
stimulation *(f)* de croissance	stimolazione *(f)* della crescita; tasso *(m)* d'accrescimento	789
		1976
		1740
épi *(m)*	pennello *(m)*; repellente *(m)*	790
base *(f)* de l'épi; début *(m)* de l'épi	intestatura *(f)* del pennello; piede *(m)* del pennello	791
		792
		893
partie *(f)* comprise entre deux épis; espace *(m)* entre deux épis	area *(f)* interclusa tra due pennelli	792
tête *(f)* d'épi; museau *(m)* d'épi	testa *(f)* del pennello	793
		791
		798
épi *(m)* de basses eaux; épi *(m)* noyé	pennello *(m)* sommergibile con sommità al livello delle portate di magra; pennello *(m)* con sommità al livello delle portate di magra; pennello *(m)* di magra	794
épi *(m)* en direction de l'aval; épi *(m)* offensif	pennello *(m)* inclinato verso valle; pennello *(m)* declinante	795
épi *(m)* végétalisé	pennello *(m)* vivo	796
épi *(m)* d'eaux moyennes	pennello *(m)* con sommità al livello delle portate medie	797
épi *(m)* en direction de l'amont; épi *(m)* défensif	pennello *(m)* obliquo ascendente; pennello *(m)* inclinato	798
		435
		1940
directive *(f)*	linea *(f)* direttiva	799
ravin *(m)* à profil trapézoidal	burrone *(m)* a profilo trapezoidale	800
ravin *(m)*	burrone *(m)* torrentizio; forra *(f)*	801
assainissement *(m)* de ravin	sistemazione *(f)* di canaloni; sistemazione *(f)* di fossi	802
		804
érosion *(f)* par ravinement; érosion *(f)* en ravins	erosioni *(f,pl)* di canaloni; erosione *(f)* per burronamento	803
ravinement *(m)*	formazione *(f)* di canaloni; burronamento *(m)*	804
béton *(m)* projeté; gunitage *(m)*	calcestruzzo *(m)* a proiezione	805
habitat *(m)*	habitat *(m)* per animali	806
grêle *(f)*	grandine *(f)*	807

808	pl	hairroot; radicle	Feinwurzel *(f)*; Haarwurzel *(f)*
809	tc	hand seeding; seeding by hand manual seeding	Handsaat *(f)*; Handaussaat *(f)*
	de,co	handing over	
810	co	hard construction	Hartbauweise *(f)*; Verbauung *(f)*, harte
811	ve	hard wood zone	Hartholzzone *(f)*; Hartholzaue *(f)*
812	co,si	hardground; rigid ground	Baugrund *(m)*, tragfähiger
813	pl	hardwood	Hartholz *(n)*
	tc,pl	hardy [plant]; resistant [techn]	
814	pl	harvest location	Erntestandort *(m)*
	am	hatchet	
	de	haul road	
815	fo	hauling damage; skidding damage	Rückeschaden *(m)*
	tc	hayflowerseeding	
816	tc	hayseeding; hayflowerseeding	Heublumensaat *(f)*
817	hy,np,de	hazard indicators	Zeugen *(m,pl)*, stumme
818	de	hazard zone map	Gefahrenzonenplan *(m)*
	de	hazard zone; risk zone	
819	np	head of a debris flow; debris flow front [during motion]; debris flow lobe [as deposit]; terminal lobe [as deposit]	Murkopf *(m)*
820	rm	head of debris cone; apex of debris cone	Murkegelfront *(f)*
821	rw	headrace	Oberwasserzulaufkanal *(m)*; Zulaufkanal *(m)*
	rm	headwater	
	hd, rm	headwaters	
822	hd	headwaters; source stream	Quellgewässer (n,pl); Quellwasserläufe *(m,pl)*
	rw	headworks; intake	
	pl	heart rooter	
	hd	heavy rainfall; downpour; rainstorm	
823	hd	heavy rainfall; storm rainfall; downpour	Starkniederschlag *(m)*; Starkregen *(m)*
824	ve	hedge	Hecke *(f)*
825	tc	hedge brush layer; rooted and unrooted layer	Heckenbuschlage *(f)*
826	tc	hedge layer; rooted brushlayers (pl)	Heckenlage *(f)*
	tc	hedge planting	
	tc	heeling in	
827	pl	herb	Kraut *(n)*
828	ve	herbaceous	krautig
829	ve,pl	herbaceous perennial (plant); forbs	Staude *(f)*
830	ve	herbaceous vegetation	Krautvegetation *(f)*
831	ma	herbicide; weed killer	Herbizid *(n)*; Unkrautbekämpfungsmittel *(n)*
832	fo	high forest	Hochwald *(m)*
833	pl	high herb plant; tall forbs	Hochstaude *(f)*
	gm	high plateau	

radicelle *(f)*; racine *(f)* capillaire	radichetta *(f)*; capillari *(m,pl)* [radici]	808
ensemencement *(m)* à la volée; ensemencement *(m)* manuel	semina *(f)* a mano; semina *(f)* a spaglio	809
		581
construction *(f)* en dur	costruzioni *(f,pl)* con materiali inerti; costruzione *(f)* rigida	810
zone *(f)* à bois dur	zona *(f)* dei legni duri	811
assise *(f)* porteuse; terrain *(m)* d'assise de fondation	terreno *(m)* di fondazione solido; terreno *(m)* di fondazione con capacità portante	812
bois *(m)* dur	legno *(m)* duro	813
		1409
lieu *(m)* de récolte; provenance *(f)* de récolte	zona *(f)* del raccolto; zona *(f)* della messe	814
		86
		9
dégât *(m)* de débardage	danno *(m)* d'esbosco	815
		816
semis *(m)* de fleur de foin	semina *(f)* con fiorume	816
indicateur *(m)* d'évènement	testimoni *(m,pl)* muti	817
plan *(m)* des zones à risques	piano *(m)* delle zone a rischio	818
		364
front *(m)* de coulée de boue; front *(m)* de lave	fronte *(m)* di una colata di lava torrentizia	819
front *(m)* du cône de déjection; tête *(f)* du cône de déjection	testata *(f)* del cono di deiezione; fronte *(m)* del cono di deiezione	820
canal *(m)* d'amenée d'eau	canale *(m)* di adduzione dell'acqua d'alimentazione	821
		1995
		1730
cours *(m)* supérieure (d'une rivière)	bacino *(m)* imbrifero superiore	822
		888
		171
		255
forte précipitation *(f)*; forte pluie *(f)*	precipitazione *(f)* intensa	823
haie *(f)*	siepe *(f)*	824
lit *(m)* de plants et plançons	gradonata *(f)* viva con latifoglie radicate	825
lit *(m)* de plants	gradonata *(f)* viva con latifoglie radicate	826
		1456
		1959
herbacée *(f)*; herbe *(f)*	erba *(f)*; pianta *(f)* non graminoide	827
herbacé	erbaceo	828
plante *(f)* vivace	pianta *(f)* erbacea perenne	829
végétation *(f)* herbacée	vegetazione *(f)* erbacea	830
herbicide *(m)*	erbicida *(m)*; mezzo *(m)* di lotta alle erbe infestanti	831
haute futaie *(f)*; forêt *(f)* de haut fût	fusto *(m)* alto; fustaia *(f)*	832
mégaphorbiaie *(f)*	megaforbie *(f,pl)*	833
		1870

	hy	high water	
834	fo	high-altitude afforestation; upland afforestation	Hochlagenaufforstung *(f)*
835	pl	high-stemmed tree; tall-trunked tree	Hochstamm *(m)*; Hochstämmer *(m)*
836	tc	hill planting	Hügelpflanzung *(f)*
	gm	hillside; backslope	
837	gm	hillside; mountain side; scarp	Abhang *(m)*
838	ew,de	hillside stabilisation work; slope stabiliisation work	Hangverbau *(m)*; Hangstabilisierung *(f)*
839	tc	hillside stabilisation work with plants	Hangverbau *(m)*, ingenieur-biologischer
840	ma	hoeing; loosening [soil]; till	Bodenlockerung *(f)*
	si	hoeing; tilling	
	ew	hole	
	gm	hollow	
841	rw	hook groyne	Hakenbuhne *(f)*
	dc	horizontal log	
	ec	human influence	
842	ew	humidify (to); dampen (to)	anfeuchten
	si	humidity; damp	
843	hd	humidity; moisture content (of air)	Luftfeuchte *(f)*
844	si	humus	Humus *(m)*
845	rw	hurdle groyne	Flechtwerkbuhne *(f)*
846	hy	hydraulic bore; surge	Schwall *(m)*
847	de	hydraulic engineering	Wasserbau *(m)*
848	rw	hydraulic engineering works	Wasserbaute *(f)*
	hy	hydraulic friction; surface drag	
	hy	hydraulic grade line	
849	hy	hydraulic jump	Wassersprung *(m)*; Wechselsprung *(m)*
	hy	hydraulic mean radius	
850	hy	hydraulic pressure	Wasserdruck *(m)*
851	hy	hydraulic profile; surface curve	Wasserspiegellinie *(f)*
852	hy	hydraulic radius; hydraulic mean radius	Radius *(m)*, hydraulischer
853	hy	hydraulics	Hydraulik *(f)*
854	rw	hydro power plant; hydro-electric power station	Wasserkraftwerk *(n)*
	rw	hydro-electric power station	
855	ec	hydrobiology	Hydrobiologie *(f)*
856	hy,hd	hydrograph	Abflussganglinie *(f)*
857	hd	hydrologic budget; water regime; water budget	Wasserhaushalt *(m)*
	hd	hydrological annual	
858	hd	hydrological cycle	Wasserkreislauf *(m)*
	hd	hydrological regime of a basin	
859	hd	hydrological yearbook; hydrological annual	Jahrbuch *(n)*, hydrologisches
860	hd	hydrology	Hydrologie *(f)*
861	pl	hydrophyte; aquatic plant	Wasserpflanze *(f)*; Hydrophyt *(m)*
862	tc	hydroseeding; spraying method; seeding method by spraying	Nassaat *(f)*; Anspritzsaat *(f)*; Hydrosaat *(f)*; Anspritzbegrünung *(f)*

		599
afforestation *(f)* en montagne; reboisement *(m)* d'altitude	rimboschimento *(m)* d'alta quota	834
haute tige *(f)*	fusto *(m)* alto; d'alto fusto [pianta]	835
plantation *(f)* sur butte de terre	piantagione *(f)* a colmaticcio	836
		1623
versant *(m)*; pente *(f)*	pendio *(m)*	837
consolidation *(f)* des pentes	consolidamento *(m)* dei versanti; sistemazione *(f)* dei versanti	838
stabilisation *(f)* végétale des pentes	sistemazione *(f)* di versante con tecniche d'ingegneria naturalistica	839
ameublissement *(m)*	allentamento *(m)* del terreno	840
		177
		1193
		1867
épi *(m)* en crochet	pennello *(m)* ad uncino	841
		987
		57
humidifier	inumidire	842
		1077
humidité *(f)*; buée *(f)*	umidità *(f)* atmosferica; umidità *(f)* dell'aria	843
humus *(m)*	humus *(m)*	844
épi *(m)* en clayonnage	pennello *(m)* di graticciate	845
raz de marée *(m)*; lame *(f)*	onda *(f)* di piena	846
construction *(f)* hydraulique	costruzioni *(f,pl)* idrauliche	847
ouvrage *(m)* hydraulique	opere *(f,pl)* idrauliche	848
		2018
		500
ressaut *(m)*	vortice *(m)*; risalto *(m)* idraulico	849
		852
pression *(f)* hydraulique	pressione *(f)* idrostatica; pressione *(f)* idrica	850
courbe *(f)* du niveau d'eau	linea *(f)* del livello dell'acqua	851
rayon *(m)* hydraulique	raggio *(m)* idraulico	852
hydraulique *(f)*	idraulica *(f)*	853
ouvrage *(m)* hydraulique; ouvrage *(m)* hydroélectrique	centrale *(f)* idroelettrica	854
		854
hydrobiologie *(f)*	idrobiologia *(f)*	855
courbe *(f)* de débit	diagramma *(m)* dei deflussi	856
bilan *(m)* hydrologique	bilancio *(m)* idrico	857
		859
cycle *(m)* hydrologique	ciclo *(m)* idrologico	858
		2044
annuaire *(m)* hydrologique	annuario *(m)* idrologico	859
hydrologie *(f)*	idrologia *(f)*	860
hydrophyte *(m)*	pianta *(f)* acquatica	861
ensemencement *(m)* hydraulique	idrosemina *(f)*	862

No.	Field	English	German
	np	ice blockage	
863	np	ice jam; ice blockage	Eisstauung *(f)*
864	hy	impact [of water]	Aufprall *(m)* [Wasser]
865	ew,rw,co	impermeability; imperviousness	Undurchlässigkeit *(f)*
866	ew,rw,co	impermeable; impervious	undurchlässig
867	ew,hd,si	impermeable layer; aquifuge; aquiclude; confining bed	Schicht *(f)*, undurchlässige
	ew,rw,co	impervious	
	ew,rw,co	imperviousness	
868	hy	impound (to); dam up (to)	stauen
869	hy	impoundage; damming up; impoundment; store	Stau *(m)*; Rückstau *(m)*
	rw	impounding	
870	hy	impounding effect; storage effect	Stauwirkung *(f)*
871	hy	impounding head; storage head	Stauhöhe *(f)*
872	rw	impoundment	Aufstauung *(f)*
	de	in situ test; test in place	
	gm	inclination of slope	
873	ew	incline (to); scarp (to); grade (to); slant (to); slope (to)	abböschen; böschen
874	ew	increased slope	Hangversteilerung *(f)*
875	pl	increment; expansion	Zuwachs *(m)*
876	ec	indication value	Zeigerwert *(m)*
877	ve,pl	indicator plant	Zeigerpflanze *(f)*; Indikatorpflanze *(f)*
	ec,pl	indigenous	
878	tc	individual planting	Einzelpflanzung *(f)*; Einzelloch-pflanzung *(f)*
	rm,hd	infiltrate (to)	
879	hd	infiltration; seepage	Infiltration *(f)*; Versickerung *(f)*
	ed,si	infiltration rate	
880	hd	infiltration rate; infiltration volume	Versickerungsmenge *(f)*
	hd	infiltration volume	
881	pl	inflorescence	Blütenstand *(m)*
882	ew	ingress of groundwater	Grundwassereinbruch *(m)*
	co,ew	ingress of water	
883	gm,ew	initial consolidation; pre-consolidation	Anfangssetzung *(f)*
884	ew,co	initial drainage; pre-drainage	Vorentwässerung *(f)*
885	ve	initial phase	Initialphase *(f)*
	ew,de	initial settlement	
886	rm	inlet	Bucht *(f)*, kleine
887	rw	inlet; intake; entrance; mouth	Einlauf *(m)*; Einlass *(m)*
888	rw	inlet structure; headworks; intake	Einlaufbauwerk *(n)*
889	rm	inner bank	Innenufer *(n)*
	rm	innundated	
890	ma	inoculation	Impfung *(f)*
891	fa	insect	Insekt *(n)*
892	ma	insecticide	Insektizid *(n)*; Insekten-vertilgungsmittel *(n)*
	hd	insolation	

		863
embâcle *(m)* de glace	sbarramento *(m)* di ghiaccio	863
impact *(m)* de l'eau	urto *(m)*; impatto *(m)* [dell'acqua]	864
imperméabilité *(f)*	impermeabilità *(f)*	865
imperméable	impermeabile	866
couche *(f)* imperméable	strato *(m)* impermeabile	867
		866
		865
endiguer	trattenere	868
retenue *(f)*	ritenuta *(f)*; invaso *(m)*	869
		362
effet *(m)* de rétention	effetto *(m)* di ritenuta	870
hauteur *(f)* de retenue	altezza *(f)* d'invaso	871
retenue *(f)*	ritenuta *(f)*; accumulo *(m)* d'acqua	872
		570
		1628
taluter	scarpare; profilare; scoronare; mostellare	873
augmentation *(f)* de la pente	aumento *(m)* di pendenza del versante	874
accroissement *(f)*	incremento *(m)*; accrescimento *(m)*	875
valeur *(f)* indicatrice	indicatore *(m)* ecologico	876
plante *(f)* indicatrice	pianta *(f)* indicatrice	877
		1104
plantation *(f)* individuelle	piantagione *(f)* isolata; piantagione *(f)* isolata in buca	878
		1527
infiltration *(f)*	infiltrazione *(f)*	879
		1535
degré *(m)* d'infiltration	volume *(m)* di percolazione	880
		880
inflorescence *(f)*	infiorescenza *(f)*	881
infiltration *(f)* d'eau souterraine	infiltrazione *(f)* della falda	882
		2037
renforcement *(m)* initial; tassement *(m)* initial	consolidamento *(m)* iniziale; assestamento *(m)* iniziale	883
drainage *(m)* initial	drenaggio *(m)* preventivo	884
phase *(f)* initiale	fase *(f)* iniziale	885
		1257
anse *(f)*	insenatura *(f)* piccola; ansa *(f)* piccola	886
prise d'eau *(f)*	entrata *(f)*; immisione *(f)*	887
ouvrage *(m)* de tête; ouvrage *(m)* d'entrée	opera *(f)* di chiusura in testata	888
berge *(f)* intérieure	sponda *(f)* interna	889
		471
inoculation *(f)*	inoculazione *(f)*	890
insecte *(m)*	insetto *(m)*	891
insecticide *(m)*	insetticida *(m)*	892
		1708

No.	Code	English	German
893	rw	installation of current deflectors; groyne construction	Buhnenbau *(m)*
	rw	intake; entrance; mouth	
894	rw	intake; water catch; inlet; tapping	Wasserfassung *(f)*
895	ec	integration; networking	Vernetzung *(f)*
896	pl	intensive rooter	Intensivwurzler *(m)*
897	ve,hd	interception	Vegetationsrückhalt *(m)* [Wasser]
898	pl	internode	Internodium *(n)*
899	de	interrelation; correlation	Wechselbeziehung *(f)*
900	tc	interstitial planting	Fugenbepflanzung *(f)*
	tc	intertwine (to)	
901	rm,np	inundate (to); flood (to)	überschwemmen
	de,rw, hy	inundation area; floodplain	
902	rm,np	inundation; flooding; flood	Überschwemmung *(f)*; Überflutung *(f)*
903	pl	invader	Pflanze *(f)*, natürlich eingewanderte
	pl	invader; coloniser	
	ec,ve	invasion by aquatic plants	
	pl	invasion capacity	
904	ve	invasion capacity; spread capacity	Ausbreitungsvermögen *(n)*
905	fa	invertebrates	Invertebraten *(f,pl)*; Wirbellose *(f,pl)*
	ew,si	investigate (to)	
906	de	investigation; examination; probe	Untersuchung *(f)*
907	de	investigation method; examination method	Untersuchungsmethode *(f)*
	co	investigation of founding conditions	
908	de	irregularity; unevenness	Ungleichförmigkeit *(f)*
909	pl	irrigate (to); water (to)	bewässern
910	ew	irrigation; watering	Bewässerung *(f)*
911	rw	irrigation canal	Bewässerungskanal *(m)*
912	tc	island planting	Inselverpflanzung *(f)*
913	hy	jamming; choking up; blockage; clogging	Verklausung *(f)*; Verstopfung *(f)*
914	rm	joint; fissure	Kluft *(f)*
	gm	jointed	
915	gm	joints in bedded rocks	Schichtfugen *(f,pl)*
916	gm	junction; confluence	Zusammenfluss *(m)*
917	am	jute mesh; mesh of jute	Jutegewebe *(n)*; Jutenetz *(n)*
918	gm	karst	Karst *(m)*
919	np	karstic erosion	Karsterosion *(f)*
	co	keying-in	
	pl	kind of wood; wood type	
920	rm	lake	See *(m)*
921	de	land improvement	Integralmelioration *(f)*
	de	land improvement; consolidation of farmland	
922	de,ew	land levelling	Einebnen *(n)*
923	si,ew,np	land subsidence	Bodensetzung *(f)*
924	gm	land surface	Geländeoberfläche *(f)*

mise *(f)* en place d'épis	costruzione *(f)* di pennelli	893
		887
prise d'eau *(f)*	captazione *(f)* idrica	894
création *(f)* d'un réseau; mise *(f)* en place d'un réseau	interconnessione *(f)*; installazione *(f)* d'una rete	895
plante *(f)* à enracinement intense	piante *(f,pl)* a radicazione intensiva	896
rétention *(f)* d'eau par les plantes	ritenzione *(f)* della vegetazione [idrica]	897
entre-noeud *(m)*	internodo *(m)*	898
interaction *(f)*; interrelation *(f)*	correlazione *(f)*	899
plantation *(f)* interstitielle; plantation *(f)* complémentaire	piantagione *(f)* a fessura	900
		1973
inonder	inondare	901
		632
inondation *(f)*	inondazione *(f)*; allagamento *(m)*	902
plante *(f)* colonisatrice	pianta *(f)* naturalizzata	903
		1187
		2077
		288
capacité *(f)* d'invasion	capacità *(f)* di diffusione	904
invertébrés *(m,pl)*	invertebrati *(m,pl)*	905
		1259
investigation *(f)* ; recherche *(f)*	ricerca *(f)*; indagine *(f)*	906
méthode *(f)* de recherche	metodo *(m)* di ricerca; metodo *(m)* d'indagine	907
		1684
diversité *(f)* des formes	non uniformità *(f)*; disomogeneità *(f)*	908
irriguer; arroser	irrigare	909
irrigation *(f)*	irrigazione *(f)*	910
canal *(m)* d'irrigation	canale *(m)* d'irrigazione	911
plantation *(f)* en îlot	piantagione *(f)* ad isola	912
embâcle *(m)*; obstruction *(f)*	ostruzione *(f)* della sezione [con effetto di sbarramento]	913
faille *(f)*	crepa *(f)*; fessura *(f)*; gola *(f)*	914
		680
décrochement *(m)*	interstrato *(m)* [in roccia sedimentaria]	915
confluence *(f)*; embouchure *(f)*	confluenza *(f)*; unione *(f)*	916
filet *(m)* de jute; natte *(f)* de jute	tessuto *(m)* di juta; rete *(f)* di juta	917
karst *(m)*	carsico *(m)* [terreno]	918
érosion *(f)* karstique	erosione *(f)* carsica	919
		50
		1718
lac *(m)*	lago *(m)*	920
amélioration *(f)* foncière intégrale	miglioramento *(m)* integrale; bonifica *(f)* integrale	921
		40
nivellement *(m)* de terrain	livellamento *(m)*	922
mise *(f)* en place de sol	assestamento *(m)* del terreno; subsidenza *(f)*	923
surface *(f)* du terrain	superficie *(f)* del terreno; superficie *(f)* dell'area	924

925	ec	land use	Bodennutzung *(f)*
926	de	land-register	Kataster *(m)*
927	ec,de	landfill	Deponie *(f)*
928	gm,de	landscape	Landschaft *(f)*
929	de	landscape architecture	Landschaftsarchitektur *(f)*
930	ec	landscape protection	Landschaftsschutz *(m)*
931	de	landscaping	Landschaftsgestaltung *(f)*
932	de	landscaping of green land	Grünflächengestaltung *(f)*
933	rw,de	landscaping of river	Gewässergestaltung *(f)*
934	np	landslide; landslip; slip	Erdrutsch *(m)*; Hangrutsch *(m)*; Schlipf *(m)* [CH]
	np	landslide; sloughing	
935	ew	landslide stabilisation; consolidation of landslide	Rutschsanierung *(f)*
	np	landslip; slip	
936	fo	lane [forest]; aisle	Waldschneise *(f)*
937	pl	larch [Larix]	Lärche *(f)*
938	hd,si	late frost	Spätfrost *(m)*
	rm	lateral branch	
	ew	lateral drainage	
	gm, rm, np	lateral erosion	
	rw	lateral weir	
	ve	lawn surface	
939	ve	lawn; grass	Rasen *(m)*
940	de	lay out (to)	auslegen
941	ew,hd,si	layer; stratum; sheet; bed; course	Schicht *(f)*
	tc	layer	
	tc	layer of branches	
942	tc	layer of willow cuttings	Weideneinlage *(f)*
	pl	layer; slip; runner; offset	
	ve	layered	
	rw	layered log dam	
943	ew,hd,si	layered structure	Schichtaufbau *(m)*
944	tc	layering [plant]; layer	Absenken *(n)* [Pflanze]; Ablegen *(n)*
	de	layout; scheme	
945	si	leach (to); wash out (to)	auswaschen
946	si	leaching [soil]	Auswaschung *(f)* [Boden]
	np,gm	leading edge of a slide	
947	pl	leaf	Blatt *(n)*
948	dc	leaf-bud cutting; shoot cuttings with terminal buds	Kopfsteckling *(m)*
949	co,rw	leaky; permeable	undicht
950	am	lean concrete	Magerbeton *(m)*
	co	ledge; small terrace	
951	de	leeward	Leeseite *(f)*
952	pl	legume	Leguminose *(f)*
	rw	levee [US]; floodbank; stopbank [NZ]	
953	co	level (to); decrease of steep slope (to); grade (to)	abflachen; planieren

Français	Italiano	N°
utilisation *(f)* des sols	utilizzazione *(f)* del suolo	925
cadastre *(m)*	catasto *(m)*	926
décharge *(f)*	discarica *(f)*; deposito *(m)*	927
paysage *(m)*	paesaggio *(m)*	928
architecte *(m)* paysagiste	architettura *(f)* del paesaggio	929
protection *(f)* du paysage	protezione *(f)* del paesaggio	930
aménagement *(m)* du paysage	modellamento *(m)* del paesaggio	931
aménagement *(m)* de surfaces vertes	sistemazione *(f)* delle aree verdi	932
aménagement *(m)* de cours d'eau	modellamento *(m)* dei corsi d'acqua	933
glissement *(m)* de terrain; coulée *(f)* de terre	franamento *(m)*	934
		1620
assainissement *(m)* de glissement	consolidamento *(m)* di frana; risanamento *(m)* di frana	935
		934
tranchée *(f)* [en forêt]	viottolo *(m)* tagliato nel bosco; tagliata *(f)* a striscia	936
mélèze *(m)*	larice *(m)*	937
gel *(m)* tardif; gel *(m)* printanier	gelo *(m)* tardivo	938
		1585
		1070
		1584
		1586
		1921
gazon *(m)*; pelouse *(f)*	manto *(m)* erboso	939
mettre en place; disposer	estendere; rivestire; guarnire	940
couche *(f)*	strato *(m)*	941
		944
		173
lit *(m)* de plançons de saules	cordonata *(f)* viva di salici con pali; palificata *(f)* viva semplice con pietrame	942
		343
		1795
		981
structure *(f)* en couche	struttura *(f)* a strati	943
marcottage *(m)*	propaggine *(f)*	944
		1009
lessiver	dilavare; lisciviare	945
lessivage *(f)*	lisciviazione *(f)* [terreno]; dilavamento *(m)*	946
		1916
feuille *(f)*	foglia *(f)*	947
bouture *(f)* [avec l'extrémité de la branche]	talea *(f)* apicale	948
perméable; non étanche	non stagno; permeabile	949
béton *(m)* maigre	calcestruzzo *(m)* di sottofondo	950
		137
côté *(m)* sous le vent	lato *(m)* sottovento	951
légumineuse *(f)*	leguminose *(f,pl)*	952
		421
niveler	spianare; livellare	953

954	co,de	level (to) [survey]	nivellieren [Vermessung]
	de,ew	level of excavation	
955	de	life duration; life time	Lebensdauer *(f)*
	de	life time	
	pl	light demander; light-loving tree	
956	pl	light demanding tree species; light demander; light-loving tree	Lichtbaumart *(f)*; Lichtgehölz *(n)*
957	si	limestone; calcareous stone	Kalk *(m)*; Kalkstein *(m)*
958	de	limit	Grenzwert *(m)*
959	hy	line of maximum velocity	Stromstrich *(m)*
	tc	line seeding	
	rw	lined ditch	
960	rw	lined trench; lined ditch	Cunette *(f)*; Schale *(f)*, gemauerte
961	co	linestone pavement; regular paving; rock paving	Blocksatz *(m)*
962	rw	lining; revetment	Verkleidung *(f)*
963	pl	lining out; transplanting	Verschulung *(f)*
	ma	liquid manure	
964	gm	liquifaction; earth flow	Bodenfliessen *(n)*
965	ma,dc	litter	Streu *(f)*
966	dc,pl	live branch; rooting branch	Ast *(m)*, ausschlagfähiger
	tc	live brush gully plugging	
	tc	live brush mattress	
	tc,rw	live brush obstacle	
967	tc	live pole drain	Stangendrän *(m)*
968	rm	live river bed	Flussohle *(f)*, bewegliche
969	dc	live rooting poles	Derbstange *(f)*, ausschlagfähige
970	tc	live siltation construction	Buschbautraverse *(f)*
971	rw	live-brush check dam	Sperre *(f)*, lebende
972	fa	livestock; cattle	Weidevieh *(n)*
973	co,ew,de	load	Last *(f)*
	co,ew,de	loading assumption; assumed load	
	ew,co,de	loading capacity	
974	si	loam	Lehm *(m)*
975	si	loam soil	Lehmboden *(m)*
976	si	loamy	lehmig
	si	local factor	
977	np	localised rock slide; rock slough; local collapse	Felssturz *(m)*, kleiner
	de	location line	
978	si	loess	Löss *(m)*
979	am	log; stake; round timber; gum pole	Rundholz *(n)*
980	tc	log brush barrier; log brush barrier construction	Gitterbuschbau *(m)*; Gitterbusch *(m)*
	tc	log brush barrier construction	
981	rw	log check dam; layered log dam	Prügelsperre *(f)*
982	rw	log crib groyne	Steinkasten-Buhne *(f)*

niveler [mensuration]	livellare [misurazione]	954
		407
durée *(f)* de vie	durata *(f)* della vita; ciclo *(m)* vitale	955
		955
		956
essence *(f)* de lumière; essence *(f)* héliophile	specie *(f)* eliofila	956
chaux *(f)*; roche *(f)* calcaire	calce *(f)*; calcare *(m)*	957
valeur *(f)* limite	valore *(m)* limite	958
ligne *(f)* d'eau; ligne *(f)* principale du courant	filone *(m)* della corrente; spartiacque *(m)*	959
		1457
		960
cunette *(f)*	cunetta *(f)*	960
empierrement *(m)* régulier; perré *(m)*	riempimento *(m)* a blocchi giustapposti	961
revêtement *(m)*	rivestimento *(m)*	962
repiquage *(m)*	trapianto *(m)*	963
		1840
solifluxion *(f)*	soliflusso *(m)*	964
litière *(f)*; fane *(f)*	lettiera *(f)*	965
plançon *(m)*	ramo *(m)* con capacità di propagazione vegetativa	966
		187
		189
		192
fascine *(f)* de perche	drenaggio *(m)* con stangame	967
lit *(m)* mobile	fondo *(m)* mobile del fiume	968
pieu *(m)* vivant; pieu *(m)* capable de se propager végétativement	astone *(m)* con facoltà di propagazione vegetativa	969
traverse *(f)* buissonnante	traversa *(f)* viva	970
barrage *(m)* vivant	briglia *(f)* viva	971
bétail *(m)*	bestiame *(m)* al pascolo	972
charge *(f)*	carico *(m)*	973
		413
		116
terre *(f)* glaise; marne *(f)*	limo *(m)*	974
sol *(m)* marneux	terreno *(m)* limoso; suolo *(m)* limoso	975
glaiseux; marneux	argilloso	976
		1607
éboulement *(m)* localisé	crollo *(m)* piccolo; smottamento *(m)*	977
		1015
loess *(m)*	loess *(m)*	978
rondin *(m)*	tondame *(m)*; tronchetto *(m)*	979
treillis *(m)* de branches	costruzione *(f)* di graticciata con ramaglia	980
		980
barrage *(m)* en rondins	briglia *(f)* bassa in legname con coronamento in pali lungo la linea di deflusso	981
épi *(m)* en caisson; épi-coffre *(m)*	pennello *(m)* in legname e pietrame [tipo palificata]	982

No.	Field	English	German
983	tc	log cribwall; wooden crib	Krainerwand *(f)* [D,A]; Holzkrainerwand *(f)*; Holzkasten *(m)*
984	tc,rw	log cribwall with branchlayers	Holzgrünschwelle *(f)*; Holzkasten *(m)*, begrünter
	rw	log dam	
985	fo	logged-off area	Kahlschlagfläche *(f)*
	co,de	logging road	
986	dc	long branch cutting	Setzstange *(f)*
987	dc	longitudinal beam; horizontal log	Längsholz *(n)*
	de	longitudinal gradient	
988	de,hy	longitudinal profile	Längenprofil *(n)*; Längsschnitt *(m)*
989	rw	longitudinal protection; longitudinal training structure	Längswerk *(n)*
990	rw	longitudinal sill	Längsschwelle *(f)*
991	de	longitudinal slope; longitudinal gradient	Längsgefälle *(n)*
	rw	longitudinal training structure	
992	rw,co	longitudinal training wall	Leitdamm *(m)*
993	rm	loop	Schleife *(f)*
994	gm,si	loose rock; unconsolidated rock deposit	Lockergestein *(n)*; Lockergesteinsmaterial *(n)*
995	rw	loose rock dumping; rock fill; rip rap	Steinwurf *(m)*
996	ew	loose rock fill; rip rap	Steinschüttung *(f)*
	ma	loosen (to)	
	ma	loosening [soil]; till	
997	ma	lopping off; trimming out	Entastung *(f)*
	de	lot	
	de	lot; property	
	fo	low forest	
998	hy,hd	low water; low water level	Niederwasser *(n)*; Niedrigwasser *(n)*
999	hy,rm	low water channel	Niederwassergerinne *(n)*
	hy,hd	low water level	
	rm	lower course	
1000	rm	lower reach; lower course	Unterlauf *(m)*
1001	hy	lowering of the water level	Wasserstandssenkung *(f)*
1002	hy	main direction of current; main direction of flow	Hauptfliessrichtung *(f)*
	hy	main direction of flow	
	ew	main drain	
1003	rm,hy	main river channel	Hauptgerinne *(n)*
1004	ma	maintenance; service; care	Unterhalt *(m)*; Wartung *(f)*; Instandhaltung *(f)*
	ma	maintenance	
	ma	maintenance	
1005	ma	maintenance costs (pl)	Unterhaltskosten *(f)*
1006	ma	maintenance work	Unterhaltsarbeiten *(f,pl)*
1007	ma	maintenance work; maintenance	Erhaltungspflege *(f)*
	rw	major storage dam	
1008	de	management plan	Bewirtschaftungsplan *(m)*

French	Italian	No.
caisson *(m)* en bois; paroi *(f)* en caisson [selon Krainer]	palificata *(f)* di sostegno	983
caisson *(m)* en bois végétalisé	palificata *(f)* viva in legno di sostegno	984
		115
zone *(f)* défrichée	area *(f)* di tagliata a raso	985
		665
bouture *(f)*, grande; plançon *(m)*	astone *(m)*	986
longrine *(f)*	legname *(m)* longitudinale; correnti *(f,pl)*	987
		991
profil *(m)* en long	profilo *(m)* longitudinale	988
ouvrage *(m)* longitudinal	opera *(f)* longitudinale per difesa spondale	989
seuil *(m)* longitudinal	soglia *(f)* longitudinale	990
pente *(f)* longitudinale	pendenza *(f)* longitudinale	991
		989
digue *(f)* directrice	argine *(m)* di deviazione	992
bras *(m)*	ansa *(f)*	993
matériel *(m)* meuble; dépôt *(m)* de matériel meuble	roccia *(f)* incoerente; materiale *(m)* di roccia incoerente	994
enrochement *(m)* irrégulier; déversement *(m)* de pierres	scogliera *(f)*	995
remblayage *(m)* [avec du gravier]	gettata *(f)* di pietre	996
		1495
		840
ébranchage *(m)*	sramatura *(f)*	997
		1223
		1602
		303
basses eaux *(f,pl)*; étiage *(m)*	magra *(f)*	998
lit *(m)* mineur	canaletta *(f)* di magra	999
		998
		1000
cours *(m)* inférieur	corso *(m)* inferiore	1000
abaissement *(m)* du niveau d'eau	abbassamento *(m)* del livello dell'acqua	1001
direction *(f)* principale du courant	direzione *(f)* principale della corrente	1002
		1002
		271
cours d'eau *(m)* principal	corso *(m)* d'acqua principale	1003
entretien *(m)*	manutenzione *(f)*; servizio *(m)*	1004
		1880
		1007
coûts *(m,pl)* d'entretien	spese *(f,pl)* di manutenzione	1005
travaux *(m,pl)* d'entretien	lavori *(m,pl)* di manutenzione	1006
soins *(m,pl)* d'entretien	cure *(f,pl)* di manutenzione	1007
		1789
plan *(m)* de gestion	piano *(m)* d'assestamento; piano *(m)* di gestione	1008

No.	Code	English	German
	am	manhole	
	ma	manuring	
1009	de	map; layout; scheme	Plan *(m)* [d.h. als Karte]
1010	de	map	Karte *(f)*
	de	map of disaster	
1011	de	map of watercourses	Gewässerkarte *(f)*
1012	pl	maple [acer]	Ahorn *(m)*
1013	de	mapping; topographic survey	Geländeaufnahme *(f)*
1014	de	mapping of danger zones	Gefahrenkartierung *(f)*
1015	de	marked-out route; location line	Trasse *(f)*
1016	si	marl	Mergel *(m)*
1017	si	marly limestone; chalky clay	Mergelkalk *(m)*
1018	am	marsh reed roll; swamp reed roll	Sumpfrasenwalze *(f)*; Röhrichtwalze *(f)*
	ew,si	marsh soil	
	gm,si	marshy ground; boggy ground	
1019	ew,si	marshy ground; marsh soil	Sumpfboden *(m)*; Marschboden *(m)* [D]
	ew,si	marshy; boggy	
1020	co	masonry	Mauerwerk *(n)*
1021	rw	masonry revetment wall; masonry training wall	Ufermauer *(f)*
	rw	masonry training wall	
1022	dc	masonry with crude blocks; masonry with crude stone	Bruchsteinmauer *(f)*
	dc	masonry with crude stone	
1023	dc	masonry with cut stone; masonry with prepared stone	Hausteinmauer *(f)*
	dc	masonry with prepared stone	
1024	ew,de	mass balance; cut-and-fill; balanced excavation	Massenausgleich *(m)*
1025	de	mass balance	Massenbilanz *(f)*
1026	co	mass movements	Massenbewegungen *(f,pl)*
1027	dc	massive stone wall	Zyklopenmauer *(f)*
1028	fo, ec	mature stand	Altholz *(n)*
	hy	maximum reservoir water level; normal pool level [US]	
1029	hy	maximum flood	Hochwasser *(n)*, höchstes
1030	hy	maximum flood discharge	Hochwasserabfluss *(m)*, höchster
	hy	maximum probable flood	
1031	hy	maximum water level	Hochwasserstand *(m)*, höchster
1032	ve	meadow; pasture; grazing land	Weide *(f)*
1033	ve	meadow	Wiese *(f)*
1034	ve	meadow, fertilised	Fettwiese *(f)*
1035	ve	meadow, not fertilised	Magerwiese *(f)*
1036	hd,hy	mean annual discharge	Jahresabflussmittel *(n)*
1037	hd	mean annual precipitation	Jahresniederschlag *(m)*, mittlerer

		1762
		568
plan *(m)*	piano *(m)*; planimetria *(f)*	1009
carte *(f)*	carta *(f)*; mappa *(f)*	1010
		422
carte *(f)* des eaux	carta *(f)* dei corsi d'acqua	1011
érable *(m)*	acero *(m)*	1012
levé *(m)* du terrain	rilievo *(m)* del terreno	1013
cartographie *(f)* des dangers; cartographie *(f)* des risques	carta *(f)* dei pericoli	1014
tracé *(m)*	tracciato *(m)*	1015
marne *(f)*	marna *(f)*	1016
marne *(f)* calcaire	marna *(f)* calcarea	1017
fascine *(f)* de plantes aquatique; fascine *(f)* de roseaux	rullo *(m)* di canne; rullo *(m)* con pani di canna	1018
		1019
		158
sol *(m)* marécageux	terreno *(m)* paludoso	1019
		1861
maçonnerie *(f)*	muratore *(m)*	1020
digue *(f)* en maçonnerie	argine *(m)* in muratura; muro *(m)* spondale	1021
		1021
mur *(m)* en moellon	muratura *(f)* di pietrame sgrossato e malta	1022
		1022
maçonnerie *(f)* en pierres de taille	muratura *(f)* di pietra da taglio e malta	1023
		1023
équilibrage *(m)* des masses	compensazione *(f)* delle masse	1024
bilan *(m)* de masse	bilancio *(m)* delle masse	1025
mouvement *(m)* des masses	movimenti *(m,pl)* di masse; movimenti *(m,pl)* di terra	1026
mur *(m)* en maçonnerie cyclopéenne	muro *(m)* di massi ciclopici; muratura *(f)* ciclopica	1027
futaie *(f)*, vieille	legname *(m)* maturo	1028
		1791
crue *(f)* maximale	piena *(f)* massima	1029
débit *(m)* maximal de crue	deflusso *(m)* di massima piena	1030
		1239
niveau *(m)* d'eau maximal	livello *(m)* di massima piena	1031
pâture *(f)*; pâturage *(m)*	pascolo *(m)*	1032
prairie *(f)*	prato *(m)*	1033
prairie *(f)* grasse	prato *(m)* pingue	1034
prairie *(f)* maigre	prato *(m)* magro	1035
débit *(m)* annuel moyen	deflusso *(m)* medio annuo	1036
précipitation *(f)* annuelle moyenne	precipitazione *(f)* media annua	1037

1038	hy	mean annual water level; mean water; mean annual stage	Mittelwasser *(n)*
1039	hy	mean bed slope	Sohlengefälle *(n)*, mittleres
1040	hd	mean discharge; average discharge	Abflussmittel *(n)*; Mittelwasserabfluss *(m)*; Abfluss *(m)*, mittlerer
1041	hy	mean flow velocity	Fliessgeschwindigkeit *(f)*, mittlere
1042	ew,hy	mean grain size diameter	Korndurchmesser *(m)*, mittlerer
1043	hy	mean summer discharge	Sommerwasser *(n)*, mittleres
1044	hy	mean water level	Wasserstand *(m)*, mittlerer; Mittelwasserstand *(m)*
	hy	mean water; mean annual stage	
1045	rm	meander	Mäander *(m)*
1046	rm	meander (to)	mäandrieren
1047	rm	meander bend	Mäanderbogen *(m)*
1048	rw	meander by-pass	Mäanderdurchstich *(m)*; Mäander-Bypass *(m)*
1049	rw	meander cut-off	Mäanderdurchstich *(m)*
1050	rm	meandering channel	Mäandergerinne *(n)*
1051	de	measure, active; action, active	Massnahme *(f)*, aktive
1052	de	measure, passive	Massnahme *(f)*, passive
1053	de	measure, preventive	Massnahme *(f)*, vorbeugende
1054	de	measured value; observed value; recorded value	Messwert *(n)*
1055	de	measurement; measuring [process]; reading [of values]	Messung *(f)*
	de	measuring [process]; reading [of values]	
1056	de	measuring series; series of measurements	Messreihe *(f)*
	am	Menzi Muck	
	am	mesh of jute	
1057	am	mesh reinforcement	Bewehrungsmatte *(f)*
	hy	mesuring station	
	tc	method of construction	
1058	de	method of estimation	Schätzmethode *(f)*
1059	ew, de	method of friction circles; method of slip circles	Gleitkreisverfahren *(n)*
1060	de	method of mapping	Kartiermethode *(f)*
1061	tc	method of planting; planting method	Pflanzverfahren *(n)*; Pflanztechnik *(f)*
1062	de	method of recording	Aufnahmemethode *(f)*
1063	tc	method of seeding	Saatverfahren *(n)*
	ew, de	method of slip circles	
1064	si	mica schist	Glimmerschiefer *(m)*
1065	si	microclimate	Mikroklima *(n)*
	rm	middle course	
1066	rm	middle reach; middle course	Mittellauf *(m)*

eaux *(f,pl)* moyennes; niveau *(m)* moyen annuel	altezza *(f)* idrometrica media; portata *(f)* media; modulo *(m)*	1038
pente *(f)* moyenne du lit	pendenza *(f)* media del fondo	1039
débit *(m)* moyen	deflusso *(m)* medio pluriannuale; deflusso *(m)* della portata media	1040
vitesse *(f)* moyenne de l'eau	velocità *(f)* media	1041
diamètre *(m)* moyen	diametro *(m)* medio	1042
niveau *(m)* estival moyen	portata *(f)* media estiva	1043
niveau *(m)* d'eau moyen; niveau *(m)* moyen des eaux	livello *(m)* medio dell'acqua	1044
		1038
méandre *(m)*	meandro *(m)*	1045
méandrer	formare dei meandri; meandreggiare	1046
boucle *(f)* d'un méandre	ansa *(f)* di meandro	1047
court-circuitage *(m)* de méandre	taglio *(m)*; collegamento *(m)* di meandri	1048
coupure *(f)* de méandre	taglio *(m)* d'un meandro	1049
lit *(m)* à méandres; canal *(m)* sinueux; canal *(m)* à méandres	corso *(m)* d'acqua a meandri	1050
mesure *(f)* active	provvedimento *(m)* attivo; misura *(f)* attiva	1051
mesure *(f)* passive	provvedimento *(m)* passivo; misura *(f)* passiva	1052
mesure *(f)* préventive	provvedimento *(m)* preventivo; misura *(f)* preventiva	1053
valeur *(f)* mesurée	valore *(m)* misurato	1054
mensuration *(f)*; mesure *(f)*	misurazione *(f)*	1055
		1055
série *(f)* de mesures	serie *(f)* di misure	1056
		252
		917
armature *(f)* en natte	stuoia *(f)* armata	1057
		708
		1975
méthode *(f)* d'évaluation	metodo *(m)* di valutazione	1058
méthode *(f)* du cercle de glissement; méthode *(f)* du cercle de frottement	metodo *(m)* del cerchio di slittamento; metodo *(m)* del cerchio d'attrito; metodo *(m)* ad elementi finiti	1059
méthode *(f)* de cartographie	metodo *(m)* cartografico	1060
mode *(f)* de plantation	tecnica *(f)* di piantagione; metodo *(m)* di piantagione	1061
méthode *(f)* de relevé	metodo *(m)* di rilevamento	1062
méthode *(f)* d'ensemencement	metodo *(m)* di semina	1063
		1059
mica schiste *(m)*	micascisto *(m)*	1064
microclimat *(m)*	microclima *(m)*	1065
		1066
cours *(m)* moyen	corso *(m)* medio	1066

1067	gm	migrating dune; drifting dune	Wanderdüne *(f)*
1068	si	mineral soil	Mineralboden *(m)*
	hy,co	minimum grade	
1069	hy,co	minimum slope; minimum grade	Mindestgefälle *(n)*
1070	ew	minor drainage ditch; lateral drainage	Seitengraben *(m)*
	fo,ve	mixed forest; mixed wood	
1071	fo	mixed stand	Mischbestand *(m)*
1072	fo,ve	mixed woodland; mixed forest; mixed wood	Mischwald *(m)*
1073	de	model test	Modellversuch *(m)*
1074	si	moder; duff-mull	Moder *(m)*
1075	co	modular construction system	Baukastensystem *(n)*
1076	ew	moisten (to)	befeuchten
1077	si	moisture; humidity; damp	Feuchtigkeit *(f)*
1078	si	moisture content	Feuchtigkeitsgehalt *(m)*
	hd	moisture content (of air)	
1079	gm	molasses	Molasse *(f)*
	rw	mole	
1080	ew	mole drain	Maulwurfdrain *(m)*
	gm	moor	
	ve,ec	moor [dry]	
1081	gm	moraine; glacial deposit	Moräne *(f)*
	si	morass; marsh; moor	
1082	gm	morphology	Morphologie *(f)*
	co	mortaring	
1083	pl	moss	Moos *(n)*
1084	pl,ve	mother plant	Mutterpflanze *(f)*
1085	ew	mound of earth	Erdhaufen *(m)*; Erdhügel *(m)*
	co	mount (to)	
1086	pl	mountain ash [Sorbus aucuparia]; rowan	Vogelbeere *(f)*; Eberesche *(f)* [D, A]
	rm	mountain creek	
1087	gm,ew	mountain pressure	Bergdruck *(m)*
1088	gm	mountain side; mountain slope	Bergflanke *(f)*; Berghang *(m)*
	gm	mountain side; scarp	
	gm	mountain slope	
1089	rm	mountain stream	Gebirgsbach *(m)*
	gm	mountain wall	
1090	de	mountainous region	Berggebiet *(n)*; Bergland *(n)* [D]
	ma	move (to)	
1091	ma	mow (to)	mähen
1092	ma	mowing	Mähen *(n)*
1093	np	mud flow; mud stream	Schlammure *(f)*; Schlammstrom *(m)*
1094	rm,ma	mud silting; silting up; mud filling [US]	Verschlammung *(f)*
	np	mud stream	
	rm	mud; slime; slush; ooze	
	ew	muddy	
1095	am	mulch	Mulch *(m)*
1096	tc	mulch seeding	Decksaat *(f)*

dune *(f)* mouvante	duna *(f)* mobile; duna *(f)* instabile; duna *(f)* erratica	1067
sol *(m)* minéral	terreno *(m)* minerale; suolo *(m)* minerale	1068
		1069
pente *(f)* minimale	pendenza *(f)* minima	1069
drain *(m)* secondaire à ciel ouvert	drenaggio *(m)* superficiale secondario	1070
		1072
peuplement *(m)* mélangé	soprassuolo *(m)* misto	1071
forêt *(f)* mélangée	bosco *(m)* misto	1072
modélisation *(f)*	prova *(f)* su modello	1073
moder *(m)*	moder *(m)*	1074
système *(m)* de construction modulaire	sistema *(m)* di costruzione modulare; sistema *(m)* di costruzione a blocchi	1075
mouiller; arroser	inumidire	1076
humidité *(f)*	umidità *(f)*	1077
teneur *(f)* en humidité	contenuto *(m)* di umidità; tenore *(m)* d'acqua	1078
		843
molasse *(f)*	molassa *(f)*	1079
		178
drain *(m)* taupe	drenaggio *(m)* sotterraneo	1080
		156
		1158
moraine *(f)*	morena *(f)*	1081
		2083
morphologie *(f)*	morfologia *(f)*	1082
		1226
mousse *(f)*	muschi *(m,pl)*	1083
plante *(f)* mère	pianta *(f)* madre	1084
butte *(f)*	mucchio *(m)* di terra; collina *(f)* di terra	1085
		1195
sorbier *(m)* des oiseleurs	sorbo *(m)* degli uccellatori	1086
		1929
poussée *(f)* des versants	spinta *(f)* di versante	1087
versant *(m)* (d'une montagne)	versante *(m)* di montagna; fianco *(m)* di montagna	1088
		837
		1088
ruisseau *(m)* de montagne	torrente *(m)* di montagna	1089
		247
région *(f)* montagneuse	zona *(f)* di montagna; regione *(f)* di montagna	1090
		1944
faucher	falciare; sfalciare	1091
fauchage *(m)*	sfalcio *(m)*	1092
coulée *(f)* de boue; coulée *(f)* boueuse	colata *(f)* di fango; trasporto *(m)* di fango	1093
envasement *(m)*	infangamento *(m)*; deposizione *(f)* di limo o fango	1094
		1093
		1646
		1647
mulch *(m)*	mulch *(m)*; strato *(m)* di copertura	1095
semis *(m)* de couverture	semina *(f)* di copertura; semina *(f)* di rivestimento	1096

1097	tc	mulch seeding method	Mulchsaatverfahren *(n)*
1098	tc	mulching	Mulchen *(n)*; Abdecken *(n)*, mit Mulch
	gm,rm,si	muskeg	
1099	fa	muskrat	Bisamratte *(f)*
1100	pl,ec	mycorrhiza	Mykorrhiza *(f)*
1101	pl	mycorrhiza inoculation	Mykorrhiza-Impfung *(f)*
	pl	mycosis	
1102	co	nail (to)	nageln
1103	rw,rm	narrow pass	Engstelle *(f)*; Engpass *(m)*
	ve	native vegetation; indigenous vegetation	
1104	ec,pl	native; indigenous	einheimisch
1105	de	natural angle of repose; angle of repose; natural slope (angle)	Böschungswinkel *(m)*, natürlicher
1106	np	natural cut-off; cut off	Durchstich *(m)*, natürlicher
1107	gm	natural depression	Geländemulde *(f)*
1108	np	natural process	Prozess *(m)*, natürlicher
1109	fo	natural regeneration; natural rejuvination	Naturverjüngung *(f)*
	fo	natural rejuvination	
1110	rm	natural river bed change	Flussbettveränderung *(f)*, natürliche
1111	ve	natural site vegetation; native vegetation; indigenous vegetation	Vegetation *(f)*, natürliche
	ec,de	nature conservation; nature preservation	
1112	ec,de	nature protection; nature conservation; nature preservation	Naturschutz *(m)*
1113	de,tc,rw	nature-orientated control works	Verbauung *(f)*, naturnahe
1114	tc	network of branches; brush grating	Astwerk *(n)*; Gitterbusch *(m)*
	ec	networking	
1115	pl	new shoot; young shoot	Sprössling *(m)*; Spross *(m)*
1116	pl	nodule	Wurzelknöllchen *(n)*
1117	ec,pl	nodule bacteria	Knöllchenbakterien (n,pl)
1118	de	noise prevention	Lärmschutz *(m)*
1119	co	noise prevention structure	Lärmschutzbaute *(f)*
	si,ew	non-cohesive	
1120	de,am	non-decomposible; non-putrescible; rot-proof	verrottungsfest
	de,am	non-putrescible; rot-proof	
1121	si	non-saturated zone	Bereich *(m)*, ungesättigter
1122	hy	normal discharge; normal flow	Normalabfluss *(m)*
	hy	normal flow	
1123	rw	notch; flow section	Abflussektion *(f)* [Bauwerk]
	ma	noxious plant	
1124	pl	nursery	Pflanzgarten *(m)*; Forstgarten *(m)*

procédé *(m)* de semis sur mulch; procédé *(m)* de semis sur paillage	semina *(f)* a spessore; semina *(f)* a mulch	1097
mulching *(m)*; action *(f)* de recouvrir avec un 'mulch'; paillage *(m)*	ricoprimento *(m)* con uno strato di materiale vegetale; ricoprimento *(m)* con mulch	1098
		1290
rat *(m)* musqué	topo *(m)* muschiato	1099
mycorhize *(f)*	micorrize *(f)*	1100
inoculation *(f)* de mycorhize	inoculazione *(f)* di micorrize	1101
		692
clouer	inchiodare; chiodare	1102
étranglement *(m)*; goulot *(m)*; rétrécissement *(m)*	strettoia *(f)*; strozzatura *(f)*; anfratto *(m)*	1103
		1111
indigène	indigeno *(m)*	1104
angle *(m)* naturel d'un talus; pente *(f)* naturelle	angolo *(m)* di naturale declivio (del terreno)	1105
tranchée *(f)* naturelle	inalveamento *(m)* naturale di un torrente	1106
dépression *(f)* naturelle	depressione *(f)* naturale del terreno	1107
processus *(m)* naturel	processo *(m)* naturale	1108
régénération *(f)* naturelle	rinnovazione *(f)* naturale	1109
		1109
changement *(m)* naturel de lit	modificazione *(f)* naturale del letto	1110
végétation *(f)* stationnelle	vegetazione *(f)* naturale	1111
		1112
protection *(f)* de la nature; conservation *(f)* de la nature	protezione *(f)* della natura	1112
ouvrage *(m)* de protection avec des matériaux naturels	sistemazione *(f)* naturaliforme; intervento *(m)* naturaliforme	1113
treillis *(m)* de branchage; treillage *(m)* de branche	graticciata *(f)* di ramaglia	1114
		895
talle *(f)*	ricaccio *(m)*; germoglio *(m)*	1115
nodosité *(f)*	tubercoli *(m,pl)* radicali	1116
bactéries *(f,pl)* des nodosités	batteri *(m,pl)* radicali; noduli *(m,pl)* radicali	1117
protection *(f)* contre le bruit	protezione *(f)* dal rumore; isolamento *(m)* acustico	1118
construction *(f)* contre le bruit; ouvrage *(m)* antibruit	barriera *(f)* antirumore	1119
		267
imputrescible	imputrescibile	1120
		1120
zone *(f)* non saturée	zona *(f)* non satura	1121
débit *(m)* normal	deflusso *(m)* normale	1122
		1122
section *(f)* d'écoulement	sezione *(f)* di gaveta [opera]; sezione *(f)* di deflusso	1123
		2075
pépinière *(f)*	vivaio *(m)*; orto *(m)* forestale; vivaio *(m)* forestale	1124

No.	Code	English	Deutsch
1125	pl	nursery stock; nursery wooded plant	Baumschulgehölz *(n)*
1126	pl	nursery transplant	Verschulpflanze *(f)*; Pflanze *(f)*, verschulte
	pl	nursery wooded plant	
1127	si	nutrient supply	Nährstoffangebot *(n)*
1128	pl	oak [Quercus]	Eiche *(f)*
	de	observed value; recorded value	
	rm	old branch; old bed; bayou [US]	
1129	hy	open channel hydraulics	Gerinnehydraulik *(f)*
1130	ew	open ditch; drainage ditch	Entwässerungsgraben *(m)*
	de	open up (to)	
1131	gm,de	opposite slope	Gegenhang *(m)*
	pl,de	origin; source	
1132	rm	original river bed; former bed	Flussbett *(n)*, ursprüngliches
1133	st,pr	outcrop [geology]	Aufschluss *(m)* [Geologie]
1134	rm	outer bank; concave bank	Aussenufer *(n)*
1135	rm,rw	outer bank	Aussenufer *(n)*
1136	np	outflanking	Bachausbruch *(m)*
	rw	outlet channel; outfall ditch; feeder stream	
1137	rw	outlet; exhaust; outfall	Auslass *(m)*
1138	rw	overfall; sill	Überfall *(m)*
1139	rw	overflow	Überlauf *(m)*
1140	rm,np,hy	overflow (to); spill (to)	überströmen; überlaufen
1141	rw	overflow channel	Überlaufkanal *(m)*
1142	fa,ec	overgrazing	Überbeweidung *(f)*; Überbestossung *(f)*
1143	hd	overland flow; direct runoff; surface run-off	Oberflächenabfluss *(m)*
1144	de	overload	Überlastung *(f)*
1145	ve,fo,ma	overmaturity	Überalterung *(f)*
1146	rw	overtopping of a dam	Überströmen *(n)* eines Dammes
1147	co,ew,rw	overturning moment	Kippmoment *(n)*
	hy,rw	overwash (to) [dam]; inundate (to) [area]	
1148	rm	oxbow; old branch; old bed; bayou [US]	Altarm *(m)*; Altwasser *(n)*
1149	tc	palisade	Palisaden *(f,pl)*
1150	ma,fa	parasite; pest	Schädling *(m)*
1151	si	parent material	Muttergestein *(n)*; Fels *(m)*, gewachsener
	gm,si	parent material	
1152	ew	partial drainage	Teildrainage *(f)*
1153	rw	passing stream water through a pipe; culverting	Eindolung *(f)*
1154	ew	passive earth pressure	Erddruck *(m)*, passiver; Erdwiderstand *(m)*
	ve	pasture; grazing land	
1155	np	pave over (to)	überschottern

plant *(m)* de pépinière	specie *(f)* legnosa proveniente da vivaio	1125
plant *(m)* repiqué	trapianto *(m)*	1126
		1125
teneur *(f)* en nutriment	disponibilità *(f)* di sostanze nutrizionali	1127
chêne *(m)*	quercia *(f)*	1128
		1054
		1148
hydraulique *(f)* fluviale	idraulica *(f)* dei canali	1129
drain *(m)* à ciel ouvert	canale *(m)* di scolo; fosso *(m)* di drenaggio	1130
		417
contre-pente *(f)*	contropendenza *(f)*	1131
		1279
lit *(m)* originel	letto *(m)* fluviale originario; alveo *(m)* fluviale originario	1132
affleurement *(m)*	prospezione *(f)* di giacimenti; ricerca *(f)* di giacimento	1133
berge *(m)* extérieure	sponda *(f)* esterna	1134
berge *(m)* extérieure	sponda *(f)* esterna	1135
changement *(m)* de lit	fuoriuscita *(f)* del torrente	1136
		1315
exutoire *(m)*; ouvrage *(m)* de sortie	scarico *(m)*; sbocco *(m)*	1137
déversement *(m)*	stramazzo *(m)*	1138
déversoir *(m)*	sfioratore *(m)*; tracimatore *(m)*; stramazzo *(m)*	1139
déverser; déborder	stramazzare; tracimare; straripare	1140
canal *(m)* de déversement; déversoir *(m)*	canale *(m)* tracimatore; canale *(m)* sfioratore	1141
sur-pâture *(f)*; pâture *(f)* excessive	pascolo *(m)* eccessivo; carico *(m)* eccessivo di bestiame	1142
ruissellement *(m)*; ruissellement *(m)* de surface; écoulement *(f)* des eaux de surface	deflusso *(m)* superficiale; ruscellamento *(m)*	1143
surcharge *(f)*	sovraccarico *(m)*	1144
vieillissement *(m)*	sovrainvecchiamento *(m)*; ipermaturità *(m)*	1145
débordement *(m)*	tracimazione *(f)* di un argine o di una diga; sommersione *(f)* di una diga	1146
moment *(m)* de basculement	momento *(m)* di ribaltamento	1147
		600
bras *(m)* mort; eau *(f)* morte	alveo *(m)* abbandonato; lanca *(f)*	1148
palissade *(f)*	palizzata *(f)* viva	1149
parasite *(m)*	parassita *(m)* [essere vivente]	1150
roche *(f)* mère	roccia *(f)* inalterata; roccia *(f)* madre	1151
		127
drainage *(m)* partiel	drenaggio *(m)* parziale	1152
mise *(f)* sous tuyau; voûtage *(m)*	tombamento *(m)*; rivestimento *(m)*	1153
pression *(f)* de butée; butée *(f)* des terres	spinta *(f)* passiva del terreno; resistenza *(f)* del terreno	1154
		1032
engraver	inghiaiare	1155

1156	rw	paved channel; stone-lined ditch	Steinschale *(f)*; Cunette *(f)*; Künette *(f)*
1157	co	paving; apron; stone paving	Pflästerung *(f)*
1158	ve,ec	peat bog; moor [dry]	Torfmoor *(n)*
1159	si	peat soil	Torfboden *(m)*
	co	pebble; shingle	
	de	peg (to); mark (to) out [field, borders]	
1160	de,co,ew	penetrate (to)	eindringen
1161	de,ew,si	penetration depth	Eindringtiefe *(f)*
1162	co,si	penetration test	Rammsondierung *(f)*
	si	percent saturation	
1163	si	perched (ground) water	Stauwasser *(n)*
1164	hd	percolation	Infiltration *(f)*, perkolative; Perkolation *(f)*; Durchsickerung *(f)*
1165	si	permafrost zone	Permafrostzone *(f)*; Dauerfrostzone *(f)*
1166	si	permeability coefficient; coefficient of permeability	Durchlässigkeitswert *(m)* [k-Wert]
1167	si	permeability of soil	Bodendurchlässigkeit *(f)*
1168	hd	permeability to water	Wasserdurchlässigkeit *(f)*
	co,rw	permeable	
1169	rw	permeable check dam	Wildbachsperre *(f)*, durchlässige
1170	hy	permeable confining bed	Sohle *(f)*, durchlässige
1171	ew,rw,co,si	permeable ground; pervious ground	Untergrund *(m)*, durchlässiger
	hd	persistent rain; drizzle	
	ew,rw,co,si	pervious ground	
	ma,fa	pest	
1172	ma	pest control	Schädlingsbekämpfung *(f)*
1173	ma	pesticide	Schädlingsbekämpfungsmittel *(n)*; Pflanzenschutzmittel *(n)*; Pestizid *(n)*
1174	si	pH value	pH-Wert *(m)*
1175	ve	phase of development	Entwicklungsphase *(f)*
1176	hd	phreatic fluctuation; water table fluctuation	Grundwasserspiegelschwankung *(f)*
1177	gm,ec	physical diversity; structural diversity	Strukturvielfalt *(f)*
1178	ma	pick work	Hackarbeit *(f)*
	rw	piedmont	
1179	si,hd	piezometer tube	Piezometerrohr *(n)*
	dc	pile	
1180	am	pile (sg); piling (pl); pole; post; stake; pier	Pfahl *(m)*; Pflock *(m)*; Piloten *(f,pl)*
1181	co	pile foundation	Pfahlgründung *(f)*
1182	rw	pile groyne	Pfahlbuhne *(f)*
1183	rw	pile wall	Pfahlwand *(f)*

canal *(m)* perreyé; cunette *(f)*	canale *(m)* selciato; cunettone *(m)* rivestito di pietrame	1156
pavage *(m)* artificiel; radier *(m)*	pavimentazione *(f)* artificiale; lastricatura *(f)*; lastricato *(m)*	1157
tourbe *(f)*	torbiera *(f)*	1158
terre *(f)* tourbeuse	terreno *(m)* torboso	1159
		742
		1759
pénétrer; infiltrer, s'	penetrare	1160
pénétration *(f)*	profondità *(f)* di penetrazione	1161
sondage *(m)* par battage	sondaggio *(m)* a percussione	1162
		727
eau *(f)* (d'une nappe) perchée; eau *(f)* stagnante (dans le sol)	acqua *(f)* stagnante	1163
percolation *(f)*	percolazione *(f)*	1164
zone *(f)* de permafrost	zona *(f)* del permafrost; zona *(f)* con suolo gelato permanentemente	1165
coefficient *(m)* de perméabilité	coefficiente *(m)* di permeabilità [valore k]	1166
perméabilité *(f)* du sol	permeabilità *(f)* del terreno	1167
perméabilité *(f)* à l'eau	permeabilità *(f)* idrica	1168
		949
barrage *(m)* à claire-voie	briglia *(f)* filtrante; briglia *(f)* filtrante; briglia *(f)* selettiva	1169
lit *(m)* perméable	fondo *(m)* del letto permeabile	1170
sous-sol *(m)* perméable	sottosuolo *(m)* permeabile; sottofondo *(m)* permeabile	1171
		1768
		1171
		1150
lutte *(f)* contre les nuisibles	lotta *(f)* antiparassitaria	1172
pesticide *(m)*	mezzi *(m,pl)* di lotta antiparassitari; pesticidi *(m,pl)*; presidi *(m,pl)* sanitari	1173
pH *(m)*	valore *(m)* del pH	1174
phase *(f)* de développement; stade *(m)* de développement	fase *(f)* di sviluppo; fase *(f)* evolutiva	1175
battement *(m)* de la nappe	fluttuazione *(f)* della falda freatica	1176
alternances *(f,pl)* variées; diversité *(f)* structurelle	diversità *(f)* strutturale	1177
sarclage *(m)*; binage *(m)*	zappatura *(f)*; sarchiatura *(f)*; asciatura *(f)*	1178
		617
piézomètre *(m)*	tubo *(m)* piezometrico	1179
		1184
pieu *(m)*; pilot *(m)*	palo *(m)*; piloti *(m,pl)*; picchetto *(m)*	1180
fondation *(f)* sur pilotis	fondazione *(f)* su pali; fondazione *(f)* su piloti	1181
épi *(m)* de pieux	pennello *(m)* in pali di legno	1182
paroi *(f)* de pieux	palificata *(f)* spondale	1183

No.	Field	English	German
	am	piling (pl); pole; post; stake; pier	
1184	dc	pillar; pile	Pfeiler *(m)*
1185	rw	pilling-anchored gabion groyne	Sinkwalzen-Buhne *(f)*
1186	pl	pine [Pinus]	Kiefer *(f)* [D,A]; Föhre *(f)* [CH]
1187	pl	pioneer plant; invader; coloniser	Pionierpflanze *(f)*
1188	fa,ve,pl	pioneer plant [on raw soil]	Rohbodenbesiedler *(m)*
1189	tc	pioneer planting	Pionierbepflanzung *(f)*
1190	pl	pioneer species	Pionierart *(f)*
1191	am	pipe; tube; duct; conduit	Rohr *(n)*; Röhre *(f)*
1192	co,rw	pipeline; tube	Rohrleitung *(f)*
1193	ew	pit; hole	Loch *(n)*
	ew	pit	
1194	tc	pit-planting; dibbling	Lochpflanzung *(f)*
1195	co	place (to); mount (to)	einbauen
	de	plan	
	de	plan (to)	
1196	np	plane break	Plattenbruch *(m)*
	am	plank	
1197	dc	plank piling wall	Bohlenwand *(f)*
1198	rw	plank revetment	Streichwand *(f)*
1199	fa, ec	plankton	Plankton *(n)*
1200	de	planning of hazard zones	Gefahrenzonenplanung *(f)*
1201	pl	plant	Pflanze *(f)*
1202	ve	plant association; plant community	Pflanzengesellschaft *(f)*
	ve	plant community	
1203	ve	plant density	Bodenbedeckungsgrad *(m)*
1204	pl	plant growing in loose debris	Schuttpflanze *(f)*
1205	dc,pl	plant not able to regrow, woody	Gehölz *(n)*, nicht ausschlagfähiges
1206	pl	plant reproduction	Pflanzennachzucht *(f)*
1207	ve	plant sociology	Pflanzensoziologie *(f)*
1208	pl	plant species	Pflanzenart *(f)*
1209	ve	plant succession	Pflanzensukzession *(f)*
1210	pl	plant with regrowing ability, woody	Gehölz *(n)*, ausschlagfähiges
1211	pl	plant, annual	Pflanze *(f)*, einjährige
1212	pl	plant, exotic	Pflanze *(f)*, fremdländische; Pflanze *(f)*, exotische
	pl	plant, indigenous	
1213	pl	plant, introduced	Pflanze *(f)*, eingeführte
1214	pl	plant, native; plant, indigenous	Pflanze *(f)*, einheimische
	pl	plant, site-specific	
1215	pl	plant, water-demanding	Pflanze *(f)*, wasserziehende
1216	tc	planting	Bepflanzung *(f)*; Pflanzung *(f)*
	de	planting experiment	

French	Italian	No.
		1180
pilier *(m)*	pilastro *(m)*	1184
épi *(m)* en gabion boudin	pennello *(m)* di rulli cilindrici sommersi e piloti	1185
pin *(m)*	pino *(m)*	1186
plante *(f)* pionnière	pianta *(f)* pioniera; pianta *(f)*; selvagione *(f)*	1187
espèce *(f)* pionnière des sols bruts	piante *(f,pl)* colonizzatrici di terreno minerale	1188
plantation *(f)* de plantes pionnières	piantagione *(f)* pioniera; impianto *(m)* di specie pioniere	1189
espèce *(f)* pionnière	specie *(f)* pioniera	1190
tuyau *(m)*	tubo *(m)*; condotta *(f)* tubazione *(f)*	1191
conduite *(f)*; tuyauterie *(f)*	tubazione *(f)*; canalizzazione *(f)*	1192
fosse *(f)*; trou *(m)*	buco *(m)*; foro *(m)*	1193
		529
plantation *(f)* en trous	piantagione *(f)* in buca; piantagione *(f)* a buche	1194
mettre en place	installare; inserire	1195
		1264
		1265
cassure *(f)* d'une plaque	franamento *(m)* a placche	1196
		1898
paroi *(f)* en madrier	parete *(f)* di tavoloni; steccato *(m)*	1197
revêtement *(m)* de protection de rive en planches	rivestimento *(m)* di protezione spondale in tavole	1198
plancton *(m)*	plancton *(m)*	1199
planification *(f)* des zones à risques	pianificazione *(f)* delle zone a rischio	1200
plante *(f)*	pianta *(f)*	1201
association *(f)* végétale; communauté *(f)* de plantes	associazione *(f)* vegetale	1202
		1202
degré *(m)* de couverture	grado *(m)* di copertura del terreno	1203
plante *(f)* adventice; plante *(f)* rudérale	pianta *(f)* ruderale	1204
plante *(f)* ligneuse incapable de rejeter; essence *(f)* incapable de rejeter	pianta *(f)* legnosa non pollonifera	1205
reproduction *(f)* de plants	allevamento *(m)* di piante in vivaio	1206
phytosociologie *(f)*	fitosociologia *(f)*	1207
espèce *(f)* végétale	specie *(f)* vegetale	1208
succession *(f)* végétale	successione *(f)* vegetale	1209
essence *(f)* ligneuse apte à rejeter	pianta *(f)* legnosa con capacità di propagazione vegetativa	1210
plante *(f)* annuelle	pianta *(f)* annuale	1211
plante *(f)* exotique	pianta *(f)* esotica	1212
		1214
plante *(f)* introduite	pianta *(f)* introdotta	1213
plante *(f)* indigène	pianta *(f)* indigena	1214
		1220
plante *(f)* gourmande en eau	specie *(f)* legnosa pompante	1215
plantation *(f)*	piantagione *(f)*; dotazione *(f)* di piante; messa *(f)* a dimora	1216
		1218

1217	pl	planting hole	Pflanzloch *(n)*
	tc	planting in contour rows	
	tc	planting in crevices	
	tc	planting method	
1218	de	planting test; planting experiment	Anbauversuch *(m)*
1219	tc	planting with willow cuttings	Bepflanzung *(f)* mit Weidensteck-hölzern
1220	pl	plants suited to the site; plant, site-specific	Pflanze *(f)*, standortgerechte
1221	si	plastic limit [soil]	Plastizitätsgrenze *(f)*; Ausrollgrenze *(f)*
	am	plastic mesh; plastic net	
	gm,co	plate	
1222	am	platform; scaffold(ing)	Arbeitsbühne *(f)*; Arbeitsgerüst *(n)*
1223	de	plot; lot	Parzelle *(f)*
1224	si	podzol	Podsol *(m)*
1225	ew,co,hy	point of application of a force; point of loading	Kraftangriffspunkt *(m)*
	ew,co,hy	point of loading	
1226	co	pointing; mortaring	Verfugung *(f)*
1227	am	pole	Holzstange *(f)*
1228	dc	pole	Setzholz *(n)*; Spieke *(f)*; Setzpflock *(m)*; Setzstange *(f)*
	tc,ew	pole drain	
1229	rw	pole obstacles	Knüppelrampe *(f)*
1230	fo	pole stage forest; pole stand	Stangenholz *(n)*
	fo	pole stand	
1231	ma	pollarding	auf den Kopf setzen; Kopfweide *(f)* zurückschneiden
	ec	pollute (to)	
	ec	pollution	
1232	rm,rw	pond; pool; water-hole	Weiher *(m)*
1233	co	pontoon; scow	Ponton *(m)*
	rm,rw	pool; water-hole	
1234	si	poor clay	Schluff *(m)*
1235	pl	poplar [Populus]	Pappel *(f)*
1236	si,ew	pore space; void space	Porenraum *(m)*; Porenvolumen *(n)*
1237	si,ew	pore water; void water; interstitial water	Porenwasser *(n)*
1238	si,ew	porosity; voidage; void ratio	Porosität *(f)*; Porenanteil *(m)*
1239	hy	possible maximum flood (PMF); maximum probable flood	Hochwasser *(n)*, maximal mögliches
1240	am	post; soldier	Pfosten *(m)*
1241	dc,pl	pot plant; container plant	Topfpflanze *(f)*; Containerpflanze *(f)*
1242	tc	pot planting; container planting	Topfpflanzung *(f)*
	gm,ew	pre-consolidation	
	ew,co	pre-drainage	
	am	precast concrete	
	gm	precipice; steep place	
	hd	precipitation	

trou *(m)* de plantation	buca *(f)* di messa a dimora; buca *(f)* di piantagione a dimora	1217
		297
		1645
		1061
essai *(m)* cultural	prova *(f)* di coltivazione	1218
plantation *(f)* de boutures de saules	messa *(f)* a dimora di talee di salice	1219
plante *(f)* en station	pianta *(f)* adatta alle caratteristiche stazionali	1220
limite *(f)* de plasticité	limite *(m)* di plasticità [del terreno]	1221
		1869
		1612
plateforme *(f)*	piattaforma *(f)* [di servizio]	1222
parcelle *(f)*	parcella *(f)*	1223
podzol *(m)*	podzol *(m)*	1224
point *(m)* d'application d'une force; point *(m)* d'attaque	punto *(m)* d'applicazione della forza	1225
		1225
jointoiement *(m)*	stilatura *(f)* dei giunti; incastro *(m)*	1226
perche *(f)*	pertica *(f)*; stangame *(m)*; palo *(m)*; stanga *(f)*	1227
pieu *(m)* vivant; pieu *(m)* à rejet	astone *(m)*; paletto *(m)*	1228
		315
rampe *(f)* de rondin; tunage *(m)*	rampa *(f)* di tronchetti	1229
perchis *(m)*	pertica *(f)*	1230
		1230
tailler en têtard	potare a capitozza; capitozzatura *(f)*	1231
		295
		296
étang *(m)*; mare *(f)*	stagno *(m)*	1232
ponton *(m)*	pontone *(m)*; barcone *(m)*	1233
		1232
limon *(m)*	limo *(m)*	1234
peuplier *(m)*	pioppo *(m)*	1235
espace *(m)* intersticiel	volume *(m)* dei pori	1236
eau *(f)* interstitielle	acqua *(f)* contenuta nei pori; acqua *(f)* interstiziale	1237
porosité *(f)*	porosità *(f)*	1238
crue *(f)* maximale probable	piena *(f)* massima possibile	1239
poteau *(m)*	palo *(m)*; puntello *(m)*	1240
plante *(f)* en pot	pianta *(f)* allevata in vaso	1241
plantation *(f)* en pot	piantagione *(f)* con vaso	1242
		883
		884
		1249
		1772
		1298

1243	hd	precipitation; rainfall	Niederschlag *(m)*
1244	hd	precipitation area; zone of precipitation; area of rainfall	Niederschlagsgebiet *(n)*
1245	hd	precipitation duration	Niederschlagsdauer *(f)*
1246	hd	precipitation intensity	Niederschlagsintensität *(f)*
1247	hd	precipitation quantity	Regenspende *(f)*
1248	hd	precipitation run-off	Regenwasserabflussmenge *(f)*
	hd	precipitation volume	
	de	prediction	
1249	am	prefabricated concrete element; precast concrete	Betonfertigteil *(n)*; Betonteil *(n)*, vorfabriziertes
1250	dc	prefabricated element	Fertigteil *(n)*
1251	tc	preliminary culture	Vorkultur *(f)*; Vorbau *(m)* [Wald]
	hy	pressure curve	
1252	hy,ew	pressure distribution	Druckverteilung *(f)*
1253	hy	pressure line; pressure curve	Drucklinie *(f)*
	ew,co	pressure resistance; crushing strength	
1254	hy	pressure, hydrostatic	Druck *(m)*, hydrostatischer
1255	de	prevention	Vorbeugung *(f)*
1256	de	prevention of danger	Gefahrenvorbeugung *(f)*; Gefahrenprävention *(f)*
1257	ew,de	primary consolidation; initial settlement	Setzung *(f)*, primäre; Primärsetzung *(f)*
1258	hd	probable maximum precipitation (PMP)	Niederschlag *(m)*, wahrscheinlich höchster
1259	ew,si	probe (to); investigate (to)	sondieren
	co,de,ew,si	probe; investigation	
1260	ec	producer	Produzent *(m)*
1261	fo	production forest	Wirtschaftswald *(m)*
	de	profile	
1262	np	progressive failure; successive failure	Bruch *(m)*, fortschreitender
1263	ec,fa	prohibition of grazing; grazing exclusion	Weideverbot *(n)*
1264	de	project; plan	Projekt *(n)*
1265	de	project (to); plan (to)	projektieren
1266	de	project supervision	Projektüberwachung *(f)*
1267	pl	propagation from seeds	Vermehrung *(f)* durch Samen
	de	property acquisition	
1268	de	property reallocation; reallocation of scattered lots	Güterzusammenlegung *(f)*
	de	protection area; protective zone	
1269	de	protection by trees and shrubs	Schutzgehölz *(n)*
1270	fo	protection forest; protective forest by decree	Schutzwald *(m)*; Bannwald *(m)*
1271	de	protection from avalanches	Lawinenschutz *(m)*
1272	ec	protection of biotope	Biotopschutz *(m)*

Français	Italiano	Nr.
précipitations *(f,pl)*; chute *(f)* de pluie	precipitazioni *(f,pl)*	1243
aire *(f)* de précipitation; zone *(f)* de précipitation; impluvium *(m)*	bacino *(m)* imbrifero; bacino *(m)* idrografico; impluvio *(m)*	1244
durée *(f)* de précipitation(s)	durata *(f)* della precipitazione	1245
intensité *(f)* des précipitations	intensità *(f)* della precipitazione	1246
quantité *(f)* des précipitations	apporto *(m)* delle precipitazioni; contributo *(m)* delle precipitazioni	1247
quantité *(f)* d'eau pluviale	quantità *(f)* del deflusso meteorico	1248
		43
		659
béton *(m)* préfabriqué	elementi *(m,pl)* prefabbricati in calcestruzzo	1249
élément *(m)* préfabriqué	elemento *(m)* prefabbricato	1250
culture *(f)* préalable	coltura *(f)* preparatoria	1251
		1253
distribution *(f)* des pressions	distribuzione *(f)* della pressione	1252
ligne *(f)* de pression	linea *(f)* di pressione	1253
		279
pression *(f)* hydrostatique	pressione *(f)* idrostatica	1254
prévention *(f)*	prevenzione *(f)*	1255
prévention *(f)* des risques	prevenzione *(f)* dei rischi; prevenzione *(f)* dei pericoli	1256
consolidation *(f)* primaire	consolidamento *(m)* primario	1257
précipitations *(f,pl)* maximales probables	precipitazione *(f)* massima probabile	1258
sonder	sondare; analizzare	1259
		1710
producteur *(m)*	produttore *(m)*	1260
forêt *(f)* productive	foresta *(f)* produttiva	1261
		1505
rupture *(f)* progressive	frana *(f)* progressiva; frana *(f)* attiva	1262
mise *(f)* en défense de pâturage; interdiction *(f)* de pâture	divieto *(m)* di pascolo	1263
projet *(m)*	progetto *(m)*	1264
projeter; planifier	progettare	1265
supervision *(f)* d'un projet	supervisione *(f)* di un progetto; sorveglianza *(f)* di un progetto	1266
propagation *(f)* par les graines	propagazione *(f)* per semi	1267
		1603
remaniement *(m)* parcellaire	riordinamento *(m)* parcellare	1268
		1276
boisement *(m)* de protection	protezione *(f)* con specie legnose; difesa *(f)* con le specie legnose	1269
forêt *(f)* protectrice; forêt *(f)* de protection	bosco *(m)* di protezione	1270
protection *(f)* contre les avalanches	protezione *(f)* contro le valanghe	1271
protection *(f)* des biotopes	protezione *(f)* dei biotopi	1272

1273	rw	protection of river banks; bank protection	Uferschutzwerk *(n)*
1274	ec	protection of species	Artenschutz *(m)*
1275	de	protection structure; training structure	Verbauung *(f)*
1276	de	protection zone; protection area; protective zone	Schutzzone *(f)*; Schutzgebiet *(n)*
	fo	protective forest by decree	
1277	de,fo	protective function of the forest	Schutzfunktion *(f)* des Waldes
1278	gm	protruding rock	Block *(m)*, vorspringender
1279	pl,de	provenance; origin; source	Provenienz *(f)*; Ursprung *(m)*; Herkunft *(f)*
1280	ma	prune (to)	ausasten
1281	ma	prune down (to); prune to-the-base (to)	auf den Stock setzen
	ma	prune to-the-base (to)	
1282	ma,fo	pruning	Entastung *(f)*; Abastung *(f)*
1283	ma	pruning before planting	stummeln
	ew,co	puddle clay; puddle core	
1284	am	pump	Pumpe *(f)*
	am	pump strainer	
1285	am	pump sump	Pumpensumpf *(m)*
1286	am	pump, submersible; borehole pump	Tauchpumpe *(f)*
	am	pumpcrete	
1287	am	pumped concrete; pumpcrete	Pumpbeton *(m)*
1288	ew	pumping test	Pumpversuch *(m)*
1289	ve,fo	pure stand	Reinbestand *(m)*
1290	gm,rm,si	quagmire; muskeg	Feuchtgebiet *(n)*
1291	de	quality requirements	Qualitätsanforderung *(f)*; Güteanforderung *(f)* [D,A]
1292	co	quarry	Steinbruch *(m)*
	gm	quarry	
1293	np,si	quicksand	Treibsand *(m)*; Schwemmsand *(m)*
1294	dc	rack; trash rack	Rechen *(m)*
1295	pl,fo	radial growth	Dickenwachstum *(m)*
	pl	radicle	
1296	hd	rain gauge; totalisator	Niederschlagssammler *(m)*
1297	np	raindrop erosion; splash erosion	Regen-Erosion *(f)*
1298	hd	rainfall; precipitation	Regen *(m)*
	hd	rainfall	
1299	hd	rainfall depth; amount of precipitation	Regensumme *(f)*; Regenmenge *(f)*
1300	hd,hy	rainfall-run-off relation	Niederschlags-Abfluss-Beziehung *(f)*
1301	gm,ec	raised bog	Hochmoor *(n)*
1302	hy	raising of river bed level [artificial]	Sohlenhebung *(f)* [künstliche]
	ew	ram hardness	
1303	de	ramification; branch	Verzweigung *(f)*
1304	co	ramp	Rampe *(f)*; Auffahrt *(f)*
1305	si	ranker	Ranker *(m)* [D]

ouvrage *(m)* de protection de berge	opera *(f)* di protezione spondale	1273
protection *(f)* des espèces	protezione *(f)* delle specie	1274
ouvrage *(m)* de défense; ouvrage *(m)* de protection	sistemazione *(f)* idraulica; struttura *(f)* protettiva	1275
zone *(f)* de protection	zona *(f)* di protezione; area *(f)* protetta [urbanistica]	1276
		1270
fonction *(f)* protectrice de la forêt	funzioni *(f,pl)* di protezione del bosco	1277
bloc *(m)* saillant	roccia *(f)* sporgente	1278
provenance *(f)*; origine *(f)*; source *(f)*	provenienza *(f)*; origine *(f)*	1279
élaguer; tailler	sramare	1280
élaguer à la base	ceduare	1281
		1281
émondage *(m)*	sramatura *(f)*	1282
recéper	potatura *(f)* di allevamento	1283
		244
pompe *(f)*	pompa *(f)*	1284
		580
puisard *(m)*	pozzo *(m)* di pompaggio; pozzetto *(m)* d'ispezione	1285
pompe *(f)* immergée	pompa *(f)* sommersa	1286
		1287
béton *(m)* pompé	calcestruzzo *(m)* pompato	1287
essai *(m)* de pompage	prova *(f)* di pompaggio	1288
peuplement *(m)* pur	soprassuolo *(m)* puro	1289
milieu *(m)* marécageux	terreno *(m)* paludoso	1290
exigence *(f)* de qualité	requisiti *(m,pl)* di qualità	1291
carrière *(f)*	cava *(f)*	1292
		750
sables *(m,pl)* mouvants	sabbia *(f)* trasportata	1293
grille *(f)*	griglia *(f)* di presa	1294
croissance *(f)* en épaisseur; croissance *(f)* radiale	sviluppo *(m)* diametrico o radiale	1295
		808
pluviomètre *(m)*	collettore *(m)* delle precipitazioni	1296
érosion *(f)* pluviale	erosione *(f)* pluviale	1297
pluie *(f)*	pioggia *(f)*	1298
		1243
somme *(f)* des précipitations	sommatoria *(f)* delle precipitazioni	1299
relation *(f)* précipitation-écoulement	rapporto *(m)* fra precipitazioni e deflusso; relazione *(f)* limnimetrica	1300
haut marais *(m)*	torbiera *(f)* alta	1301
relèvement *(m)* du lit	innalzamento *(m)* dell'alveo [artificiale]; colmamento *(m)* dell'alveo [artificiale]	1302
		469
ramification *(f)*	ramificazione *(f)*	1303
rampe *(f)*	rampa *(f)*	1304
ranker *(m)*	ranker *(m)*	1305

1306	rm	rapids; river race	Stromschnelle *(f)*
1307	hd,hy	rate of rise (water level)	Anstieggeschwindigkeit *(f)* [des Wasserspiegels]
1308	de	rate of seed application	Aussaatmenge *(f)*
1309	rm	ravine; gorge	Tobel *(n)*
	rm	ravine; runlet; rill	
1310	si	raw humus	Rohhumus *(m)*
1311	si	raw mineral soil; coarse soil; raw soil	Rohboden *(m)*
1312	co,tc	re-jointing	Neuverfugen *(n)*
1313	rm,np	reach of latent erosion	Strecke *(f)* in latenter Erosion
1314	fo	reafforestation; retimbering	Wiederaufforstung *(f)*; Wiederbewaldung *(f)*
	de	reallocation of scattered lots	
1315	rw	receiving stream; outlet channel; outfall ditch; feeder stream	Vorfluter *(m)*
	gm	recent alluvium; recent debris; recent surficial deposits	
1316	gm	recent deposition; recent alluvium; recent debris; recent surficial deposits	Jungschutt *(m)*
	co	recess; well; manhole	
1317	rm	recession [shore]; shore erosion	Rückgang *(m)* [Ufer]
1318	de	reconstitution; restoration	Wiederherstellung *(f)*
1319	de,ec	recreational water	Badegewässer *(n)*
1320	ve	recruitment	Jungwuchs *(m)*
1321	ma,fo	recruitment; rejuvination	Verjüngung *(f)* [d.h. Jungwuchs]
	rw	rectification; channel realignment	
1322	ec,de	recultivation; regeneration	Rekultivierung *(f)*
	de	recurrence interval	
1323	hy	reduction of channel capacity	Reduktion *(f)* der Abflusskapazität; Abflussreduktion *(f)*
1324	tc	reed ball planting	Schilfballenpflanzung *(f)*
1325	tc	reed clump planting; reed roll planting	Schilfhalmpflanzung *(f)*
	dc,pl	reed cutting	
1326	tc	reed rhizome planting	Schilfrhizompflanzung *(f)*
	tc	reed roll planting	
1327	tc	reed roll rhyzome	Röhrichtwalze *(f)*
1328	dc	reed sods (pl)	Schilfsode *(f)*
1329	tc	reed stocks planting	Röhrichtballenpflanzung *(f)*
1330	pl	reeds	Röhricht *(n)*; Schilf *(n)*
	fo	reforestation	
1331	ec	refuge area	Rückzugsgebiet *(n)*
1332	ma,fo	regeneration	Verjüngung *(f)* [d.h. Vorgang bzw. Massnahme]
	ec,de	regeneration	
1333	ma,fo	regeneration felling	Verjüngungshieb *(m)*
1334	ma,fo	regeneration phase	Verjüngungsphase *(f)*

rapides *(m,pl)*	rapida *(f)* [di corrente]	1306
vitesse *(f)* d'élévation du niveau d'eau	velocità *(f)* d'innalzamento [del livello dell'acqua]	1307
quantité *(f)* de semence	quantità *(f)* di semente	1308
ravin *(m)*	gola *(f)*; forra *(f)*; borro *(m)*; burrone *(m)* torrentizio	1309
		801
humus *(m)* brut	humus *(m)* grezzo	1310
sol *(m)* brut	suolo *(m)* sterile; suolo *(m)* grezzo; suolo *(m)* minerale	1311
rejointoiement *(m)*	stilatura *(f)* dei giunti	1312
tronçon *(m)* à érosion latente	tratto *(m)* in erosione latente	1313
reboisement *(m)*	rimboschimento *(m)*; imboschimento *(m)*	1314
		1268
émissaire *(m)*	emissario *(m)*; corso *(m)* d'acqua collettore; collettore *(m)*	1315
		1316
dépôt *(m)* récent; colluvion *(f)*; alluvion *(m)* récent	deposito *(m)* colluviale; depositi *(m,pl)* recenti	1316
		1551
recul *(m)* de la berge	regressione *(f)* [di sponda]	1317
reconstitution *(f)*	ricostituzione *(f)*	1318
plan *(m)* d'eau d'agrément	acque *(f,pl)* balneabili	1319
repousse *(f)*; jeune pousse *(f)*	piante *(f,pl)* giovani	1320
rajeunissement *(m)*	rinnovazione *(f)*; ringiovanimento *(m)*	1321
		1793
réaménagement *(m)*	ricoltivazione *(f)*	1322
		1364
réduction *(f)* de la capacité d'écoulement	riduzione *(f)* della capacità di deflusso	1323
plantation *(f)* de roseaux en ballot	piantagione *(f)* di canna palustre con pane di terra	1324
plantation *(f)* de chaumes de roseaux; mise *(f)* en place de fascines de roseaux	piantagione *(f)* di culmi di canne	1325
		1776
plantation *(f)* de troche de roseaux; plantation *(f)* de rhizomes de roseaux	piantagione *(f)* di canneto con rizomi	1326
		1325
fascine *(f)* de roseaux; fagot *(m)* de roseaux	rullo *(m)* spondale con zolle di canna; rotolo *(m)* di canneto	1327
motte *(f)* de roseaux	piote *(f)* di canneto	1328
plantation *(f)* de roseaux en ballot	piantagione *(f)* di canneto con pane di terra	1329
hélophytes *(m,pl)*; roseaux *(m,pl)*	canneto *(m)*; canna *(f)*	1330
		15
zone *(f)* refuge	zona *(f)* di rifugio	1331
régénération *(f)*	rinnovazione *(f)*	1332
		1322
coupe *(f)* de régénération; coupe *(f)* de rajeunissement	taglio *(m)* di rinnovazione	1333
phase *(f)* de régénération	fase *(f)* di rinnovazione	1334

	ew	regrade (to); level (to)	
	co	regular paving; rock paving	
1335	fa,ma	regulation of game stock	Wildstandsregulierung *(f)*
1336	rw	regulation of river; river-training	Flussregulierung *(f)*
	rw	regulation structure	
	de	rehabilitation	
1337	co	reinforcement; strengthening; stiffening; strutting	Verstärkung *(f)*
1338	am	reinforcement; steel bars	Armierung *(f)*; Bewehrung *(f)*
	am	reinforcing bars	
1339	am	reinforcing steel; reinforcing bars	Bewehrungsstahl *(m)*; Armierungseisen *(n)*
	ma,fo	rejuvination	
	de	release mechanism	
1340	gm	relict colluvium; relict surficial deposit	Altschutt *(m)*
	gm	relict surficial deposit	
1341	rw	relief channel; secondary diversion ditch	Entlastungsgerinne *(n)*
	rw	relief reach	
1342	rw	relief structure; spillway	Entlastungsbauwerk *(n)*
1343	ma	relocating; displacement	Versetzung *(f)*
	de	remaining risk	
1344	ma	remove rocks (to)	entsteinen [Boden]
	ec	renaturisation	
1345	si	rendsina	Rendzina *(f)*
1346	ma	repair planting; after culture; completing	Nachbesserung *(f)* [der Bepflanzung]
1347	rw	repelling groyne; deflecting groyne; training groyne	Abweis-Buhne *(f)*
1348	hy	representative cross-section	Querprofil *(n)*, massgebendes
	pl	reproduction by cuttings	
1349	rw	reservoir; retaining basin	Stauraum *(m)*; Staubecken *(n)*
	rw	reservoir	
1350	rw,hy	reservoir sedimentation; reservoir silting	Stauraumverlandung *(f)*
	rw,hy	reservoir silting	
1351	hy	residual flows; restitution discharge	Restwasser *(n)*
1352	de	residual risk; remaining risk	Restrisiko *(n)*
	ew,de	residual slope	
1353	ve	resistance	Resistenz *(f)*
1354	ew,hy	resistance coefficient	Widerstandsbeiwert *(m)*
	pl,ve	resistance to covering	
	hy	restitution discharge	
1355	de	restoration; rehabilitation	Sanierung *(f)*
	de	restoration	
1356	ma	restoration of protection forests	Schutzwaldsanierung *(f)*
1357	rm	resurgence	Wiederausfluss *(m)*
	rw	retaining basin	
	tc	retaining construction	
	rw	retaining dam	

		725
		961
régulation *(f)* du stock de gibier	assestamento *(m)* venatico; assestamento *(m)* venatorio	1335
régulation *(f)* d'un cours d'eau	sistemazione *(f)* idraulica di un corso d'acqua	1336
		301
		1355
renforcement *(m)*	rinforzo *(m)*	1337
armature *(f)*	armatura *(f)*; ferri *(m,pl)*	1338
		1339
armature *(f)* en fer	ferro *(m)* per armature	1339
		1321
		1962
dépôt *(m)* ancien	deposito *(m)* antico	1340
		1340
canal *(m)* de décharge	canale *(m)* di scarico; collettore *(m)* di scarico	1341
		633
ouvrage *(m)* de retenue	opera *(f)* di scarico	1342
déplacement *(m)*; transplantation *(f)*	trapianto *(m)*; transplantazione *(f)*	1343
		1352
épierrer	spietramento *(m)* del terreno	1344
		1367
rendzine *(f)*	rendzina *(f)*	1345
complément *(m)* de plantation; regarni *(m)*	risarcimento *(m)* della piantagione; piantagione *(f)* interposta	1346
épi *(m)* déflecteur	pennello *(m)* obliquo discendente; pennello *(m)* declinante; pennello *(m)* a schiaffo	1347
section *(f)* déterminante	sezione *(f)* determinante	1348
		348
chambre *(f)* de rétention	spazio *(m)* di ritenuta; spazio *(m)* d'invaso	1349
		300
envasement *(m)* du réservoir	interrimento *(m)* dell'invaso	1350
		1350
débit *(m)* de restitution; débit *(m)* résiduel	acqua *(f)* residua; restituzione *(f)*; deflusso *(m)* minimo	1351
risque *(m)* résiduel	rischio *(m)* residuo	1352
		1643
résistance *(f)*	resistenza *(f)*	1353
coefficient *(m)* de résistance	coefficiente *(m)* di resistenza	1354
		314
		1351
réaménagement *(m)*; restauration *(m)*	risanamento *(m)*; restauro *(m)*; riattazione *(f)*	1355
		1318
soins *(m,pl)* aux forêts protectrices	risanamento *(m)* del bosco di protezione	1356
résurgence *(f)*	risorgente *(f)*	1357
		1349
		1359
		351

1358	co	retaining wall; retaining works	Stützmauer *(f)*
	co	retaining works	
1359	tc	retaining works; retaining construction	Stützbauweise *(f)*
	ve,pl	retarded growth	
1360	hd	retention	Rückhalt *(m)*; Retention *(f)*
1361	rw	retention basin	Wasserrückhaltebecken *(n)*
1362	rw	retention basin; flood-control reservoir; retarding basin	Rückhaltebecken *(n)*
1363	hy	retention volume	Rückhaltevolumen *(n)*
	fo	retimbering	
1364	de	return period; recurrence interval	Wiederkehrperiode *(f)*
1365	tc	revegetation	Begrünung *(f)*
	rw	revetment	
	ew	revetment of slope	
1366	co	revetment wall; covering wall	Futtermauer *(f)*; Verkleidungsmauer *(f)*
	rw	revetment works	
1367	ec	revitalisation; renaturisation	Revitalisierung *(f)*; Renaturierung *(f)*
1368	pl	rhizome; rootstock	Rhizom *(n)*
1369	dc	rhizome chaff	Rhizomhäcksel *(m,pl)*
1370	pl	rhizome clump	Rhizomballen *(m)*
1371	dc	rhizome cutting	Rhizomsteckling *(m)*
1372	dc	rhizome planting	Rhizompflanzung *(f)*
1373	tc	rhombic wattling; diagonal wattlefence	Rautenflechtwerk *(n)*
1374	pl	rib	Rippe *(f)*
1375	pl	ribbon grass [Phalaris arundinacea]	Rohrglanzgras *(n)*
1376	gm	ridge; crest	Kamm *(m)*; Grat *(m)*
1377	tc	ridge planting; contour planting	Rabattenpflanzung *(f)*
	co,si	rigid ground	
1378	rm	rill; groove	Rinne *(f)*; Rinnsal *(n)*
	rm	rill	
1379	np	rill erosion; rilling; rill wash	Rillenerosion *(f)*; Rinnenerosion *(f)*
	np	rilling; rill wash	
	rw	rinse (to); wash out (to)	
	ew	rip rap	
	tc	rip rap	
1380	ve	riparian forest; river bank forest	Uferwald *(m)*
	tc,rw	riparian wattle fence	
1381	tc,rw	riparian wattling; riparian wattle fence	Uferflechtzaun *(m)*
1382	hy	ripple	Riffel *(f)*
1383	rw	riprap; array of stones; array of blocks	Blocksatz *(m)*
1384	rw,co	riprap; tipped stone	Blockwurf *(m)*; Steinwurf *(m)*
1385	rw	riprapping	Grobsteinschlichtung *(f)*; Steinberollung *(f)*

ouvrage *(m)* de soutènement	muro *(m)* di sostegno	1358
		1358
construction *(f)* de soutènement	costruzione *(f)* di sostegno	1359
		392
rétention *(f)*	ritenzione *(f)*	1360
bassin *(m)* de retenue des eaux	bacino *(m)* di ritenzione idrica	1361
bassin *(m)* de rétention; bassin *(m)* de retenue	bacino *(m)* di ritenuta; bacino *(m)* di accumulazione; serbatoio *(m)*; cassa *(f)* d'espansione	1362
volume *(m)* de rétention	volume *(m)* di ritenzione	1363
		1314
période *(f)* de retour; période *(f)* de récurrence	tempo *(m)* di ritorno	1364
végétalisation *(f)*; reverdissement *(m)*	rinverdimento *(m)*; rivegetazione *(f)*	1365
		962
		1637
mur *(m)* de revêtement	muro *(m)* di rivestimento	1366
		97
revitalisation *(f)*	rivitalizzazione *(f)*; rinaturalizzazione *(f)*	1367
rhizome *(m)*	rizoma *(m)*	1368
éclat *(m)* de rhizome	rizomi *(m,pl)* sminuzzati	1369
motte *(f)* de rhizome; troche *(f)*	pani *(m,pl)* di rizomi; zolle *(f,pl)* di rizomi	1370
partie *(f)* de rhizome	talea *(f)* di rizomi	1371
plantation *(f)* de rhizome	piantagione *(f)* di rizomi	1372
clayonnage *(m)* en losanges	viminata *(f)* viva romboidale	1373
nervure *(f)*	nervature *(f,pl)*	1374
faux roseau *(m)*	scagliola *(f)* palustre	1375
crête *(f)*	cresta *(f)*	1376
plantation *(f)* en bandes fractionnées; plantation *(f)* en ligne	piantagione *(f)* a strisce	1377
		812
rigole *(f)*; ruisselet *(m)*	solco *(m)*; rigagnolo *(m)*; rivoletto *(m)*	1378
		182
érosion *(f)* en rigoles	erosione *(f)* a solchi; erosione *(f)* a placche	1379
		1379
		649
		996
		1452
forêt *(f)* riveraine; forêt *(f)* alluviale	bosco *(m)* ripario	1380
		1381
tressage *(m)* de berge	viminata *(f)* viva spondale; graticciata *(f)* spondale	1381
ride *(f)* de fond	corrugamento *(m)*; scanalatura *(f)*; striscia *(f)* in rilievo	1382
enrochement *(m)* (réglé); perré *(m)*	scogliera *(f)* in massi ordinati	1383
mise *(f)* en place grossière de blocs; blocs *(m,pl)* roulés; blocs *(m,pl)* en vrac	scogliera *(f)*; gettata *(f)* di sassi	1384
perré *(m)* de pierre sèche	rivestimento *(m)* di sponda con pietrame a secco	1385

1386	hd,hy	rise [of flood]	Anstieg *(m)* [des Hochwassers]
1387	hd	rise of the water-table	Grundwasseranstieg *(m)*
1388	de	risk analysis	Risikoanalyse *(f)*
1389	np	risk of slip; danger of slip	Rutschgefahr *(f)*
1390	rm	river	Fluss *(m)*
	ve	river bank forest	
1391	rm	river bank land; shoreland [sea]	Uferumland *(n)*
	rw	river bank protection	
1392	ve	river bank vegetation	Ufervegetation *(f)*
1393	rm	river bed	Flussbett *(n)*; Bachbett *(n)*
1394	rm	river bed; channel bottom	Flussohle *(f)*
1395	rw	river bed control; river bed stabilisation; river consolidation	Sohlensicherung *(f)*
	np	river bed degradation	
1396	np	river bed erosion; river bed degradation	Sohlenerosion *(f)*
1397	rw	river bed protection	Sohlschutz *(m)*
	rw	river bed stabilisation; river consolidation	
1398	rm	river branch	Flussarm *(m)*
1399	hd,de	river catchment basin	Flusseinzugsgebiet *(n)*
	rw	river construction work	
1400	rw	river control; river construction work	Flussbau *(m)*; Bachverbau *(m)*
1401	rw	river control works; embanking; correction	Flusskorrektion *(f)*
	rm	river course	
1402	rm	river mouth	Mündung *(f)*
	rm	river race	
1403	rm	river reach	Bachstrecke *(f)*
1404	hy	river regime	Abflussregime *(n)*
1405	rm	river, aggrading	Fluss *(m)*, akkumulierender
1406	rm	river, braided	Fluss *(m)*, verzweigter
1407	rm	river, degrading; river, eroding	Fluss *(m)*, erodierender
	rm	river, eroding	
1408	hd	river, major	Strom *(m)*; Fluss *(m)*, grosser
	rw	river-training	
1409	tc,pl	robust; hardy [plant]; resistant [techn]	widerstandsfähig; robust
1410	am	rock anchor	Felsanker *(m)*
	np	rock avalanche	
	rw	rock channel; rock ditch	
	gm,si	rock debris; rock rubble	
1411	ma	rock face clearing	Felsabräumung *(f)*
1412	np	rock fall; rock avalanche	Bergsturz *(m)*; Felssturz *(m)*
1413	pl	rock fall plant	Steinschlagpflanze *(f)*
1414	gm	rock fall zone	Steinschlagzone *(f)*
1415	co	rock fill	Schüttung *(f)* [Stein]
	rw	rock fill; rip rap	
1416	ew	rock filling; ballasting [chips]	Steinfüllung *(f)*

Français	Italiano	No.
augmentation *(f)* [d'une crue]	salita *(f)* [della piena]; aumento *(m)* [della piena]	1386
montée *(f)* du niveau piézométrique	salita *(f)* del livello della falda freatica	1387
analyse *(f)* des risques	analisi *(f)* dei rischi	1388
danger *(m)* de glissement	pericolo *(m)* di franamento; pericolo *(m)* di scivolamento; smottamento *(m)*	1389
fleuve *(m)*	fiume *(m)*	1390
		1380
région *(f)* riveraine	zona *(f)* spondale; zona *(f)* rivierasca	1391
		98
végétation *(f)* riveraine; végétation *(f)* rivulaire	vegetazione *(f)* spondale	1392
lit *(m)* d'un cours d'eau	letto *(m)* fluviale; letto *(m)* di un corso d'acqua	1393
fond *(m)* du lit	fondo *(m)* del fiume; letto *(m)*	1394
consolidation *(f)* du lit; stabilisation *(f)* du lit; stabilisation *(f)* du fond	consolidamento *(m)* del fondo fluviale	1395
		1396
érosion *(f)* du lit	erosione *(f)* del letto fluviale; erosione *(f)* del letto del fiume	1396
protection *(f)* du lit	protezione *(f)* del fondo fluviale	1397
		1395
bras *(m)* de rivière	braccio *(m)* fluviale	1398
bassin *(m)* fluvial	bacino *(m)* fluviale	1399
		1400
construction *(f)* en cours d'eau	sistemazione *(f)* idraulica	1400
correction *(f)* d'un cours d'eau	correzione *(f)* del corso d'acqua	1401
		2031
embouchure *(f)*	sbocco *(m)*; foce *(f)*	1402
		1306
tronçon *(m)* de rivière	tratto *(m)* di torrente	1403
régime *(m)* d'écoulement	regime *(m)* del deflusso	1404
cours d'eau *(m)* en phase d'accumulation; cours d'eau *(m)* accumulant	fiume *(m)* che deposita materiale; fiume *(m)* accumulante; fiume *(m)* sedimentante	1405
lit *(m)* ramifié	fiume *(m)* ramificato	1406
cours d'eau *(m)* en érosion	fiume *(m)* in erosione; fiume *(m)* erodente	1407
		1407
fleuve *(m)*; grosse rivière *(f)*	fiume *(m)* grande	1408
		1336
robuste ; résistant; rustique	resistente	1409
ancrage *(m)* de blocs	ancoraggio *(m)* in roccia	1410
		1412
		1450
		1873
purge *(f)* de falaise	disgaggio *(m)*	1411
éboulement *(m)*; chute *(f)* de pierres	crollo *(m)*; frana *(f)* di crollo; frana *(f)* di scoscendimento	1412
plante *(f)* d'éboulis	pianta *(f)* resistente alla caduta dei sassi	1413
dérochoir *(m)*	falesia *(f)*; parete *(f)* rocciosa in disgregazione	1414
empierrement *(m)*	rilevato *(m)* [in pietrame]; riporto *(m)*	1415
		995
remplissage *(m)* de pierres	riempimento *(m)* con pietrame	1416

1417	rw	rock paving	Steinpflästerung *(f)*
	dc	rock revetment; concrete revetment	
1418	rw,tc	rock sill, vegetated	Steingrünschwelle *(f)*
1419	am	rock slab; stone slab	Steinplatte *(f)*
	np	rock slough; local collapse	
	rm	rock wash	
1420	dc,tc	rock-brush fascine	Senkfaschine *(f)*
1421	ew,rw	rock-filled double log crib	Steinkasten *(m)*, doppelwandiger
1422	ew,rw	rock-filled log crib	Steinkasten *(m)*
1423	np	rockfall	Steinschlag *(m)*
1424	rw	rockfill dam	Steinschüttdamm *(m)*
1425	np	rockslide	Felsrutsch *(m)*
1426	rm	rocky channel; rock wash	Felsrinne *(f)*
1427	pl	rod	Rute *(f)*
1428	pl	root	Wurzel *(f)*
1429	pl	root (to); take root (to)	anwachsen; anwurzeln
1430	pl	root (to)	bewurzeln
1431	pl	root axis	Wurzelachse *(f)*
1432	pl	root ball	Wurzelballen *(m)*
1433	tc	root ball planting	Ballenpflanzung *(f)*
1434	pl	root collar; root culm	Wurzelhals *(m)*
	pl	root culm	
1435	dc	root cutting	Wurzelsteckling *(m)*; Wurzelschnittling *(m)*
1436	pl	root dipping	Einschlämmen *(n)*
1437	pl	root hairs	Wurzelhaare *(n,pl)*
1438	pl	root mattress	Wurzelgeflecht *(n)*; Wurzelnetz *(n)*
1439	pl	root shoot; root sucker	Wurzelbrut *(f)*; Wurzelausschlag *(m)*; Wurzelschössling *(m)*; Wurzel-spross *(m)*
1440	pl	root stock division	Horstteilung *(f)*
	pl	root sucker	
1441	pl	root system; roots *(pl)*	Wurzelwerk *(n)*
1442	pl	root, lateral	Seitenwurzel *(f)*
1443	pl	root, main; root, primary	Hauptwurzel *(f)*
	pl	root, primary	
1444	pl	rooted	bewurzelt
	tc	rooted and unrooted layer	
	tc	rooted brushlayers *(pl)*	
1445	pl	rooted plant	Pflanze *(f)*, bewurzelte
	dc,ve	rooting branch	
1446	pl	rooting capacity; rooting power	Bewurzelungsfähigkeit *(f)*
	pl	rooting power	
	ve	rooting shrub	
	pl	roots *(pl)*	
	pl	rootstock	

pavement *(m)* en blocs	pavimentazione *(f)* in pietrame	1417
		1636
seuil *(m)* de blocs végétalisé	muro *(m)* a secco rinverdito	1418
dalle *(f)* de pierre; entassement *(m)* de pierres	lastra *(f)* di pietra	1419
		977
		1426
fascine *(f)* à noyau; fascine *(f)* en boudins lestés	fascinata *(f)* sommersa; buzzone *(m)*; fascina *(f)* zavorrata e sommersa	1420
caisson *(m)* double en bois rempli de pierres	cassero *(m)*; gabbione *(m)* di legno e sassi; palificata *(f)* in legno e pietrame [a parete doppia]	1421
caisson *(m)* rempli de pierre	palificata *(f)* in legno e pietrame (a parete semplice)	1422
chute *(f)* de pierres	caduta *(f)* di sassi; crollo *(m)*	1423
digue *(f)* en pierre	argine *(m)* in pietrame sciolto	1424
avalanche *(f)* de pierres	frana *(f)* di roccia	1425
chenal *(m)* rocheux	canalone *(m)*; canale *(m)* in roccia	1426
branche *(f)* peu/pas ramifiée	verga *(f)*	1427
racine *(f)*	radice *(f)*	1428
enraciner, s'; prendre racine; prendre pied	radicare; attecchire; emettere radici	1429
enraciner	radicare	1430
plantation *(f)* en poquet	asse *(f)* della radice	1431
axe *(m)* de la racine	complesso *(m)* radicale	1432
plantation *(f)* en mottes; plante *(f)* en ballot	piantagione *(f)* con pane di terra	1433
collet *(m)*	colletto *(m)* radicale	1434
		1434
éclat *(m)* de souche; bouture *(f)* de racine	talea *(f)* radicale; margotta *(f)* radicale	1435
pralinage *(m)*	imbozzimatura *(f)*	1436
poils *(m,pl)* absorbants	peli *(m,pl)* radicali	1437
feutrage *(m)* racinaire; chevelu *(m)* racinaire	intreccio *(m)* radicale	1438
drageon *(m)*; stolon *(m)*	pollone *(m)* radicale; cacciata *(f)* sotterranea	1439
séparation *(f)* de plantes en touffes	divisione *(f)* dei cespi	1440
		1439
système *(m)* racinaire	sistema *(m)* radicale	1441
racine *(f)* latérale	radice *(f)* laterale	1442
racine *(f)* principale	radice *(f)* principale	1443
		1443
enraciné	radicato	1444
		825
		826
plant *(m)* avec racines	specie *(f)* legnosa radicata	1445
		966
capacité *(f)* de s'enraciner	capacità *(f)* di radicazione	1446
		1446
		1738
		1441
		1368

1447	am	rope	Strick *(m)*; Seil *(n)*
1448	mq	rotation time	Umtriebszeit *(f)*
1449	np	rotational slide; slump slide	Rotationsrutschung *(f)*
1450	rw	rough bed channel; rock channel; rock ditch	Rauhbettrinne *(f)*
1451	tc,rw	rough coniferous tree; tree spur	Rauhbaum *(m)*
1452	tc	rough rock paving; rip rap	Rauhpflaster *(n)*
1453	hy	roughness; unevenness	Rauhigkeit *(f)*; Unebenheit *(f)*
1454	hy	roughness coefficient	Rauhigkeitsbeiwert *(m)*
1455	ew	rounding off a slope	Böschungsausrundung *(f)*
1456	tc	row planting; hedge planting	Reihenpflanzung *(f)*
1457	tc	row seeding; line seeding	Furchensaat *(f)*; Rillensaat *(f)*
	pl	rowan	
1458	am	rubble	Geröll *(n)* [künstliches]
1459	ew	rubble drain [without pipe]	Sickerschlitz *(m)*
	ew	rubble drain; french drain	
	hy	run-off	
1460	hy	run-off coefficient; conveyance	Abflusskoeffizient *(m)*; Abflussbeiwert *(m)*
1461	hy	run-off, surface	Abfluss *(m)*, oberirdischer
	rm	run; rivulet	
1462	rm	runnel; run; rivulet	Fluss *(m)*, kleiner
1463	pl	runner; sucker; stolon; creeping shoot	Ausläufer *(m)*; Kriechtrieb *(m)*
1464	np	runout distance of rock fall	Auslauflänge *(f)*
1465	np	runout zone [avalanche]	Auslaufgebiet *(n)* [Lawine]
1466	pl	rushes; bulrushes	Binsen *(f,pl)*
1467	pl	sabre form [tree]	Säbelform *(f)* [Baum]; Säbelwuchs *(m)*
1468	de	safety factor; security factor	Sicherheitsfaktor *(m)*
	np,gm	sag	
	fa	salmon region	
1469	fa	salmonids (pl)	Salmoniden *(f,pl)*; Lachse *(m,pl)* und lachsartige Fische *(m,pl)*
1470	hy	saltation	Hüpfen *(n)* des Geschiebes
1471	ew,co,de	sampling	Probenahme *(f)*
1472	si	sand	Sand *(m)*
1473	si,rm,hy	sand deposit; sanding	Sandablagerung *(f)*
1474	hy	sand roughness, equivalent	Sandrauhigkeit *(f)*, äquivalente
1475	rw	sand settling basin; sand trap; desilter; sand catcher; grit chamber; silting basin	Sandfang *(m)*
	rw	sand trap; desilter; sand catcher; grit chamber; silting basin	
1476	rw	sandbag dam	Sandsacksperre *(f)*

corde *(f)*; filin *(m)*; câble *(m)*	corda *(f)*; spago *(m)*	1447
période *(f)* de transplantation	periodo *(m)* di rotazione	1448
glissement *(m)* en cuillère	frana *(f)* per scivolamento; slittamento *(m)*	1449
canal *(m)* à lit grossier	canale *(m)* a fondo scabroso	1450
arbre *(m)* entier disposé en épi	albero *(m)* intero; pianta *(f)* intera grezza	1451
pavement *(m)* rugueux	pavimentazione *(f)*; platea *(f)* grezza; platea *(f)* ruvida	1452
rugosité *(f)*	rugosità *(f)*; scabrezza *(f)*	1453
coefficient *(m)* de rugosité	coefficiente *(m)* di scabrezza	1454
modelage *(m)* de talus	modellamento *(m)* della scarpata; arrotondamento *(m)*; scoronamento *(m)*	1455
plantation *(f)* en ligne	piantagione *(f)* a righe	1456
ensemencement *(m)* en ligne; ensemencement *(m)* en sillons	semina *(f)* a righe	1457
		1086
moellon *(m)*	ghiaione *(m)* [artificiale]; macereto *(m)*	1458
drain *(m)* en pierre [non recouvert]	drenaggio *(m)* sotterraneo filtrante con pietrame e legno	1459
		746
		423
coefficient *(m)* d'écoulement	coefficiente *(m)* di deflusso	1460
écoulement *(m)* superficiel	deflusso *(m)* superficiale	1461
		1462
rivière *(f)* (petite)	fiume *(m)* secondario; fiume *(m)* piccolo	1462
stolon *(m)*	stolone *(m)*	1463
distance *(f)* d'éboulement	percorso *(m)* d'arresto d'una frana	1464
zone *(f)* de dépôt d'avalanche	zona *(f)* di deposito della valanga; zona *(f)* d'arresto della valanga	1465
joncs *(m,pl)*	giunchi *(m,pl)*	1466
en forme *(f)* de sabre [arbre]	forma *(f)* a sciabola [albero]	1467
facteur *(m)* de sécurité	fattore *(m)* di sicurezza; coefficiente *(m)* di sicurezza	1468
		1649
		1963
salmonidés *(m,pl)*	salmonidi *(m,pl)*	1469
saltation *(f)*	saltazione *(f)*	1470
échantillon *(m)*	campionatura *(f)*; campionamento *(m)*; prelevamento *(m)* di campioni	1471
sable *(m)*	sabbia *(f)*	1472
sédimentation *(f)* de sable	sedimentazione *(f)* della sabbia; deposito *(m)* di sabbia	1473
rugosité *(f)* du sable équivalente	rugosità *(f)* equivalente alla sabbia	1474
désableur *(m)*	dissabbiatore *(m)*	1475
		1475
barrage *(m)* en sacs de sables	briglia *(f)*; briglia *(f)* formata con sacchi di sabbia	1476

1477	rm,hy	sandbank; shoal; dune; bank; sand bar	Sandbank *(f)*
	si,rm,hy	sanding	
1478	si	sandstone	Sandstein *(m)*
1479	si	sandy limestone	Kalksandstein *(m)*
1480	pl	sapling	Baum *(m)*, junger
1481	pl	sapling	Heister *(m)*
	si,ew	saturated	
1482	si,ew	saturation	Sättigung *(f)*
1483	ma, fo	sawing up	Zersägen *(n)*
	am	scaffold(ing)	
1484	am	scaffolding	Baugerüst *(n)*
1485	de	scale	Massstab *(m)*
1486	np	scar (erosional)	Blaike *(f)* [D,A]; Erosionsnarbe *(f)*
1487	ew	scarp; escarpment; steep slope	Steilhang *(m)*
	ew	scarp (to); grade (to); slant (to); slope (to)	
1488	si	schist; shale; slate	Schiefer *(m)*
1489	hy, rm	scour	Kolk *(m)*
1490	rm	scour (to)	auskolken
1491	rw	scour basin; scour hole	Kolkbecken *(n)*
1492	hy	scour depth; depth of scouring	Kolktiefe *(f)*
1493	gm,rm	scour hole	Kolkloch *(n)*
	rw	scour hole	
1494	rm,rw	scouring	Auskolkung *(f)*
	co	scow	
1495	ma	scratch (to) (surface of soil); loosen (to)	lockern der Bodenoberfläche
1496	gm	scree material	Geröll *(n)* [natürliches]
1497	gm	scree slope; talus slope	Gehängeschutt *(m)*; Schutthang *(m)*; Blockschutt *(m)*
	am	screen; grating	
1498	rw	screen dam; vertically grilled weir; griddle dam	Rechensperre *(f)*
	ew,co,hy	screening	
1499	ma	scrub clearance	Entbuschung *(f)*; Gestrüpp *(n)* entfernen
1500	co	seal; waterstop; packing	Dichtung *(f)*; Abdichtung *(f)*
1501	co	sealing of soil	Bodenversiegelung *(f)*
1502	ew	secondary consolidation [soilmechanic]	Langzeitsetzung *(f)* [Bodenmechanik]
	rw	secondary diversion ditch	
1503	pl	secondary root	Nebenwurzel *(f)*
1504	de	section	Abschnitt *(m)*
1505	de	section; profile	Schnitt *(m)* [geometrisch]
	de	security factor	
	de	security measure	
1506	rm,hy	sediment	Sediment *(n)*
	rm	sediment	
	hy	sediment budget	

banc *(m)* de sable	banco *(m)* di sabbia	1477
		1473
grès *(m)*	arenaria *(f)*	1478
sable *(m)* calcaire	arenaria *(f)* calcarea	1479
baliveau *(m)*; jeune plant *(m)*	albero *(m)* giovane	1480
plant *(m)*; baliveau *(m)*	astone *(m)*	1481
		2060
saturation *(f)*	saturazione *(f)*	1482
tronçonnage *(m)*	segagione *(f)* a pezzi	1483
		1222
échafaudage *(m)*	ponteggio *(m)*; impalcatura *(f)*	1484
échelle *(f)*	scala *(f)*	1485
niche *(f)* d'érosion	frana *(f)*	1486
escarpement *(m)*	pendio *(m)* ripido; scarpata *(f)*	1487
		873
ardoise *(f)*	scisto *(m)*; ardesia *(f)*	1488
mouille *(f)*	fossa *(f)*; gorgo *(m)*; scavo *(m)*	1489
affouiller	scavare	1490
bassin *(m)* d'affouillement de pied de barrage	gorgo *(m)* a valle di una briglia; scavo *(m)* a valle di una briglia	1491
profondeur *(f)* de l'affouillement; profondeur *(f)* de la mouillle	profondità *(f)* dello scavo; profondità *(f)* del gorgo	1492
niche *(f)* d'érosion	buca *(f)* formata dal gorgo; nicchia *(f)* d'erosione	1493
		1491
affouillement *(m)*	gorgo *(m)*; scavo *(m)* d'erosione	1494
		1233
ameublir un sol	allentamento *(m)* della superficie del suolo	1495
gros galet *(m)*; cailloux *(m,pl)*; galet *(m)*	ciottolame *(m)* naturale	1496
éboulis *(m)*	detrito *(m)* di falda; macereto *(m)*; ghiaione *(m)*	1497
		1587
barrage-rateau *(m)*; barrage-peigne *(m)*	briglia *(f)* a pettine	1498
		1589
débroussaillement *(m)*; essartage *(m)*	taglio *(m)* di cespugli	1499
étanchéité *(f)*	impermeabilizzazione *(f)*; sigillatura *(f)*	1500
imperméabilisation *(f)* d'un sol	sigillazione *(f)* del suolo	1501
mise *(f)* en place secondaire d'un sol	assestamento *(m)* secondario del terreno	1502
		1341
racine *(f)* secondaire	radice *(f)* secondaria	1503
tronçon *(m)*	sezione *(f)*; capitolo *(m)*	1504
section *(f)*	sezione *(f)* [geometrica]; profilo *(m)* trasversale [geometrico]	1505
		1468
		299
sédiment *(m)*	sedimento *(m)*	1506
		400
		1511

1507	rw	sediment control dam; debris retention dam	Geschieberückhaltesperre *(f)*; Geschiebestausperre *(f)*
	rw	sediment control dam; deposit dam	
1508	hy	sediment discharge; sediment transport	Sedimenttransport *(m)*; Feststoff-transport *(m)*; Feststoffführung *(f)*
1509	hy	sediment load	Sedimentfracht *(f)*; Sedimentbelastung *(f)*
1510	hy	sediment load; sediment rate	Feststofffracht *(f)*
	hy	sediment rate	
1511	hy	sediment regime; sediment budget	Sedimenthaushalt *(m)*; Feststoffhaushalt *(m)*
1512	ma	sediment removal	Sedimentbeseitigung *(f)*
1513	rw	sediment retention basin; sediment storage basin	Geschiebesammler *(m)*
1514	hy,rw,ew	sediment sample	Sedimentprobe *(f)*; Geschiebeprobe *(f)*
1515	hy	sediment source; debris source (area)	Feststoffherd *(m)*; Feststoffquelle *(f)*
	rw	sediment storage basin	
	hy	sediment transport	
1516	si,gm	sedimentary rock	Sedimentgestein *(n)*
	rm, hy	sedimentation	
1517	rm	sedimentation area; zone of sediment deposition; deposition zone	Ablagerungsgebiet *(n)*; Ablagerungszone *(f)*
	rw	sedimentation pool	
1518	rw	sedimentation reservoir	Sedimentationsbecken *(n)*
1519	pl	seed	Saatgut *(n)*; Sämereien *(f,pl)*
1520	tc	seed (to); sow (to)	säen
1521	pl,tc	seed carrier	Samenträger *(m)*
1522	pl,tc	seed mixture	Saatmischung *(f)*
1523	tc	seed with mulching	Saat *(f)* mit Strohdeckschicht *(m)*
1524	ve	seeding	Ansamung *(f)*
1525	pl	seeding	Saat *(f)*
	tc	seeding by hand; manual seeding	
	tc	seeding on snow	
1526	pl	seedling	Keimling *(m)*; Sämling *(m)*
1527	rm,hd	seep (to) into; infiltrate (to)	versickern
1528	ew,si	seep (to) into	sickern
1529	rm	seep (to) out; exit (to)	austreten [Wasser]
	hd	seepage	
	rm	seepage	
1530	rm	seepage area; seepage	Quellhorizont *(m)*
1531	ew	seepage ditch construction; french drain construction	Sickergrabenbau *(m)*
1532	ew,hd,si	seepage flow	Sickerströmung *(f)*
1533	ew	seepage path	Sickerlinie *(f)*
1534	hd	seepage spring; water table outcrop; spring	Grundwasseraustritt *(m)*; Grundwasseraufstoss *(m)*

barrage *(m)* de rétention des sédiments	briglia *(f)* di trattenuta	1507
		378
débit *(m)* solide; transport *(m)* de sédiments	portata *(f)* solida; trasporto *(m)* solido	1508
charge *(f)* en sédiment; charge *(f)* solide	portata *(f)* solida	1509
charge *(f)* sédimentaire	carico *(m)* solido	1510
		1510
bilan *(m)* sédimentaire	bilancio *(m)* del materiale solido	1511
évacuation *(f)* des sédiments	rimozione *(f)* di materiale solido; smaltimento *(m)* del trasporto solido	1512
bassin *(m)* de rétention des sédiments	fossa *(m)* di deposito; bacino *(m)* di deposito	1513
échantillon *(m)* de sédiments; échantillon *(m)* d'alluvions	campioni *(m,pl)* di materiali trasportati	1514
source *(f)* d'alluvion	origine *(f)* del materiale solido; sorgente *(f)* del materiale solido; focolaio *(m)* di materiale solido	1515
		1513
		1508
roche *(f)* sédimentaire	roccia *(f)* sedimentaria	1516
		402
zone *(f)* de sédimentation; aire *(f)* de sédimentation	bacino *(m)* di sedimentazione; zona *(f)* di deposito; zona *(f)* di sedimentazione	1517
		370
fosse *(f)* de sédimentation	bacino *(m)* di sedimentazione	1518
semence *(f)*	semente *(f)*	1519
semer	seminare	1520
support *(m)* des semis	portaseme *(m)*; pianta *(f)* da seme	1521
mélange *(m)* grainier	miscuglio *(m)* di semi; miscela *(f)* di sementi	1522
ensemencement *(m)* avec paillage	semina *(f)* su strato di paglia coprente	1523
semis *(m)*	sementazione *(f)*	1524
semences *(f,pl)*	semina *(f)*	1525
		809
		1655
germe *(m)*; embryon *(m)*	embrione *(m)*; semenzale *(m)*	1526
infiltrer (,s')	infiltrarsi	1527
infiltrer	infiltrare; percolare	1528
émerger	fuoruscire [acqua]	1529
		879
		1530
zone *(f)* de résurgence; ligne *(f)* de sources	orizzonte *(m)* sorgentifero; linea *(f)* delle sorgenti	1530
puits *(m)* d'infiltration	costruzione *(f)* di fossi drenanti; costruzione *(f)* di pozzi d'infiltrazione	1531
courant *(m)* d'infiltration	corrente *(f)* di percolazione; corrente *(f)* d'infiltrazione	1532
zone *(f)* d'infiltration	linea *(f)* di percolazione; linea *(f)* d'infiltrazione	1533
émergence *(f)*	emergenza *(f)* d'acqua di sorgente; acqua *(f)* artesiana	1534

1535	ed,si	seepage velocity; infiltration rate	Sickergeschwindigkeit *(f)*
1536	ew,hd,si	seepage water; seeping water; water of infiltration; drainage water	Sickerwasser *(n)*
1537	rm	seeping out; exiting	Austritt *(m)*
	ew,hd,si	seeping water; water of infiltration; drainage water	
1538	ma	selective cutting	Rückschnitt *(m)*, selektiver
1539	fo,ma	selective thinning	Auslesedurchforstung *(f)*
	ec	self-clearing capacity	
1540	ec	self-purification	Selbstreinigung *(f)*
	de	series of measurements	
	ma	service; care	
	de	service load [US]	
	de	setting-out	
1541	np,ew	settling; consolidation [soil after pressure]; settlement [construction]; slump	Setzung *(f)*
1542	rw	settling basin; silt basin; mud settling pond	Schlammfang *(m)*
1543	hy	settling velocity	Sinkgeschwindigkeit *(f)*
1544	de	sewage water treatment plant	Kläranlage *(f)*
1545	co	sewer overflow	Kanalisationsüberlauf *(m)*
	si	shade	
1546	ve	shade wood	Schattengehölz *(n)*
1547	pl	shade-tolerant tree species	Schattenbaumart *(f)*
1548	si	shadow; shade	Schatten *(m)*
1549	si	shady; sunless; without sunshine	schattig
1550	de,hd	shady position	Schattenlage *(f)*
1551	co	shaft; recess; well; manhole	Schacht *(m)*
	si	shale; slate	
1552	rm	shallow	seicht
1553	rm	shallow bank; shallow beach	Flachufer *(n)*
	rm	shallow beach	
1554	pl	shallow rooter	Flachwurzler *(m)*
1555	pl	shallow rooting	flachwurzelnd
1556	rm	shallow water	Flachwasser *(n)*
1557	ew	shaping; sloping	Abböschung *(f)*
1558	co,de	shaping	Formgebung *(f)*
1559	ew	shaping of slope edge	Böschungsausrundung *(f)*
1560	dc	sharpened willow stakes (pl)	Weidenpflöcke *(m,pl)*, zugespitzte
1561	ew,co,hy	shear	Schub *(m)*
	gm,np	shear crack	
1562	hy	shear force; shear stress	Schleppkraft *(f)*; Schubspannung *(f)*
1563	ew,co	shear force	Scherkraft *(f)*
1564	gm,np	shear fracture; shear crack	Scherriss *(m)*

vitesse *(f)* d'infiltration	velocità *(f)* di percolazione; velocità *(f)* d'infiltrazione	1535
eau *(f)* d'infiltration; eau *(f)* de percolation	acqua *(f)* di infiltrazione; acqua *(f)* di percolazione	1536
émergence *(f)*; débordement *(m)*	straripamento *(m)*; fuoriuscita *(f)*	1537
		1536
taille *(f)* sélective	taglio *(m)* selettivo	1538
éclaircie *(f)* sélective	diradamento *(m)* selettivo	1539
		142
autoépuration *(f)*	autodepurazione *(f)*	1540
		1056
		1004
		2120
		1760
consolidation *(f)*; mise *(f)* en place	consolidamento *(m)*; assestamento *(m)*	1541
bassin *(m)* de décantation	bacino *(m)* di decantazione per materiale fine; bacino *(m)* di decantazione	1542
vitesse *(f)* de décantation	velocità *(f)* di sedimentazione	1543
station *(f)* d'épuration	impianto *(m)* di depurazione	1544
canalisation *(f)* de débordement; exutoire *(m)*	sfioratore *(m)* della canalizzazione	1545
		1548
boisement *(m)* d'ombre	specie *(f,pl)* legnose ombrivaghe; specie *(f,pl)* sciafile	1546
essence *(f)* d'ombre; essence *(f)* sciaphile	specie *(f)* sciafila; specie *(f)* ombrivaga	1547
ombre *(f)*	ombra *(f)*	1548
ombragé	ombroso	1549
situation *(f)* ombragée	zona *(f)* in ombra	1550
puits *(m)*	pozzo *(m)*	1551
		1488
haut-fond *(m)*	poco profondo	1552
berge *(f)* plate	sponda *(f)* pianeggiante	1553
		1553
racine *(f)* superficielle; racine *(f)* traçante	piante *(f,pl)* a radicazione superficiale	1554
à enracinement superficiel	a radicazione strisciante superficiale	1555
eaux *(f,pl)* peu profonde; eaux *(f,pl)* de faible profondeur	acqua *(f)* poco profonda	1556
talutage *(m)*	modellamento *(m)*; riduzione *(f)* della pendenza; scoronamento *(m)*	1557
façonnement *(m)*	sagomatura *(f)*	1558
écrêtement *(m)*	scoronamento *(m)*; arrotondamento *(m)*	1559
pieux *(m,pl)* de saule pointisés	paletti *(m,pl)* di salice appuntiti	1560
cisaillement *(m)*	spinta *(f)*; taglio *(m)*	1561
		1564
force *(f)* tractrice	forza *(f)* di trascinamento	1562
force *(f)* de cisaillement	forza *(f)* di taglio	1563
fissure *(f)* de cisaillement	fessura *(f)* da taglio	1564

1565	ew,co	shear resistance; shear strength	Scherfestigkeit *(f)*
1566	ew,co	shear resistant	scherfest
	ew,co	shear strength	
1567	ew,co,hy	shear stress	Scherspannung *(f)*; Schubspannung *(f)*
	hy	shear stress	
1568	hy	shear velocity	Schubspannungsgeschwindigkeit *(f)*
1569	gm,np	sheet erosion	Flächenerosion *(f)*; Flächenabtrag *(m)*
1570	co	sheet pile wall; sheet piling	Spundwand *(f)*; Bau-Spundwand *(f)*
	co	sheet piling	
	np	sheet slide	
	gm	sheet slide	
1571	gm	shell-shaped erosion scarp; slump (slide); conchoidal failure	Muschelanbruch *(m)*; Blaike *(f)* [D,A]
	rm,hy	shoal; dune; bank; sand bar	
1572	pl	shoot; sprout	Trieb *(m)*
1573	dc,pl	shoot cutting	Halmsteckling *(m)*
	dc	shoot cuttings with terminal buds	
1574	pl	shooting	Austrieb *(m)*
1575	rm	shore	Ufer *(n)* [Meer]
	rm	shore	
	rm	shore erosion	
1576	rw	shore protection [sea]	Uferschutz *(m)* [Meer]
	rm	shoreland [sea]	
	rw	shoulder; berm	
1577	pl,ve	shrub; bush	Strauch *(m)*
	ve	shrub; scrub	
1578	ve,fo	shrub forest	Buschwald *(m)*
1579	ve	shrub species	Strauchart *(f)*
1580	ve	shrub storey	Strauchschicht *(f)*
1581	ve,pl	shrub vegetation	Strauchvegetation *(f)*
1582	ve	shrubby; bushy	buschig
1583	ve,fo	shrubby vegetation; bushy wood	Buschwald *(m)*
1584	gm, rm, np	side erosion; lateral erosion	Seitenerosion *(f)*; Seitenschurf *(m)* [A,D]; Lateralerosion *(f)*
1585	rm	side stream; lateral branch	Seitenarm *(m)*; Nebenarm *(m)*
	am	side wall	
1586	rw	side weir; lateral weir	Streichwehr *(n)*
1587	am	sieve; screen; grating	Sieb *(n)*
1588	ew,co,hy	sieve analysis	Siebanalyse *(f)*
1589	ew,co,hy	sieving; screening	Siebung *(f)*
1590	np	sign of a slip; slip indicator	Rutschanzeichen *(n)*
1591	rw	sill	Schwelle *(f)*
	rw	sill	
1592	rm	sill, natural	Schwelle *(f)*, natürliche
1593	si	silt	Silt *(m)*; Schluff *(m)* [D, A]
	rw	silt basin; mud settling pond	
1594	np	siltation	Versandung *(f)*
	rm,hy	siltation	

résistance *(f)* au cisaillement	resistenza *(f)* al taglio	1565
résistant au cisaillement	resistente al taglio	1566
		1565
stress *(m)* en raison du cisaillement; tension *(f)* de cisaillement	sollecitazione *(f)* al taglio; tensione *(f)* di trascinamento tangenziale al fondo	1567
		1562
vitesse *(f)* de frottement	velocità *(f)* d'attrito	1568
érosion *(f)* en plaque	erosione *(f)* diffusa; erosione *(f)* superficiale	1569
paroi *(f)* de palplanches; batardeau *(m)*	tura *(f)*; parete *(f)* di palancole; palancolata *(f)*	1570
		1570
		1614
		1613
érosion *(f)* en coup de cuillère; combe *(f)* d'érosion en coquillage	frana *(f)* a forma di conchiglia; frana *(f)* a forma di nicchia	1571
		1477
pousse *(f)*; rejet *(m)*	getto *(m)*; cacciata *(f)*	1572
chaume *(m)*	talea *(f)* di culmo	1573
		948
débourrement *(m)*	getto *(m)*; cacciata *(f)*	1574
rivage *(m)*	riva *(f)* [del mare]	1575
		258
		1317
protection *(f)* de rivage	protezione *(f)* della riva [del mare]	1576
		1391
		1891
arbuste *(m)*; buisson *(m)*	arbusto *(m)*; specie *(f)* arbustiva	1577
		206
forêt *(f)* arbustive; forêt *(f)* d'arbustes	boscaglia *(f)*	1578
espèce *(f)* buissonnante	specie *(f)* arbustiva	1579
strate *(f)* buissonnante; couverture *(f)* buissonnante	strato *(m)* arbustivo	1580
végétation *(f)* buissonnante	vegetazione *(f)* arbustiva	1581
buissonnant	coperto da arbusti	1582
forêt *(f)* buissonnante	arbusteto *(m)*; boscaglia *(f)*	1583
érosion *(f)* latérale; affouillement *(m)* latéral	erosione *(f)* di sponda; erosione *(f)* laterale	1584
bras *(m)* secondaire; ramification *(f)*	ramo *(m)* secondario	1585
		2103
déversoir *(m)* latéral	sfioratore *(m)* laterale	1586
tamis *(m)*	setaccio *(m)*; vaglio *(m)*	1587
analyse *(f)* granulométrique par tamisage	analisi *(f,pl)* granulometriche à setacciamento	1588
tamisage *(m)*	setacciamento *(m)*	1589
signe *(m)* de glissement	segni *(m,pl)* precursori delle frane	1590
seuil *(m)*	soglia *(f)*; soglia *(f)* di fondo	1591
		1138
seuil *(m)* naturel	soglia *(f)* naturale	1592
limon *(m)*	limo *(m)*; sabbia *(f)* finissima; argilla *(f)* limosa	1593
		1542
ensablement *(m)*	insabbiamento *(m)*	1594
		253

1595	rm,hy	siltation area	Verlandungsgebiet *(n)*
1596	rm,hy	silting up	Verlandung *(f)*
	rm,ma	silting up; mud filling [US]	
1597	fo	silvicultural treatment	Behandlung *(f)*, waldbauliche
1598	fo	silviculture	Waldbau *(m)*
	rw,ew	sink hole; sink	
1599	pl	sinker root	Senkwurzel *(f)*
	ew, np	sinking; settlement	
1600	tc	sinking fascine	Senkfaschine *(f)*; Sinkwalze *(f)*
1601	si,de	site; station; location; habitat [bot.]	Standort *(m)*
1602	de	site; lot; property	Grundstück *(n)*
1603	de	site acquisition; property acquisition	Grundstückserwerb *(m)*
1604	si	site analysis	Standortsansprache *(f)*
1605	fo	site capacity; yield potential	Ertragsfähigkeit *(f)*
1606	co	site equipment; site installation	Baustelleneinrichtung *(f)*
1607	si	site factor; local factor	Standortsfaktor *(m)*
	co	site installation	
1608	pl	site requirements	Standortsansprüche *(m,pl)*
1609	co,de	site supervison	Bauleitung *(f)*, örtliche
1610	de	situation	Grundriss *(m)*
1611	de	sketch	Handskizze *(f)*; Handzeichnung *(f)*
	fo	skidding damage	
1612	gm,co	slab; plate	Platte *(f)*; Tafel *(f)*; Scheibe *(f)*, dicke
1613	gm	slab slide; sheet slide	Blattanbruch *(m)*
1614	np	slab slide; sheet slide	Translationsrutschung *(f)*
	np	slide area; slip	
1615	gm	slide boundary	Bruchrand *(m)*
1616	np,ew	sliding horizon; sliding plane; slip surface; slide bed plane; slip layer	Gleithorizont *(m)* [Boden]; Gleitschicht *(f)*; Gleitfläche *(f)*; Rutschungsschicht *(f)*
	np,ew	sliding plane; slip surface; slide bed plane; slip layer	
1617	ew	sliding resistance	Gleitwiderstand *(m)*
1618	am	slime	Schleim *(m)*
	dc	*slip*	
1619	np,gm	slip [soil]	Schlipf *(m)* [CH]
	np,ew	slip circle	
	np	slip indicator	
1620	np	slip(ping); landslide; sloughing	Rutschung *(f)*; Rutsch *(m)*
1621	rw	slit dam	Schlitzsperre *(f)*
1622	de,hy,ew	slope; gradient; fall; angle; inclination	Neigung *(f)*; Gefälle *(n)*
1623	gm	slope; hillside; backslope	Böschung *(f)*; Abhang *(m)*; Hang *(m)*
1624	de	slope angle	Böschungswinkel *(m)*

zone *(f)* d'atterrissement	area *(f)* d'interramento; zona *(f)* di deposito	1595
atterrissement *(m)*	interrimento *(m)*; ripascimento *(m)*	1596
		1094
traitement *(m)* sylvicole	trattamento *(m)* selvicolturale	1597
sylviculture *(f)*	selvicoltura *(f)*	1598
		439
pivot *(m)* [racine]	radice *(f)* fittonante	1599
		1830
fascine *(f)* immergée	fascinata *(f)* sommersa; rullo *(m)* sommerso	1600
station *(f)*	stazione *(f)*; luogo *(m)*; sito *(m)*	1601
bien-fonds *(m)*	appezzamento *(m)*; fondo *(m)*; parcella *(f)*	1602
acquisition *(f)* de bien-fonds	acquisizione *(f)* d'appezzamento	1603
analyse *(f)* du site	analisi *(f)* della stazione; descrizione *(f)* della situazione	1604
capacité *(f)* de production; capacité *(f)* du site	capacità *(f)* produttiva; capacità *(f)* del sito	1605
installation *(f)* de chantier	installazione *(f)* del cantiere	1606
facteur *(m)* de station; facteurs *(m,pl)* environnementaux	fattori *(m,pl)* stazionali	1607
		1606
exigences *(f,pl)* stationnelles; exigences *(f,pl)* écologiques	esigenze *(f,pl)* stazionali; esigenze *(f,pl)* ecologiche	1608
direction *(f)* locale des travaux	direzione *(f)* dei lavori locale	1609
vue *(f)* en plan; plan *(m)* de situation	pianta *(f)* topografica	1610
croquis *(m)*	schizzo *(m)* a mano	1611
		815
dalle *(f)*; plaque *(f)*	lastra *(f)*; piastra *(f)* spessa	1612
plaque *(f)* de glissement	frana *(f)* a forma di foglia	1613
glissement *(m)* en plaque	franamento *(m)* di traslazione	1614
		1992
lèvre *(f)* d'un arrachement	ciglio *(m)* di distacco; fessura *(f)* di distacco	1615
couche *(f)* de glissement; surface *(f)* de glissement	orizzonte *(m)* di scivolamento; strato *(m)* di scorrimento; piano *(m)* di scorrimento	1616
		1616
résistance *(f)* au glissement	resistenza *(f)* allo scivolamento	1617
mucus *(m)*; vase *(f)*	muco *(m)*; fanghiglia *(f)*; muco *(m)*	1618
		342
glissement *(m)*	smottamento *(m)*	1619
		685
		1590
glissement *(m)*; éboulement *(m)*	frana *(f)* per scivolamento; franamento *(m)*; movimento *(m)* franoso	1620
barrage *(m)* perméable (avec des fentes); ouvrage *(m)* de retenue avec jalousie	briglia *(f)* filtrante	1621
pente *(f)*; déclivité *(f)*; inclinaison *(f)*	inclinazione *(f)*; pendenza *(f)*	1622
talus *(m)*; versant *(m)*; pente *(f)*	versante *(m)*; pendio *(m)*; scarpata *(f)*	1623
angle *(m)* du talus	angolo *(m)* d'inclinazione; angolo *(m)* della scarpata [in gradi]	1624

1625	ew	slope consolidation	Böschungsbefestigung *(f)*
	de,ew	slope crest	
1626	ew	slope drainage	Hangentwässerung *(f)*
1627	gm	slope failure	Hang(an)bruch *(m)*; Böschungsanbruch *(m)*
1628	gm	slope gradient; inclination of slope	Hangneigung *(f)*
1629	tc	slope grid	Hangrost *(m)*
1630	ew	slope irrigation	Hangberegnung *(f)*
1631	de	slope line	Böschungslinie *(f)*
1632	si,gm,ew	slope loam; slope wash	Gehängelehm *(m)*
1633	hy	slope of energy line	Energieliniengefälle *(n)*
1634	hy	slope of siltation; aggradational grade; depositional grade	Verlandungsgefälle *(n)*
	hy	slope of the bottom	
1635	hy	slope of water surface	Wasserspiegelgefälle *(n)*
1636	dc	slope pavement; rock revetment; concrete revetment	Böschungspflaster *(n)*
1637	ew	slope protection; revetment of slope	Böschungssicherung *(f)*; Böschungsbefestigung *(f)*
	tc	slope revegetation	
1638	si, hy	slope seapage; slope water-logged	Hangvernässung *(f)*
1639	ew	slope shoulder	Böschungsschulter *(f)*
1640	ew,tc	slope stabilisation	Böschungsstabilisierung *(f)*; Böschungsverbau *(m)*; Hangverbau *(m)*
	ew,de	slope stabilisation work	
1641	ew	slope stability	Böschungsstabilität *(f)*; Hang-stabilität *(f)*; Hangstandsicherheit *(f)*; Standsicherheit *(f)* eines Hanges
	si,gm,ew	slope wash	
1642	si	slope water	Hangwasser *(n)*
	si, hy	slope water-logged	
1643	ew,de	slope, critical; residual slope	Böschungswinkel *(m)*, zulässiger
	ew	sloping	
1644	ew	slot drainage; french drain	Sickerschlitzdränung *(f)*
1645	tc	slot planting; planting in crevices	Spaltpflanzung *(f)*
1646	rm	sludge; mud; slime; slush; ooze	Schlamm *(m)*; Matsch *(m)*
1647	ew	sludgy; muddy	schlammig
1648	rm	sluggish stream	Gewässer *(n)*, träge fliessendes
1649	np,gm	slump; sag	Sackung *(f)*
	gm	slump (slide); conchoidal failure	
	np	slump slide	
1650	ma	slurry; farm animal waste; liquid manure	Gülle *(f)* [CH]; Jauche *(f)* [D,A]

consolidation *(f)* de talus	consolidamento *(m)* della scarpata	1625
		1922
drainage *(m)* de versant	drenaggio *(m)* di un versante	1626
glissement *(m)* de talus	frana *(f)* di versante	1627
pente *(f)* d'un versant; inclinaison *(f)* d'une pente	inclinazione *(f)* [in gradi]	1628
treillage *(m)*; armature *(f)* [en bois]	grata *(f)* in legno	1629
irrigation *(f)* du talus	irrigazione *(f)* di versante	1630
limite *(f)* du talus	linea *(f)* di scarpata	1631
glaise *(f)* de versant; molard *(m)*	argilla *(f)* di versante; detrito *(m)* di falda	1632
pente *(f)* de la ligne d'énergie	linea *(f)* di gradiente idraulico	1633
pente *(f)* d'atterrissement; degré *(m)* d'atterrissement	pendenza *(f)* di interrimento; pendenza *(f)* di deposito	1634
		129
pente *(f)* de la ligne d'eau	pendenza *(f)* del pelo dell'acqua	1635
perré *(m)* maçonné; perré *(m)* latéral	mantellata *(f)*	1636
stabilisation *(f)* des pentes	stabilzzazione *(f)* della scarpata	1637
		521
zone *(f)* humide de pente; versant *(m)* humide	imbibimento *(m)* del versante	1638
épaule *(f)* de talus; épaulement *(m)* de talus	ciglio *(m)* della scarpata	1639
stabilisation *(f)* des pentes	stabilizzazione *(f)* della scarpata; sistemazione *(f)* del pendio	1640
		838
stabilité *(f)* de la pente; stabilité *(f)* du talus	stabilità *(f)* del versante; stabilità *(f)* di un pendio; stabilità *(f)* della scarpata	1641
		1632
eau *(f)* de ruissellement	acqua *(f)* di versante	1642
		1638
pente *(f)* maximum admissible	angolo *(m)* della scarpata [in gradi] ammesso; angolo *(m)* ammesso possibile	1643
		1557
fossé *(m)* filtrant	drenaggio *(m)* sotterraneo filtrante con pietrame e legno	1644
plantation *(f)* dans les fissures; plantation *(f)* en fente	piantagione *(f)* a fessura	1645
boue *(f)*; vase *(f)*	fango *(m)*	1646
vaseux; boueux	fangoso	1647
rivière *(f)* à cours très lent	corsi *(m,pl)* idrici a deflusso lento	1648
effondrement *(m)*	cedimento *(m)*	1649
		1571
		1449
lisier *(m)*	liquame *(m)*	1650

1651	ma	snagging; weeding	Entkrautung *(f)*
1652	hd	snow cover	Schneedecke *(f)*
1653	hd	snow creep	Schneekriechen *(n)*
1654	hd	snow melt	Ausaperung *(f)*
1655	tc	snow seeding; seeding on snow	Schneesaat *(f)*; Schneedeckensaat *(f)*
1656	np	snow-caused erosion	Schneeschurf *(m)*
1657	hd	snowmelt flood	Schneeschmelzhochwasser *(n)*
1658	dc	sod; turf; lying turf	Rasenziegel *(m)*
1659	tc	sod revetment; grass lining	Rasenziegelbelag *(m)*
1660	pl	sod rolls; sods; ready-made sward	Fertigrasen *(m)*; Rollrasen *(m)*; Schälrasen *(m)*
1661	pl	sod slab; turf	Grasplagge *(f)*; Rasenscholle *(f)*
1662	bw	sod strip	Rasenband *(n)*
1663	tc	sod wall	Rasenmauer *(f)*
	tc	sod waterway; grass channel	
1664	tc	sodding; turfing	Berasung *(f)*
1665	tc	sodding; turfing	Rasenverlegung *(f)*; Ansoden *(n)*
	pl	sods; ready-made sward	
1666	ve	softwood zone	Weichholzzone *(f)*; Weichholzaue *(f)*
1667	si	soil	Boden *(m)*
	co,de,ma	soil (ground) cultivation	
1668	si	soil aeration	Bodenbelüftung *(f)*
1669	de	soil bioengineering; bioengineering	Ingenieurbiologie *(f)*; Lebendverbau *(m)* [Wasserbau]; Grünverbau *(m)* [Erdbau]
1670	de,si	soil classification	Bodeneinteilung *(f)*
1671	ew	soil compaction; soil consolidation	Bodenverdichtung *(f)*; Konsolidation *(f)*
1672	ec	soil conservation	Bodenerhaltung *(f)*
	ew	soil consolidation	
1673	ve	soil covering; ground covering	bodendeckend
1674	np	soil creep; solifluxion	Bodenkriechen *(n)*; Bodenfliessen *(n)*; Solifluktion *(f)*
1675	ew	soil deposit	Erddepot *(f)*
1676	si	soil development; soil formation	Bodenbildung *(f)*
1677	np	soil erosion	Bodenerosion *(f)*
1678	np	soil erosion	Bodenabtrag *(m)*
1679	si	soil evaporation	Bodenverdunstung *(f)*
	si	soil formation	
1680	si,np	soil frost	Bodenfrost *(m)*
1681	si	soil horizon	Bodenhorizont *(m)*
1682	de	soil improvement	Bodenverbesserung *(f)* [Melioration]
1683	am	soil improvment additives (pl)	Bodenzusatz *(m)*

désherbage *(m)*	eliminazione *(f)* delle erbe infestanti; sarchiatura *(f)*; diserbo *(m)* meccanico	1651
couverture *(f)* neigeuse	manto *(m)* nevoso; coltre *(f)* nevosa	1652
coulée *(f)* de neige	movimenti *(m,pl)* di assestamento del manto nevoso	1653
fonte *(f)* des neiges	scioglimento *(m)* delle nevi	1654
ensemencement *(m)* sur la neige	semina *(f)* su neve; semina *(f)* su manto nevoso	1655
érosion *(f)* nivale	erosione *(f)* nivale	1656
crue *(f)* provoquée par la fonte des neiges	piena *(f)* dovuta allo scioglimento della neve	1657
motte *(f)* de gazon; motte *(f)* d'herbe	zolla *(f)* erbosa	1658
revêtement *(m)* en plaques de gazon	rivestimento *(m)* con piote erbose; impiotamento *(m)*	1659
gazon *(m)* préfabriqué; gazon *(m)* en rouleau	tappeto *(m)* erboso pronto; tappeto *(m)* preconfezionato; rullo *(m)* di tappeto erboso	1660
plaque *(f)* de gazon	piota *(f)* erbosa; pezzo *(m)* di cotico erboso	1661
bande *(f)* de gazon	nastri *(m,pl)* di cotico	1662
paroi *(f)* végétalisée avec des herbacées	muro *(m)* verde	1663
		739
engazonnement *(m)*; enherbement *(m)*	inerbimento *(m)*	1664
mise *(f)* en place de gazon	posa *(f)* in opera di manto erboso; pinzollamento *(m)* artificiale	1665
		1660
zone *(f)* à bois tendre	zona *(f)* delle delle specie a legno tenero; prato *(m)* ripario con specie a legno tenero	1666
sol *(m)*	suolo *(m)*	1667
		331
aération *(f)* du sol	areazione *(f)* del suolo	1668
génie *(m)* biologique	ingegneria *(f)* naturalistica	1669
classification *(f)* des sols	classificazione *(f)* del suolo	1670
compactage *(m)* de(s) sol(s)	compattamento *(m)*; consolidamento *(m)*; costipamento *(m)* del terreno	1671
conservation *(f)* des sols	conservazione *(f)* del suolo	1672
		1671
couvrant le sol; tapissant (le sol)	coprente il suolo; tappezzante	1673
solifluction *(f)*	reptazione *(f)*; soliflusso *(m)*; movimento *(m)* localizzato del terreno	1674
dépôt *(m)* de terre	deposizione *(f)* di terra; deposizione *(f)* di materiale	1675
formation *(f)* des sols	formazione *(f)* del suolo	1676
érosion *(f)* des sols	erosione *(f)* del suolo	1677
érosion *(f)* du sol	erosione *(f)* del terreno; dilavamento *(m)*	1678
évaporation *(f)* du sol	evaporazione *(f)* del suolo	1679
		1676
gel *(m)* du sol	gelo *(m)* del suolo	1680
horizon *(m)* d'un sol	orizzonte *(m)* [del terreno]	1681
amélioration *(f)* foncière	ammendamento *(m)* del terreno; correzione *(f)* del terreno; miglioramento *(m)*	1682
adjuvant *(m)* du sol	additivi *(m,pl)* del terreno	1683

1684	co	soil investigation; investigation of founding conditions	Baugrunduntersuchung *(f)*
1685	si,de	soil investigation	Bodenuntersuchung *(f)*
1686	de,ew	soil loading	Bodenpressung *(f)*
1687	de	soil map	Bodenkarte *(f)*; Karte *(f)*, bodenkundliche
1688	de,ew	soil mechanics *(pl)*	Bodenmechanik *(f)*
	si	soil moisture	
1689	si	soil moisture regime	Bodenwasserhaushalt *(m)*
1690	si	soil moisture retention	Bodenwasserrückhalt *(m)*
1691	si	soil profile	Bodenprofil *(n)*
1692	de,ew	soil sample	Bodenprobe *(f)*
1693	si	soil saturation	Bodensättigung *(f)*
1694	ew	soil stabilisation	Bodenstabilisierung *(f)*; Bodenverfestigung *(f)*
1695	co	soil stabilisation methods	Stabilbauweise *(f)*
	si	soil structure	
1696	si	soil texture; soil structure	Bodengefüge *(n)*; Bodenstruktur *(f)*
1697	si	soil type; type of soil	Bodenart *(f)*
1698	si	soil water retention capacity; water absorbing capacity	Wasserrückhaltevermögen *(n)* des Bodens
1699	si	soil, acid	Boden *(m)*, saurer
1700	si	soil, alkaline; soil, basic	Boden *(m)*, basischer
	si	soil, basic	
1701	si,co,ew	soil, compacted	Boden *(m)*, verdichteter
1702	si	soil, frozen	Boden *(m)*, gefrorener; Frostboden *(m)*
1703	si	soil, layered	Boden *(m)*, geschichteter
1704	si	soil, pervious	Boden *(m)*, durchlässiger
1705	si	soil, poorly drained; soil, saturated	Boden *(m)*, stark vernässter
1706	co,ew	soil, poorly graded; soil, poorly sorted	Boden *(m)*, schlecht abgestufter
	si	soil, poorly sorted	
1707	si	soil, residual; soil, undisturbed	Boden *(m)*, gewachsener
	si	soil, saturated	
	si	soil, undisturbed	
1708	hd	solar radiation; insolation	Sonneneinstrahlung *(f)*
	am	soldier	
	de	*solid*	
	rw	solid gravity dam	
1709	gm,si	solid rock	Festgestein *(n)*
	np	solifluxion	
1710	co,de,ew,si	sounding; probe; investigation	Sondierung *(f)*
	rm,gm,hy	source of bedload	
1711	de	source of danger	Gefahrenquelle *(f)*; Gefahrenherd *(m)*
	hd	source stream	
	hd	source; fountain; well	
1712	tc	sow (to)	aussäen; ansäen
	tc	sow (to)	
1713	tc	sowing	Aussaat *(f)*
1714	ve	spacing	Pflanzverband *(m)*

étude *(f)* du sol de fondation; étude *(f)* du sous-sol	analisi *(f)* del terreno di fondazione	1684
analyse *(f)* de sol	analisi *(f)* pedologica	1685
compression *(f)* des sols	compressione *(f)* del suolo	1686
carte *(f)* pédologique	carta *(f)* pedologica	1687
mécanique *(f)* des sols	meccanica *(f)* delle terre	1688
		569
régime *(m)* des eaux souterraines	bilancio *(m)* idrico del terreno	1689
rétention *(f)* de l'eau du sol	ritenzione *(f)* idrica del terreno	1690
profil *(m)* du sol	profilo *(m)* del suolo	1691
échantillon *(m)* de sol	analisi *(f)* del terreno; campione *(m)* di terreno	1692
saturation *(f)* du sol	saturazione *(f)* del suolo	1693
stabilisation *(f)* du sol; consolidation *(f)* du sol	stabilizzazione *(f)* del suolo; consolidamento *(m)* del suolo	1694
stabilisation *(f)* en profondeur	intervento *(m)* stabilizzante	1695
		1696
structure *(f)* du sol	struttura *(f)* del suolo; struttura *(f)* del terreno	1696
type *(m)* de sol	tipo *(m)* di suolo	1697
capacité *(f)* de rétention d'eau des sols	capacità *(f)* di ritenzione idrica del terreno	1698
sol *(m)* acide	suolo *(m)* acido	1699
sol *(m)* alcalin	suolo *(m)* basico	1700
		1700
sol *(m)* compacté	suolo *(m)* costipato; suolo *(m)* compattato	1701
sol *(m)* gelé	suolo *(m)* gelato; terreno *(m)* gelato; permafrost *(m)*	1702
sol *(m)* stratifié	suolo *(m)* stratificato	1703
sol *(m)* perméable	suolo *(m)* permeabile	1704
sol *(m)* détrempé	suolo *(m)* molto bagnato	1705
sol *(m)* à granulométrie mal répartie	terreno *(m)* malamente gradonato	1706
		1706
sol *(m)* évolué	suolo *(m)* vergine; suolo *(m)* vegetale	1707
		1705
		1707
rayonnement *(m)* solaire; insolation *(f)*	insolazione *(f)*; assolazione *(f)*	1708
		1240
		1751
		752
bloc *(m)* de roche massive	roccia *(f)* coerente	1709
		1674
sondage *(m)*	sondaggio *(m)*	1710
		379
source *(f)* de danger	fonte *(f)* di pericolo	1711
		822
		1729
semer; ensemencer	seminare	1712
		1520
ensemencement *(m)*	disseminazione *(f)*	1713
espacement *(m)*	sesto *(m)* d'impianto; spaziatura *(f)*	1714

	co,de	span distance	
1715	co,de	span; span distance	Spannweite *(f)*
1716	fa	spawn	Laich *(m)*
1717	fa	spawning place	Laichplatz *(m)*
1718	pl	species of wood; kind of wood; wood type	Gehölzart *(f)*
	ew,hy	specific gravity	
	hy	specific head	
1719	ew,hy	specific weight; specific gravity	Gewicht *(n)*, spezifisches; Raumgewicht *(n)*
1720	ve	sphagnum moss; sphagnum sp.	Torfmoos *(n)*
	ve	sphagnum sp.	
	am	spieker	
	rm,np,hy	spill (to)	
1721	rw	spillway	Hochwasserentlastung *(f)*
	rw	spillway	
	np	splash erosion	
1722	am	split gravel; chips	Splitt *(m)*
1723	ec	spontaneous cover with greenery	Selbstbegrünung *(f)*
1724	tc	spot planting (grass)	Plaggenpflanzung *(f)*
1725	tc	spot seeding	Plätzesaat *(f)* [A]; Tellersaat *(f)*; Platzsaat *(f)*
1726	ma	spraying	Bespritzen *(n)*
1727	tc	spraying method [seeding]	Anspritzverfahren *(n)* [säen]
	tc	spraying method; seeding method by spraying	
	ve	spread capacity	
	pl	spreading rooter	
1728	tc	sprig planting	Halmpflanzung *(f)*
1729	hd	spring; source; fountain; well	Quelle *(f)*
	hd	spring	
1730	hd, rm	spring area; headwaters	Quellgebiet *(n)*
	hd	spring discharge	
1731	rm,ec	spring protection area; watershed area, protected	Quellschutzgebiet *(n)*
1732	rm	*spring* water	Quellwasser *(n)*
1733	hd	spring, artesian	Quelle *(f)*, artesische
1734	ew	sprinkler irrigation; sprinkling	Beregnung *(f)*
	ew	sprinkling	
	pl	sprout	
1735	pl	sprout (to)	austreiben
1736	tc	sprout planting	Triebpflanzung *(f)*
	pl	sprouting	
1737	pl	sprouting capacity; sprouting vigour	Ausschlagfähigkeit *(f)*; Ausschlagvermögen *(n)*
1738	ve	sprouting shrub; rooting shrub	Strauch *(m)*, ausschlagfähiger
	pl	sprouting vigour	

Français	Italiano	No.
		1715
portée *(f)*	luce *(f)*	1715
frai *(m)*	fregola *(f)*	1716
frayère *(f)*	vivaio *(m)* per pesci; posto *(m)* ove i pesci vanno in fregola	1717
espèce *(f)* ligneuse	specie *(f)* legnosa	1718
		1719
		499
poids *(m)* spécifique	peso *(m)* specifico	1719
sphaigne *(f)*	sfagno *(m)*	1720
		1720
		1758
		1140
évacuateur *(m)* de crues; déversoir *(m)* de crues	scarico *(m)* della piena; scolmamento *(m)*	1721
		1342
		1297
gravillon *(m)*	ghiaino *(m)* di frantumazione; pietrisco *(m)*	1722
reverdissement *(m)* spontané	rinverdimento *(m)* spontaneo; inverdimento *(m)*	1723
plantation *(f)* en motte (herbacées)	piantagione *(f)* a buche con copertura di piode	1724
ensemencement *(m)* par placette; ensemencement *(m)* par secteur	semina *(f)* a piazzole; piazzette *(f,pl)*	1725
pulvérisation *(f)*	irroramento *(m)*	1726
pulvérisation *(f)* [ensemencement]	idrosemina *(f)*	1727
		862
		904
		538
mise *(f)* en terre de chaumes	piantagione *(f)* di culmi	1728
source *(f)*	sorgente *(f)*	1729
		2080
zone *(f)* des sources	regione *(f)* sorgentifera	1730
		394
zone *(f)* de protection des sources	zona *(f)* di protezione delle sorgenti; zona *(f)* di rispetto delle sorgenti	1731
eau *(f)* de source	acqua *(f)* di sorgente	1732
source *(f)* artésienne	sorgente *(f)* artesiana	1733
arrosage *(m)* par aspersion	irrigatore *(m)* a pioggia	1734
		1734
		1572
bourgeonner	cacciare *(m)* di piante	1735
plantation *(f)* de pousses	piantagione *(f)* di rizomi	1736
		717
capacité *(f)* de rejet	capacità *(f)* di propagazione vegetativa	1737
buisson *(m)* capable de rejeter	arbusto *(m)* con capacità di propagazione vegetativa	1738
		1737

1739	pl	spruce [Picea abies]	Fichte *(f)*; Rottanne *(f)* [CH]
	am,co	spud; grouser	
1740	rw	spur; groyne	Sporn *(m)*
1741	am	square timber; beam	Kantholz *(n)*
1742	ew,hy,co, si	square-hole sieve	Quadratlochsieb *(n)*
1743	de	stabilisation	Stabilisierung *(f)*
1744	tc	stabilisation of dunes	Dünenbefestigung *(f)*
1745	de,tc	stabilisation using vegetation	Stabilisierung *(f)* durch Vegetation
1746	ew	stabilisation work	Konsolidierungsarbeiten *(f,pl)*
1747	co	stabilising construction	Stabilbauweise *(f)*
1748	de,ew,co	stability against collapse	Standsicherheit *(f)*
1749	ew,de	stability against sliding	Gleitsicherheit *(f)*
1750	de	stability against tilting	Kippsicherheit *(f)*
1751	de	stable; solid	stabil; standfest
	hy	stable reach	
1752	rm	stable river	Fluss *(m)* im Gleichgewicht
1753	de	stage	Stadium *(n)*
	hy	stage (water)	
1754	hy	stage gauge	Limnigraph *(m)*
1755	fo	stage of development	Entwicklungsstufe *(f)*
	hy	stage recorder; water level recorder	
1756	hy	stage-discharge curve	Abflusskurve *(f)*
1757	hd,si,ew	stagnant water	Stauwasser *(n)*; Gewässer *(n)*, stehendes
1758	am	stake; spieker	Pflock *(m)*
1759	de	stake (to) out; peg (to); mark (to) out [field, borders]	abstecken
	am	stake; round timber; gum pole	
1760	de	staking out; setting-out	Absteckung *(f)*
1761	fo	stand density	Bestandesdichte *(f)*
1762	am	stand pipe; manhole	Kontrollschacht *(m)*
1763	fo	stand structure	Bestandesaufbau *(m)*
1764	ma	stand tending	Bestandespflege *(f)*
1765	de,ew,rw	standard cross-section; design cross section	Normalprofil *(n)*
1766	np	starting zone of rock fall	Abbruchgebiet *(n)*; Anbruchgebiet *(n)*
1767	hd	station, hydrometric	Station *(f)*, hydrometrische
	si,de	station; location; habitat [bot.]	
	am	stay	
1768	hd	steady rain; persistent rain; drizzle	Landregen *(m)*
	am	steel bars	
1769	am	steel cable; cable	Drahtseil *(n)*
1770	de	steep	steil
1771	rm	steep bank; escarpment; vertical bank	Steilufer *(n)*
	ew,de	steep slope	
1772	gm	steep slope; precipice; steep place	Steilhang *(m)*
1773	gm,ew,co	steepness	Steilheit *(f)*

épicea *(m)*	abete *(m)* rosso; picea *(f)*	1739
		48
éperon *(m)*	repellente *(m)*; pennello *(m)*	1740
bois *(m)* équarri	legname *(m)* squadrato	1741
tamis *(m)*	staccio *(m)* a maglie quadrate	1742
stabilisation *(f)*	stabilizzazione *(f)*	1743
stabilisation *(f)* des dunes	stabilizzazione *(f)* delle dune	1744
stabilisation *(f)* végétale	sistemazione *(f)* a verde; consolidamento *(m)* biologico	1745
travaux *(m,pl)* de consolidation	lavori *(m,pl)* di consolidamento	1746
construction *(f)* de stabilisation	intervento *(m)* stabilizzante	1747
précaution *(f)* contre l'effondrement; stabilité *(f)*	stabilità *(f)* al ribaltamento	1748
stabilisation *(f)* des glissements	stabilità *(f)* allo slittamento	1749
résistance *(f)* au renversement	resistenza *(f)* al ribaltamento	1750
stable	stabile	1751
		504
cours d'eau *(m)* en équilibre	fiume *(m)* in equilibrio; fiume *(m)* a regime	1752
phase *(f)*; stade *(m)*	stadio *(m)*; fase *(f)*	1753
		2038
limnigraphe *(m)*	limnigrafo *(m)*	1754
stade *(m)* de développement	stadio *(m)* di sviluppo	1755
		706
courbe *(f)* d'étalonnage	curva *(f)* di deflusso	1756
eau *(f)* stagnante	acqua *(f)* stagnante	1757
piquet *(m)*	picchetto *(m)*; paletto *(m)*	1758
jalonner; tracer	picchettare; tracciare	1759
		979
jalonnement *(m)*; traçage *(m)*; pîquetage *(m)*	picchettamento *(m)*; tracciamento *(m)*	1760
densité *(f)* du peuplement	densità *(f)* del soprassuolo	1761
regard *(m)*	pozzetto *(m)* di controllo	1762
structure *(f)* du peuplement	struttura *(f)* del soprassuolo	1763
soins *(m,pl)* au peuplement	cura *(f)* del soprassuolo	1764
profil *(m)* courant	profilo *(m)* normale	1765
zone *(f)* de décrochement	area *(f)* franosa; zona *(f)* di distacco	1766
station *(f)* hydrométrique	stazione *(f)* idrometrica	1767
		1601
		49
pluie *(f)* persistante	pioggia *(f)* persistente; pioggia *(f)* continua	1768
		1338
câble *(m)* métallique	fune *(f)* metallica a trefoli	1769
abrupt	ripido	1770
berge *(f)* verticale; berge *(f)* à pic	sponda *(f)* ripida	1771
		520
précipice *(m)*	versante *(m)* ripido	1772
pente *(f)*; escarpement *(m)*	ripidità *(f)*	1773

1774	pl	stele	Splintholz *(n)*
1775	pl	stem; tree trunk	Stamm *(m)*; Baumstamm *(m)*
1776	dc,pl	stem of reed; reed cutting	Halmsteckling *(m)* [Schilf]
1777	ec	stenoecious species	Art *(f)*, stenözische
1778	dc	step berm	Trittberme *(f)*
	rw	step-wise correction works; heel-to-toe correction works; check dam series	
1779	co	steps [to build in]	abtreppen
1780	am	stiffening; strutting; bracing	Aussteifung *(f)*
1781	de	stiffness	Steife *(f)*
1782	rw	stilling basin; stillling pond; absorption basin; stilling pool	Tosbecken *(n)*; Beruhigungsbecken *(n)*
	rw	stillling pond; absorption basin; stilling pool	
	si	stock of water	
1783	fo	stocking; growing stock	Bestockung *(f)*
1784	am	stone	Stein *(m)*
1785	am	stone lining of a concrete structure	Steinverkleidung *(f)*
1786	co	stone masonry wall	Zementmörtelmauer *(f)*
1787	pl	stone pine [Pinus cembra]; cembran pine	Arve *(f)* [CH]; Zirbe *(f)* [A,D]
	am	stone slab	
	ew	stone wall without mortar	
	rw	stone-lined ditch	
1788	hy	storage capacity	Stauraumkapazität *(f)*; Speichervermögen *(n)*
1789	rw	storage dam; major storage dam	Talsperre *(f)*; Stausperre *(f)*
	hy	storage effect	
	hy	storage head	
1790	hy	storage volume	Stauraumvolumen *(n)*
1791	hy	storage water level; max. reservoir water level; normal pool level [US]	Stauziel *(n)*
	hd	storm rainfall; downpour	
1792	rm, rw	straight reach	Strecke *(f)*, gerade
1793	rw	straightening; rectification; channel realignment	Begradigung *(f)* [eines Flusses]
1794	ew,hd,si	stratification; bedding	Schichtung *(f)*; Lagerung *(f)*
1795	ve	stratification; layered	Stufigkeit *(m)*
1796	si,gm	stratified	geschichtet
1797	ew,hd,si	stratified layers	schichtweise
1798	fo	stratified stand	Bestand *(m)*, stufiger
1799	ew,hd,si	stratified structure	Aufbau *(m)*, geschichteter
1800	ew,hd,si	stratum [geological]	Schicht *(f)* [geologisch]
	ew,hd,si	stratum; sheet; bed; course	

aubier *(m)*	alburno *(m)*	1774
fût *(m)*; tige *(f)*	tronco *(m)*	1775
chaume *(m)* [tige *(f)* de roseau pour reproduction végétative]	talea *(f)* di culmo [di canna]	1776
espèce *(f)* sténoïque	specie *(f,pl)* stenoecie	1777
berme *(f)* [en petites terrasses]	sentieramento *(m)*; piazzola *(f)*	1778
		228
terrasser en gradin	terrazzare	1779
raidissage *(m)*	irrigidimento *(m)*; rinforzo *(m)*	1780
raideur *(f)*	puntello *(m)*; consistenza *(f)*	1781
fosse *(f)* de dissipation d'énergie; bassin *(m)* d'amortissement	bacino *(m)* di dissipazione; bacino *(m)* di smorzamento; dissipatore *(m)*	1782
		1782
		76
massif *(m)* forestier	rimboschimento *(m)*; copertura *(f)*; soprassuolo *(m)*; popolamento *(m)*	1783
pierre *(f)*	pietra *(f)*	1784
revêtement *(m)* en pierres d'un ouvrage en béton	rivestimento *(m)* con pietrame a faccia vista	1785
ouvrage *(m)* en maçonnerie	muratura *(f)* di pietrame con malta	1786
arolle *(m)*; pin *(m)* d'arolle	pino *(m)* cembro; cirmolo *(m)*	1787
		1419
		473
		1156
capacité *(f)* de retenue; capacité *(f)* de stockage	capacità *(f)* di ritenuta; capacità *(f)* d'invaso	1788
barrage *(m)* réservoir; grand barrage *(m)* de retenue hydraulique	diga *(f)* di ritenuta; diga *(f)* di sbarramento	1789
		870
		871
volume *(m)* du réservoir; volume *(m)* de stockage	volume *(m)* d'invaso	1790
hauteur *(f)* maximale de rétention	altezza *(f)* massima d'invaso	1791
		823
tronçon *(m)* rectiligne	tratto *(m)* rettilineo	1792
rectification *(f)* d'un cours d'eau; redressement *(m)*; correction *(f)*	rettificazione *(f)* [d'un fiume]	1793
stratification *(f)*	stratificazione *(f)*	1794
étagement *(m)*	stratificazione *(f)* della vegetazione	1795
stratifié	stratificato	1796
méthode *(f)* de stratification	a strati	1797
peuplement *(m)* étagé	soprassuolo *(m)* stratificato	1798
structure *(f)* stratifiée	struttura *(f)* stratificata	1799
couche *(f)* géologique	strato *(m)* geologico	1800
		941

1801	tc	straw mattress with included seeds	Stroh-Matte *(f)* mit eingearbeitetem Saatgut
1802	tc	straw mulching	Strohdeckschicht *(f)*; Mulchschicht *(f)* aus Stroh
1803	tc	straw seeding	Strohdecksaat *(f)*
1804	rm	stream; brook; creek; rivulet	Bach *(m)*
	rm	stream	
	am,hd	stream (to); drip (to)	
1805	rm,de	stream centre-axis	Flussachse *(f)*
1806	hy	stream gauging	Wassermessung *(f)*
1807	rm	stream, constant	Fluss *(m)*, beständiger
1808	rm	stream, flashy	Fluss *(m)* mit schnell veränderlichem Abfluss
	np,rm	streambank cut	
	rw	streambank revetment; longitudinal construction; guide wall	
1809	rw	streambed displacement; channel shifting	Bachverwerfung *(f)*; Bachverlegung *(f)*
	co	strengthening; stiffening; strutting	
1810	co,ew,de	stress	Beanspruchung *(f)*; Spannung *(f)*
1811	co,ew,de	stress distribution	Spannungsverteilung *(f)*
1812	gm	strike [of a stratum]	Streichen *(n)* [einer Gesteinsschicht]
1813	ew	strip (to); carry away (to)	abtragen
1814	co	stripping	Ausschalen *(n)*
1815	fa	stripping bark; debarking	Abfressen *(n)* der Rinde; Schälen *(n)*
1816	de	structural analysis	Berechnung *(f)*, statische
	gm,ec	structural diversity	
1817	co	structure	Bauwerk *(n)*
	si	structure	
	am	strut; stay; stanchion	
	am	strutting; bracing	
1818	ba	stub logging	Stockrodung *(f)*
	co	stub logging; grubbing out	
1819	pl	stump (of a tree); tree stump; trunk	Wurzelstock *(m)*; Baumstrunk *(m)*; Baumstumpf *(m)*
1820	co	stump removal; stub logging; grubbing out	Wurzelstockentfernung *(f)*; Stockrodung *(f)*
	pl	stump shoot	
1821	pl	stump sprout; stump shoot	Stockausschlag *(m)*
1822	hd	sub-catchment	Teileinzugsgebiet *(n)*
1823	de	sub-contractor	Subunternehmer *(m)*
1824	hy	submerge	überstauen
1825	rw	submerge (to)	eintauchen
1826	rw	submerged groyne	Tauch-Buhne *(f)*
	rw	submerged sill	
1827	tc	submerged tree	Sinkbaum *(m)*
1828	si,ew	submerged unit weight	Raumgewicht *(n)* unter Wasser

natte *(f)* de paille pré-ensemencée; natte *(f)* de paille avec semence	stuoia *(f)* in juta preseminata	1801
paillage *(m)*	strato *(m)* di copertura in paglia; strato *(m)* di copertura a mulch	1802
semis *(m)* avec paillage	semina *(f)* su strato di paglia	1803
ruisseau *(m)*	ruscello *(m)*	1804
		648
		635
axe *(m)* d'un cours d'eau	asse *(m)* del fiume	1805
jaugeage *(m)*	misura *(f)* di portata	1806
cours d'eau *(m)* permanent	fiume *(m)* permanente	1807
cours d'eau *(m)* à régime torrentiel; cours d'eau *(m)* à changements de débits rapides	fiume *(m)* con deflusso rapidamente variabile; fiume *(m)* a carattere torrentizio	1808
		92
		1939
déplacement *(m)* du lit; changement *(m)* naturel du lit	spostamento *(m)* del letto; deviazione *(f)* del letto	1809
		1337
contrainte *(f)*; tension *(f)*	sollecitazione *(f)*; tensione *(f)*	1810
répartition *(f)* des tensions; répartition *(f)* des contraintes	distribuzione *(f)* delle sollecitationi	1811
pendage *(m)*; direction *(f)* d'une couche géologique	scorrimento *(m)* d'uno strato roccioso	1812
déblayer; aplanir	asportare; togliere	1813
décoffrage *(m)*	disarmo *(m)*	1814
écorçage *(m)*; abroutissement *(m)* de l'écorce	scortecciatura *(f)*; decorticatura *(f)* da selvaggina	1815
analyse *(f)* statique	calcolo *(m)* statico	1816
		1177
ouvrage *(m)*	opera *(f)*; manufatto *(m)*; costruzione *(f)*	1817
		1895
		1842
		1780
rabattement *(m)* de souche	dicioccatura *(f)*	1818
		1820
souche *(f)*	ceppaia *(f)*	1819
désouchage *(m)*; rabattement *(m)* de souche	estrazione *(f)* delle ceppaie	1820
		1821
rejet *(m)* de souche; rejet *(m)*	pollone *(m)*	1821
bassin *(m)* versant partiel	bacino *(m)* imbrifero parziale	1822
sous-traitant *(m)*	subappaltatore *(m)*	1823
irriger par submersion; submerger	superare il limite medio d'invaso; sommergere	1824
submerger	immergere	1825
épi *(m)* plongeant; épi *(m)* immergé	pennello *(m)* sommerso	1826
		768
arbre *(m)* immergé	albero *(m)* intero sommerso; ciuffata *(f)*	1827
poids *(m)* spécifique sous l'eau	peso *(m)* specifico sott'acqua	1828

	np,hy	submersion	
1829	de	submission	Submission *(f)*
1830	ew, np	subsidence [soil, footings]; sinking; settlement	Absackung *(f)* [Boden, Fundament]
1831	ew,rw,co,si	subsoil	Untergrund *(m)*
	co, de	subsoil	
	ma, pl	substance hindering germination	
1832	hd	subsurface flow; underground runoff	Abfluss *(m)*, unterirdischer
1833	hd	subsurface water	Wasser *(n)*, unterirdisches
1834	hd	subsurface water flow	Wasserlauf *(m)*, unterirdischer
1835	ve	succession	Sukzession *(f)*
1836	ve	successional phase	Sukzessionsphase *(f)*
	np	successive failure	
1837	pl	sucker; feeder root; absorbing root	Saugwurzel *(f)*
	pl	sucker; stolon; creeping shoot	
1838	pl	suction power [plant]	Saugfähigkeit *(f)* [Pflanze]
1839	pl,de	suitable for the site; appropriate for the site	standort(s)gerecht
1840	ma	sullage; liquid manure	Jauche *(f)* [D,A]; Gülle *(f)* [CH]
1841	rw,tc	sunken fascine roll	Faschinensenkwalze *(f)*; Senkwalze *(f)*
	si	sunless; without sunshine	
	ve	supply	
1842	am	support; strut; stay; stanchion	Stütze *(f)*
	co,rw	support	
	am	support	
1843	am	support (to)	stützen
1844	ew,co	supporting structure	Stützwerk *(n)*
1845	rm	surf; surge	Brandung *(f)*
	hy	surface curve	
1846	gm,np	surface erosion	Oberflächenerosion *(f)*
1847	ew	surface irrigation	Oberflächenbewässerung *(f)*
1848	co	surface protection	Oberflächenschutz *(m)*
1849	tc	surface protection construction	Deckbauweise *(f)*
1850	np	surface slip	Oberflächenrutsch *(m)*
	si	surface soil	
1851	de	surface stability	Oberflächenstabilität *(f)*
1852	hy	surface velocity	Oberflächengeschwindigkeit *(f)*
1853	rm	surface water	Oberflächengewässer *(n)*
	hy	surge	
	rm	surge	
1854	de	survey	Vermessung *(f)*
1855	de	survey, topographic	Aufnahme *(f)*, topographische
1856	hy	suspended-sediment	Schwebstoffe *(m,pl)*; Schweb *(n)*
1857	hy	suspended-sediment concentration	Schwebstoffkonzentration *(f)*

Français	Italiano	N°
		631
soumission *(f)*	concorso *(m)* d'appalto; submissione *(f)*	1829
affaissement *(m)*	smottamento *(m)* [del terreno, delle fondamenta]; piccola frana *(f)*; sprofondamento *(m)* [del terreno, delle fondamenta]	1830
sous-sol *(m)*	sottosuolo *(m)*	1831
		763
		719
écoulement *(m)* souterrain; sous-écoulement *(m)*	deflusso *(m)* sotterraneo	1832
eau *(f)* souterraine	acqua *(f)* sotterranea	1833
rivière *(f)* souterraine; cours d'eau *(m)* souterrain	corso *(m)* d'acqua sotterraneo	1834
succession *(f)*	successione *(f)*	1835
phase *(f)* de succession	fase *(f)* di successione	1836
		1262
radicelle *(f)*; racine *(f)* absorbante	radice *(f)* succhiante	1837
		1463
capacité *(f)* de succion	potere *(m)* d'assorbimento [pianta]; potere *(m)* di suzione [pianta]	1838
conforme à la station	adatto alle caratteristiche stazionali	1839
lisier *(m)*; purin *(m)*	liquame *(m)*; colaticcio *(m)*	1840
fascine *(f)* à noyau	rullo *(m)* di fascine sommerso	1841
		1549
		784
support *(m)*	puntello *(m)*; supporto *(m)*	1842
		7
		166
supporter	puntellare; sostenere	1843
structure *(f)* de support	struttura *(f)* di supporto	1844
ressac *(m)*	risacca *(f)*	1845
		851
érosion *(f)* en surface	erosione *(f)* superficiale	1846
irrigation *(f)* superficielle	irrigazione *(f)* delle superfici	1847
protection *(f)* de surface	protezione *(f)* della superficie	1848
protection *(f)* de couverture	intervento *(m)* di copertura	1849
glissement *(m)* en surface	frana *(f)* superficiale	1850
		1926
stabilité *(f)* des couches superficielles	stabilità *(f)* superficiale	1851
vitesse *(f)* de surface	velocità *(f)* di superficie	1852
eaux *(f,pl)* de surface	acque *(f,pl)* di superficie	1853
		846
		1845
mensuration *(f)*	misurazione *(f)*; rilevamento *(m)*	1854
relevé *(m)* topographique	rilievo *(m)* topografico	1855
matériaux *(m,pl)* en suspension; troubles *(m,pl)*	materiale *(m)* da dilavamento in sospensione; sedimenti *(m,pl)* fini; torbida *(f)*	1856
concentration *(f)* en sédiment en suspension	concentrazione *(f)* del materiale solido in sospensione	1857

1858	hy	suspended-sediment discharge; suspended-sediment transport	Schwebstofführung *(f)*; Schwebstofftransport *(m)*
1859	hy	suspended-sediment load	Schwebstofffracht *(f)*; Schwebstoffbelastung *(f)*
	hy	suspended-sediment transport	
	am	swamp reed roll	
1860	rm,gm	swamp; bog; marsh	Sumpf *(m)*; Morast *(m)*
1861	ew,si	swampy; marshy; boggy	sumpfig
1862	rw	swell	Wellengang *(m)*
	hy	swell	
	hy	swell	
1863	hy	swelling; swell	Anschwellung *(f)*
1864	hy	swirl; eddy	Strudel *(m)*
1865	ec	symbionants (pl)	Symbionten *(f,pl)*
1866	ec	symbiosis	Symbiose *(f)*
1867	gm	syncline; hollow	Mulde *(f)*; Geländemulde *(f)*
1868	ec	synecology	Synökologie *(f)*
1869	am	synthetic mesh; plastic mesh; plastic net	Kunststoffgewebe *(n)*; Kunststoffnetz *(n)*
1870	gm	tableland; high plateau	Hochebene *(f)*
1871	rw	tail race channel	Unterwasserkanal *(m)*
1872	hy	tailwater	Unterwasser *(n)*
	pl	take root (to)	
	pl	tall forbs	
	pl	tall-trunked tree	
1873	gm,si	talus; rock debris; rock rubble	Felsschutt *(m)*; Trümmerschutt *(m)*
	gm	talus cone; debris cone; debris fan	
1874	np	talus creep	Schuttkriechen *(n)*
	gm	talus material	
	gm	talus slope	
1875	pl	tap root	Pfahlwurzel *(f)*
1876	de	technical term	Fachausdruck *(m)*
1877	gm	temperate zone	Zone *(f)*, gemässigte
1878	tc	temporary vegetation seed	Übergangssaat *(f)*
1879	rw	temporary weir	Behelfswehr *(n)*
1880	ma	tending; maintenance	Pflege *(f)*
1881	*ma*	*tending objective*	Pflegeziel *(n)*
1882	ma	tending of young plantings	Kulturpflege *(f)*
1883	ew,pl	tensile strength	Zugfestigkeit *(f)*
1884	ew	tensile stress	Zugspannung *(f)*
1885	de	tension	Zug *(m)*
1886	am	tension brace; tension rod	Zugstab *(m)*
1887	gm,co	tension crack	Zugriss *(m)*
	am	tension rod	
1888	ew	tension zone	Zugspannungszone *(f)*
1889	pl	terminal bud; apical bud; end bud	Endknospe *(f)*; Gipfelknospe *(f)*
1890	ve	terminal phase	Terminalphase *(f)*
	pl	terminal shoot	
1891	rw	terrace; shoulder; berm	Bankett *(n)*; Berme *(f)*

débit *(m)* solide en suspension; transport *(m)* de matière en suspension	portata *(f)* solida in sospensione	1858
charge *(f)* solide en suspension	carico *(m)* del materiale solido in sospensione	1859
		1858
		1018
marais *(m)*; marécage *(m)*	palude *(f)*; terreno *(m)* fangoso	1860
marécageux	paludoso	1861
action *(f)* des vagues; houle *(f)*	moto *(m)* ondoso forte	1862
		2068
		1863
gonflement *(m)*	aumento *(m)* brusco; rigonfiamento *(m)*	1863
tourbillon *(m)*; remous *(m)*	vortice *(m)*	1864
symbiote *(m)*	simbionti *(m,pl)*	1865
symbiose *(f)*	simbiosi *(f)*	1866
combe *(f)*	depressione *(f)* [del versante]; sinclinale *(m)*	1867
synécologie *(f)*	sinecologia *(f)*	1868
filet *(m)* synthétique	tessuto *(m)* di materiale sintetico; rete *(f)* di materiale sintetico	1869
haut-plateau *(m)*	altopiano *(m)*	1870
canal *(m)* de déchargement; canal *(m)* de fuite	canale *(m)* di scarico	1871
eau *(f)* d'aval	acqua *(f)* sotterranea	1872
		1429
		833
		835
clapier *(m)*	detrito *(m)* di falda	1873
		549
solifluction *(f)* de dépôt	soliflusso *(m)* di detrito	1874
		368
		1497
racine *(f)* pivotante	radice *(f)* fittonante	1875
terme *(m)* technique	termine *(m)* tecnico	1876
zone *(f)* tempérée	zona *(f)* temperata	1877
semis *(m)* intermédiaire; semis *(m)* provisoire	semina *(f)* provvisoria	1878
barrage *(m)* provisoire	difesa *(f)* provvisoria	1879
soins *(m,pl)* culturaux	allevamento *(m)*; cure *(f,pl)* colturali	1880
but *(m)* cultural	obiettivo *(m)* colturale	1881
soins *(m,pl)* aux cultures	cura *(f)* colturale	1882
résistance *(f)* à la traction	resistenza *(f)* alla trazione	1883
contrainte *(f)* de tension	sollecitazione *(f)* di trazione	1884
traction *(f)*	trazione *(f)*	1885
entretoise *(f)*	tirante *(m)*	1886
fissure *(f)* de tension	fessura *(f)* da trazione	1887
		1886
zone *(f)* de tension; zone *(f)* de traction	zona *(f)* di sollecitazione a trazione	1888
bourgeon *(m)* terminal	gemma *(f)* terminale	1889
phase *(f)* terminale	fase *(f)* terminale	1890
		1925
banquette *(f)*	gradone *(m)*; banchina *(f)*; banquette *(f)*	1891

1892	ew	terrace; berm	Terrasse *(f)*; Berme *(f)*
1893	co	terrace (to)	terrassieren
1894	co	terracing	Terrassenbau *(m)*; Bermenbau *(m)*
	de	terrain level	
1895	si	texture; structure	Gefüge *(n)*
1896	hy,rm	thalweg [of a river]	Talweg *(m)* [eines Flusses]
1897	np	thaw (to)	auftauen
1898	am	thick board; plank	Bohle *(f)*
1899	de,si,ew	thickness	Mächtigkeit *(f)*
1900	hd	thickness of aquifer	Grundwassermächtigkeit *(f)*
1901	ma, fo	thinning	Durchforstung *(f)*; Auslichten *(n)*; Auslichtung *(f)*
1902	ma	thinning out	auslichten; durchforsten
	hy	threshold of motion	
1903	hy	threshold of sediment transport; threshold of motion	Sedimenttransportbeginn *(m)*
1904	hd	thunderstorm; downpour	Gewitterregen *(m)*
1905	am	tie wire; wire for tying; binding wire	Bindedraht *(m)*
1906	dc	timber; construction wood; lumber [US]	Bauholz *(n)*
1907	rw	timber apron for scour protection	Vorfeldbedielung *(f)*
1908	rm	timber debris; drift wood	Schwemmholz *(n)*
	am	timber form	
1909	rw	timber sill; wooden sill	Holzschwelle *(f)*
1910	fo	timber stand; forest stand	Bestand *(m)*
1911	tc	timber wall	Pfahlwand *(f)* [Holz]
1912	tc,rw	timber-crib dam	Kastenfangdamm *(m)*
1913	ve	timberline; forest limit	Waldgrenze *(f)*, obere
1914	hd,hy	time lag [discharge]	Zeitverschiebung *(f)* [Abfluss]
	rw,co	tipped stone	
1915	am	tissue [geotextile]	Gewebe *(n)* [Geotextil]
1916	np,gm	toe of a slide; leading edge of a slide	Rutschungsfuss *(m)*
1917	rw	toe of embankment; bottom of riverbank	Uferböschungsfuss *(m)*
1918	gm,ew	toe of slope; bottom of slope	Hangfuss *(m)*
1919	ew	toe protection; toe stabilisation	Fussicherung *(f)*; Hangfussicherung *(f)*; Böschungsfussicherung *(f)*
1920	rw	toe protection; toe stabilisation	Vorgrundsicherung *(f)*
	ew	toe stabilisation	
	rw	toe stabilisation	
	rw	top	
1921	ve	top lawn; lawn surface	Kopfrasen *(m)*
1922	de,ew	top of slope; slope crest	Böschungsoberkante *(f)*
1923	pl	top of tree	Wipfel *(m)*; Baumwipfel *(m)*
1924	ma	top pruning; decapitate	Köpfen *(n)*
1925	pl	top shoot; terminal shoot	Gipfeltrieb *(m)*
	hy	toplayer; natural bed pavement	

terrasse *(f)*; berme *(f)*	terrazza *(f)*	1892
terrasser	terrazzare	1893
terrassement *(m)*	terrazzamento *(m)*; gradonamento *(m)*; coltivazione *(f)* a gradoni	1894
		766
texture *(f)*; structure *(f)*	struttura *(f)*; tessitura *(f)*	1895
thalweg *(m)* [d'une rivière]	asse *(f)* d'impluvio [di un fiume]	1896
dégeler	sgelare	1897
madrier *(m)*	tavolone *(m)*	1898
épaisseur *(f)*	spessore *(m)*	1899
puissance *(f)* de l'aquifère; épaisseur *(f)* de l'aquifère	spessore *(m)* della falda freatica	1900
éclaircie *(f)*; démariage *(m)*	diradamento *(m)*	1901
éclaircir	diradare	1902
		1903
début *(m)* du transport des sédiments	inizio *(m)* del trasporto di sedimentazione; erosione *(f)* incipiente; erosione *(f)* iniziale	1903
pluie *(f)* orageuse	precipitazioni *(f,pl)* temporalesche	1904
fildefer *(m)*	filo *(m)* di ferro	1905
bois *(m)* de construction; bois *(m)* d'oeuvre	legname *(m)* da costruzione	1906
radier *(m)* en bois pour la protection du bassin d'affouillement	platea *(f)* in legno per la protezione contro lo scavo a valle di una briglia	1907
bois *(m)* flottant	legname *(m)* galleggiante	1908
		2115
seuil *(m)* en bois	soglia *(f)* in legname	1909
peuplement *(m)*	popolamento *(m)*; soprassuolo *(m)*	1910
paroi *(f)* en bois	parete *(f)* di pali; palizzata *(f)*	1911
batardeau *(m)* en bois	tura *(f)* in legno; diga *(f)* di ritenuta in legno	1912
limite *(f)* supérieure de la forêt	limite *(m)* superiore del bosco	1913
décalage *(m)* temporel	sfasamento *(m)* [del deflusso]; ritardo *(m)* del deflusso	1914
		1384
tissu *(m)* [géotextile]; natte *(f)*	tessuto *(m)*; geotessile *(m)*	1915
pied *(m)* d'un glissement	piede *(m)* della frana	1916
pied *(m)* de berge	piede *(m)* della scarpata spondale	1917
pied *(m)* de pente; bas *(m)* de la pente	base *(f)* del versante; piede *(m)* del versante	1918
protection *(f)* de pied	consolidamento *(m)* del piede; consolidamento *(m)* del piede della scarpata	1919
protection *(f)* contre l'affouillement; protection *(f)* de pied	protezione *(f)* contro lo scalzamento	1920
		1919
		1920
		327
pelouse *(f)*; gazon *(m)*	cordone *(m)* di zolle erbose di tetestata	1921
sommet *(m)* du talus; crête *(f)* du talus	spigolo *(m)* superiore della scarpata	1922
cime *(f)*	cima *(f)*; cimale *(m)*	1923
écimage *(m)*; étêtage *(m)*	capitozzatura *(f)*; svettamento *(m)*	1924
pousse *(f)* terminale	getto *(m)* terminale	1925
		65

	de	topographic survey	
	rw	topping	
1926	si	topsoil; surface soil	Mutterboden *(m)*
1927	si	topsoil	Bodenkrume *(f)*
1928	ew	topsoil layer	Deckschicht *(f)* [Boden]
1929	rm	torrent; mountain creek	Wildbach *(m)*
1930	rm	torrent bed	Wildbachbett *(n)*
1931	gm,rm	torrent bedload deposits	Wildbachablagerung *(f)*
1932	hd	torrent catchment; torrent watershed	Wildbacheinzugsgebiet *(n)*
1933	rw	torrent channel control; torrent training	Wildbachkorrektion *(f)*; Wildbachregulierung *(f)*
1934	rw	torrent channel diversion	Durchstich *(m)* [Wildbach]
1935	rw	torrent control; torrent training	Wildbachverbauung *(f)*
1936	np	torrent erosion	Wildbacherosion *(f)*
	rw	torrent training	
	rw	torrent training	
	hd	torrent watershed	
1937	rm	torrential river	Wildfluss *(m)*
1938	hy	total sediment load	Gesamtfeststofffracht *(f)*
	hd	totalisator	
	de	training structure	
1939	rw	training wall; streambank revetment; longitudinal construction; guide wall	Längswerk *(n)*; Leitwerk *(n)*
1940	rw	training wall [river]; guide wall [river]	Leitwand *(f)* [Fluss]
1941	hd	transpiration	Transpiration *(f)*
1942	hd	transpire (to)	transpirieren
1943	dc	transplant	Setzling *(m)*
1944	ma	transplant (to); move (to)	versetzen
1945	ec	transplanting	Umsiedlung *(f)* [Pflanzen]
	pl	transplanting	
1946	hy	transversal current; cross current	Querströmung *(f)*
	ew,co,hy,de	transversal gradient	
1947	ew,hy,co,de	transversal section; cross section	Querschnitt *(m)*
1948	ew	transverse drainage	Querdrainage *(f)*
1949	rw	transverse structure	Querwerk *(n)*
	np,gm	trapezoidal shaped gully	
1950	hy	trapping effect	Kammwirkung *(f)*; Auskämmung *(f)*
	dc	trash rack	
1951	ma	trash; garbage; waste	Abfall *(m)*; Müll *(m)* [D, A]
1952	pl	tree	Baum *(m)*
1953	tc	tree and shrub seeding	Gehölzsaat *(f)*
1954	ve	tree line	Baumgrenze *(f)*; Baumgrenze *(f)*, obere
1955	pl	tree nursery	Baumschule *(f)*; Forstgarten *(m)*
1956	pl	tree species	Baumart *(f)*
	tc,rw	tree spur	
1957	ve	tree storey	Baumschicht *(f)*

		1013
		355
terre *(f)* végétale	terra *(f)* vegetale	1926
couverture *(f)* du sol	strato *(m)* più superficiale del terreno	1927
couche *(f)* superficielle	coltre *(f)* superficiale	1928
torrent *(m)*	torrente *(m)*	1929
lit *(m)* torrentiel	letto *(m)* del torrente; alveo *(m)* del torrente	1930
dépôt *(m)* torrentiel	deposito *(m)* di un torrente	1931
bassin *(m)* torrentiel	bacino *(m)* torrentizio	1932
correction *(f)* des lits torrentiels	correzione *(f)* del torrente; regolazione *(f)* del torrente; regolarizzazione *(f)* del torrente; sistemazione *(f)* del torrente	1933
canal *(m)* de dérivation	inalveamento *(m)* nuovo di un torrente; taglio *(m)*	1934
correction *(f)* de torrent	sistemazione *(f)* dei torrenti	1935
érosion *(f)* torrentielle	erosione *(f)* torrentizia	1936
		1933
		1935
		1932
rivière *(f)* torrentielle	fiume *(m)* torrentizio	1937
volume *(m)* total des matériaux transportés	portata *(f)* solida totale	1938
		1296
		1275
ouvrage *(m)* longitudinal	opera *(f)* longitudinale	1939
digue *(f)* longitudinale	argine *(m)* longitudinale; muro *(m)* direzionale deflettente	1940
transpiration *(f)*	traspirazione *(f)*	1941
transpirer	traspirare	1942
plant *(m)*, jeune; plant *(m)* repiqué	piantina *(f)*	1943
transplanter	trapiantare	1944
transplantation *(f)*	trapianto *(m)* [di pianta]; transplantazione *(f)*	1945
		963
courant *(m)* transversal	corrente *(f)* trasversale	1946
		323
profil *(m)*	sezione *(f)*	1947
drainage *(m)* latéral	drenaggio *(m)* trasversale	1948
ouvrage *(m)* transversal	opera *(f)* trasversale	1949
		800
effet *(m)* de peigne	effetto *(m)* a pettine	1950
		1294
déchet *(m)*; détritus *(m)*	cascame *(m)*; rifiuti *(m,pl)*; scarto *(m)*	1951
arbre *(m)*	albero *(m)*	1952
semis *(m)* de végétaux ligneux	semina *(f)* di piante legnose	1953
limite *(f)* supérieure des arbres	limite *(m)* della vegetazione arborea; limite *(m)* superiore della vegetazione arborea	1954
pépinière *(f)*	vivaio *(m)*; vivaio *(m)* forestale	1955
essence *(f)* (d'arbre); espèce *(f)* (d'arbre)	specie *(f)* legnosa	1956
		1451
strate *(f)* arborescente	strato *(m)* arboreo	1957

	pl	tree stump; trunk	
	pl	tree trunk	
1958	ew	trench	Graben *(m)* [künstlich]
	ew,rm	trench [vertical walls]; open cut	
1959	tc	trenching in; heeling in	Pflanzeneinschlag *(m)*; Einschlagen *(n)* von Pflanzen
1960	gm	triangular shaped notch	Feilenanbruch *(m)*
1961	rm	tributary; affluent	Seitenbach *(m)*; Nebenbach *(m)*; Zufluss *(m)*
	rm,gm	trickle	
1962	de	trigger mechanism; release mechanism	Auslöseursache *(f)*
	ma	trimming out	
1963	fa	trout zone; salmon region	Forellenregion *(f)*
	co,rw	tube	
	am	tube; duct; conduit	
1964	ew	tubing; casing	Verrohrung *(f)*
1965	pl	tuft; clump	Büschel *(m)*
1966	hy	turbidity of water; water murkiness	Wassertrübung *(f)*; Gewässertrübung *(f)*
1967	hy	turbulence	Turbulenz *(f)*
	pl	turf	
1968	pl	turf; clump	Erdscholle *(f)* mit Bewuchs; Rasensode *(f)*
	dc	turf; lying turf	
	tc	turfing	
	tc	turfing	
	rw,ew	turtle shell groyne	
1969	pl	tussocks	Horstgras *(n)*
1970	pl	twig; branch, small	Zweig *(m)*
1971	pl	twig	Rute *(f)*
1972	dc	twig cutting	Steckrute *(f)*
	dc,ve	twigs	
1973	tc	twine (to); intertwine (to)	einflechten
1974	am	tying (to); bind (to); join (to)	binden
1975	tc	type of construction; method of construction	Bauweise *(f)*
1976	ve	type of growth; growth type	Wachstumsart *(f)*; Wuchstyp *(m)*
	si	type of soil	
1977	hy	typical cross-section	Regelquerschnitt *(m)*
1978	gm	U-shaped valley	Trogtal *(n)*
1979	de	ultimate load	Bruchlast *(f)*
1980	de,co	ultimate stress	Bruchspannung *(f)*
1981	co	uncemented; without cement	Trockenbauweise *(f)* [ohne Zement]
1982	ew	uncompacted	unverdichtet
	gm,si	unconsolidated rock deposit	
	hy	undercut (to); scour (to)	
	np,hy	undercutting; scour	
	hd	underground runoff	

French	Italian	No.
		1819
		1775
tranchée *(f)*	trincea *(f)* [artificiale]	1958
		430
mise *(f)* en jauge	messa *(f)* in tagliola	1959
ravin *(m)* à profil triangulaire	burrone *(m)* a profilo triangolare	1960
affluent *(m)*	tributario *(m)*; affluente *(m)*; afflusso *(m)*	1961
		2054
mécanisme *(m)* de déclenchement	causa *(f)* scatenante	1962
		997
zone *(f)* à truite	regione *(f)* a trota; zona *(f)* dei salmonidi	1963
		1192
		1191
mise *(f)* sous tuyau; mise *(f)* en conduite	intubamento *(m)*; incalamento *(m)*	1964
touffe *(f)*	mazzetto *(m)*; ciuffo *(m)*	1965
turbidité *(f)* de l'eau	intorbidamento *(m)* dall'acqua; intorbidamento *(m)* dei corsi d'acqua	1966
turbulence *(f)*	turbolenza *(f)*	1967
		1661
motte *(f)*	zolla *(f)* con strato vegetale; zolla *(f)* erbosa; piota *(f)*	1968
		1658
		1665
		1664
		495
plante *(f)* en touffe	graminacee *(f,pl)* non cespitose; graminacee *(f,pl)* a pulvino	1969
rameau *(m)*	ramoscello *(m)*; ramo *(m)*	1970
baguette *(f)*	verga *(f)*	1971
rameau *(m)* à rejets	talea *(f)*	1972
		198
entrelacer	intrecciare	1973
lier; attacher	legare	1974
type *(m)* de construction	tipologia *(f)* costruttiva; metodo *(m)* costruttivo	1975
type *(m)* de croissance	tipo *(m)* d'accrescimento	1976
		1697
profil *(m)* type	profilo *(m)* tipo	1977
vallée *(f)* en u	valle *(f)* a conca	1978
charge *(f)* de rupture	carico *(m)* di rottura	1979
tension *(f)* de rupture	tensione *(f)* di rottura	1980
non cimenté	costruzione *(f)* a secco [senza cemento]	1981
non compacté	non costipato; non compattato	1982
		994
		1984
		1986
		1832

1983	fo,ve	undergrowth; underwood; understorey	Unterholz *(n)*; Unterwuchs *(m)*
1984	hy	undermine (to); undercut (to); scour (to)	unterspülen
1985	rm	undermining	Unterspülen *(n)* [Prozess]
1986	np,hy	undermining; undercutting; scour	Unterspülung *(f)* [Resultat]
1987	np,hy	undermining of banks	Uferunterspülung *(f)*
1988	co	underpinning	Unterfangung *(f)*
1989	fo	underplanting	Unterpflanzung *(f)*
	fo,ve	underwood; understorey	
	hy	unevenness	
	de	unevenness	
1990	co,ew,de	uniformly distributed load	Last *(f)*, gleichmässig verteilte
1991	de	unstable	labil; instabil
1992	np	unstable slope; slide area; slip	Hang *(m)*, instabiler
	fo	upland afforestation	
1993	gm,ew	uplift	Hebung *(f)*
1994	hy	uplift [pressure]; buoyancy	Auftrieb *(m)*
1995	rm	upper reach; headwater	Oberlauf *(m)*
1996	rm	upstream	stromaufwärts; flussaufwärts
1997	hy	upstream flow; upward flow	Aufwärtsströmung *(f)*
	hy	upward flow	
1998	hd	upwelling	Grundwasserausbruch *(m)*
1999	gm	valley exit	Talausgang *(m)*
2000	gm	valley floor; bottom of the valley	Talboden *(m)*; Talsohle *(f)*
2001	np,gm	valley narrowing	Talverengung *(f)*
2002	co	vault	Gewölbe *(n)*
2003	ew,tc	vegetated rock wall	Steingrünwand *(f)*
2004	tc	vegetated stone wall	Trockenmauer *(f)*, begrünte
2005	ve	vegetation	Vegetation *(f)*
2006	ve	vegetation cover	Bewuchs *(m)*
2007	ve	vegetation cover	Pflanzendecke *(f)*
2008	ve	vegetation period; growth period	Vegetationsperiode *(f)*
2009	ve	vegetation type	Vegetationsform *(f)*
2010	ve,ök	vegetation zone	Vegetationszone *(f)*
2011	pl	vegetative propagation	Vermehrung *(f)*, vegetative
2012	hy	velocity distribution	Geschwindigkeitsverteilung *(f)*
2013	hy	velocity of approach	Anströmgeschwindigkeit *(f)*
2014	de	vertical	senkrecht
	rw	vertically grilled weir; griddle dam	
2015	ve	vitality	Vitalität *(f)*
	si,ew	void space	
	si,ew	void water; interstitial water	
	si,ew	voidage; void ratio	
	si	volcanic rock	
	hy	vortex; swirl	
2016	rm	wadi; dry river bed [US]	Bach *(m)*, zeitweise Wasser führender; Wadi *(n)*
2017	co	wall	Mauer *(f)*

sous-bois *(m)*	sottobosco *(m)*; piano *(m)* dominato	1983
affouiller	scalzare *(m)*	1984
affouillement *(m)*	scalzamento *(m)* [processo]	1985
affouillement *(m)*; déchaussement *(m)*	scalzamento *(m)*; scavo *(m)*	1986
affouillement *(m)* des berges	scalzamento *(m)* spondale	1987
reprise *(f)* en sous oeuvre	sottomurazione *(f)*	1988
sous-plantation *(f)*	piantagione *(f)* sotto copertura	1989
		1983
		1453
		908
charge *(f)* distribuée régulièrement	carico *(m)* distribuito uniformemente; carico *(m)* uniforme	1990
instable; labile	labile; instabile	1991
terrain *(m)* instable	versante *(m)* instabile	1992
		834
élévation *(f)*	sollevamento *(m)*	1993
sustentation *(f)*	spinta *(f)* d'Archimede; spinta *(f)* di galleggiamento	1994
cours *(m)* supérieur	corso *(m)* superiore	1995
amont	a monte; controcorrente; a monte del fiume	1996
courant *(m)* contraire; contre courant *(m)*	corrente *(f)* ascendente	1997
		1997
montée *(f)* de la nappe phréatique	fuoriuscita *(f)* d'acqua freatica	1998
débouché *(m)*	sbocco *(m)* vallivo	1999
fond *(m)* de vallée	fondovalle *(m)*	2000
rétrécissement *(m)* de vallée	restringimento *(m)* della vallata	2001
voûte *(f)*	volta *(f)*	2002
paroi *(f)* de blocs végétalisée	scogliera *(f)* rinverdita	2003
mur *(m)* de pierre sèche végétalisé	muro *(m)* a secco rinverdito	2004
végétation *(f)*	vegetazione *(f)*	2005
tapis *(m)* végétal; couverture *(f)* herbacée	copertura *(f)* vegetale; vegetazione *(f)*	2006
couverture *(f)* végétale	copertura *(f)* vegetale	2007
période *(f)* de croissance; saison *(f)* de la croissance	periodo *(m)* vegetativo	2008
type *(m)* de croissance de la végétation	forma *(f)* di vegetazione	2009
zone *(f)* de végétation	zona *(f)* di vegetazione naturale	2010
reproduction *(f)* végétative	riproduzione *(f)* vegetativa	2011
distribution *(f)* des vitesses	distribuzione *(f)* della velocità	2012
vitesse *(f)* d'approche	velocità *(f)* d'arrivo delle acque	2013
vertical; d'aplomb	verticale *(f)* a piombo	2014
		1498
vitalité *(f)*	vitalità *(f)*	2015
		1236
		1237
		1238
		540
		492
cours d'eau *(m)* sporadique; lit *(m)* à sec	corso *(m)* d'acqua sporadico	2016
mur *(m)*	muro *(m)*	2017

2018	hy	wall friction; hydraulic friction; surface drag	Wandreibung *(f)*
2019	rw	wall, deflecting	Ablenkmauer *(f)*
	si	wash out (to)	
2020	ma	wash-out	Ausspülen *(n)*; Auswaschung *(f)*
2021	rm	washed out	ausgeschwemmt; ausgespült
2022	hy	waste water	Abwasser *(n)*; Schmutzwasser *(n)*
2023	rm,hy,hd	water	Wasser *(n)*
2024	ew	water (to)	wässern
	pl	water (to)	
2025	si	water absorbing capacity	Wasseraufnahmevermögen *(n)*; Wasseraufnahmefähigkeit *(f)*
	si	water absorbing capacity	
	rw	water catch; inlet; tapping	
2026	rm	water collection	Wasseransammlung *(f)*
2027	ec	water conservation	Gewässerschutz *(m)*
2028	de	water consumption; water demand	Wasserverbrauch *(m)*
	ec	water contamination	
2029	ec	water contamination; water pollution	Wasserverunreinigung *(f)*
2030	si,ew	water content	Wassergehalt *(m)*
2031	rm	water course; river course	Bachlauf *(m)*; Wasserlauf *(m)*
2032	hy	water cushion; cushioning pool	Wasserpolster *(n)*; Wasserkissen *(n)*
2033	np,si,pl	water deficit; water famine	Wassermangel *(m)*
	de	water demand	
2034	pl	water demand; water requirement	Wasserbedarf *(m)*
2035	hy	water depth; depth of water	Wassertiefe *(f)*
2036	np	water erosion	Wassererosion *(f)*
	np,si,pl	water famine	
2037	co,ew	water inrush; ingress of water	Wassereinbruch *(m)*
2038	hy	water level; stage (water)	Wasserstand *(m)*
2039	hy	water level variation	Wasserspiegelschwankung *(f)*
	hy	water murkiness	
2040	rw,co	water pipe	Wasserleitung *(f)*
	ec	water pollution	
2041	ec	water pollution; water contamination	Wasserverschmutzung *(f)*; Gewässerverschmutzung *(f)*
2042	ec	water protection zone	Wasserschutzgebiet *(n)*
2043	ec	water quality	Gewässerqualität *(f)*
2044	hd	water regime; hydrological regime of a basin	Wasserhaushalt *(m)*
	hd	water regime; water budget	
	pl	water requirement	
2045	si	water resource	Wasservorkommen *(n)*
2046	pr	water resource management	Wasserbewirtschaftung *(f)*
2047	de,si	water resources; availability of water	Wasserangebot *(n)*
2048	ew,si	water retention capacity; water-holding capacity	Wasserhaltevermögen *(n)*

friction *(f)* de contact	sfregamento *(m)* contro parete	2018
mur *(m)* de dérivation	muro *(m)* deflettore	2019
		945
rinçage *(m)*	dilavamento *(m)*	2020
affouillé	dilavato	2021
eaux *(f,pl)* résiduaires	acqua *(f)* di rifiuto; acque *(f,pl)* luride	2022
eau *(f)*	acqua *(f)*	2023
hydrater; irriguer	irrigare; bagnare	2024
		909
capacité *(f)* d'absorption d'eau	capacità *(f)* d'imbibizione; capacità *(f)* d'assorbimento	2025
		1698
		894
collecte *(f)* de l'eau	accumulo *(m)* d'acqua; collettore *(m)* d'acqua	2026
protection *(f)* des eaux	protezione *(f)* delle acque	2027
utilisation *(f)* des eaux	consumo *(m)* d'acqua	2028
		2041
pollution *(f)* des eaux	inquinamento *(m)* idrico	2029
contenu *(m)* en eau	contenuto *(m)* idrico	2030
cours *(m)* des eaux	corso *(m)* d'acqua	2031
matelas *(m)* d'eau	cuscino *(m)* d'acqua	2032
pénurie *(f)* en eau; déficit *(m)* en eau	carenza *(f)* d'acqua	2033
		2028
besoins *(m,pl)* en eau	fabbisogno *(m)* idrico	2034
profondeur *(f)* d'eau; tirant *(m)* d'eau	profondità *(f)* dell'acqua; tirante *(m)*	2035
érosion *(f)* hydraulique	erosione *(f)* idrica	2036
		2033
irruption *(f)* d'eau; invasion *(f)* d'eau	invasione *(f)* delle acque	2037
hauteur *(f)* de l'eau; niveau *(m)* des eaux	livello *(m)* dell'acqua	2038
variation *(f)* du niveau des eaux	oscillazione *(f)* del livello dell'acqua; oscillazione *(f)* del pelo dell'acqua; variazione *(f)* dello specchio d'acqua	2039
		1966
conduite *(f)* de l'eau	conduttura *(f)* dell'acqua	2040
		2029
pollution *(f)* des eaux	inquinamento *(m)* idrico; inquinamento *(m)* delle acque	2041
zone *(f)* de protection des eaux	zona *(f)* di protezione delle acque; area *(f)* di tutela dell'acqua	2042
qualité *(f)* des eaux	qualità *(f)* dei corpi idrici	2043
régime *(m)* hydrique	bilancio *(m)* idrologico	2044
		857
		2034
arrivée *(f)* d'eau	presenza *(f)* d'acqua	2045
aménagement *(m)* des eaux	economia *(f)* idrica	2046
ressources *(f,pl)* en eau	disponibilità *(f)* d'acqua	2047
capacité *(f)* de rétention d'eau	capacità *(f)* di ritenzione idrica	2048

2049	si,pl	water shortage	Wasserknappheit *(f)*
2050	hd	water subsidence	Rückgang *(m)* des Wassers
2051	de	water supply	Wasserversorgung *(f)*
2052	hy	water surface	Wasseroberfläche *(f)*
2053	de	water survey	Gewässerüberwachung *(f)*
	hd	water table	
	hd	water table fluctuation	
	hd	water table outcrop; spring	
2054	rm,gm	water vein; trickle	Wasserader *(f)*
2055	hd	water-balance	Wasserbilanz *(f)*
	ew,si	water-holding capacity	
2056	rw	water-level variation	Stauspiegeländerung *(f)*
2057	si	water-logged	vernässt
2058	si	water-logging	Vernässung *(f)*
2059	rm	waterfall	Wasserfall *(m)*
	ew	watering	
2060	si,ew	waterlogged; saturated	wassergesättigt
2061	hd	watershed; divide; drainage divide [US]	Wasserscheide *(f)*
	hd	watershed [UK]	
	hd	watershed [US]	
	rm,ec	watershed area, protected	
2062	ec	watershed management	Bewirtschaftung *(f)* von Einzugsgebieten
	co	waterstop; packing	
2063	co	watertight	wasserdicht
	rw	waterway [for ships]	
2064	tc	wattle fence	Flechtzaun *(m)*; Flechtwerk *(n)*
2065	tc	wattle fence [diagonal construction]	Diagonalflechtzaun *(m)*
2066	tc	wattle system-honey-combed configuration	Kammerflechtwerk *(n)*; Wabenflechtwerk *(n)*; Rautenflechtwerk *(n)*
2067	tc	wattle work; wattling; wattles	Flechtwerk *(n)*
	tc	wattling; wattles	
2068	hy	wave; swell	Welle *(f)*
2069	hy	wave height	Wellenhöhe *(f)*
2070	np,rm	wave wash	Uferangriff *(f)* durch Wellen
2071	np	*weathering*	Verwitterung *(f)*
2072	gm	weathering debris; debris from rock weathering	Verwitterungsschutt *(m)*; Jungschutt *(m)*
2073	co,am	weatherproof	Witterungsbeständigkeit *(f)*
2074	ma	weed	Verunkrautung *(f)*
2075	ma	weed; noxious plant	Unkraut *(n)*
2076	ma	weed control	Unkrautbekämpfung *(f)*
	ma	weed killer	
2077	ec,ve	weediness [aquatic weeds]; invasion by aquatic plants	Verkrautung *(f)* [mit Wasserpflanzen]
	ma	weeding	

manque *(m)* en eau	penuria *(f)* d'acqua	2049
retrait *(m)* des eaux	ritiro *(m)* dell'acqua	2050
approvisionnement *(m)* en eau	approvvigionamento *(m)* idrico	2051
surface *(f)* de l'eau	pelo *(m)* dell'acqua	2052
surveillance *(f)* des cours d'eau	sorveglianza *(f)* dei corsi d'acqua	2053
		778
		1176
		1534
filet *(m)* d'eau	vena *(f)* d'acqua	2054
bilan *(m)* hydrique	bilancio *(m)* idrico	2055
		2048
variation *(f)* du niveau du plan d'eau	variazione *(f)* del livello di acqua	2056
détrempé	bagnato	2057
engorgement [du sol] *(m)*	imbibizione *(f)*	2058
cascade *(f)*; chute *(f)*	cascata *(f)*	2059
		910
saturé en eau	saturato d'acqua	2060
ligne *(f)* de partage des eaux	spartiacque *(m)*	2061
		223
		222
		1731
aménagement *(m)* des bassins versants	sistemazione *(f)* dei bacini imbriferi	2062
		1500
imperméable à l'eau	impermeabile	2063
		212
tressage *(m)*	viminata *(f)*; graticciata *(f)*	2064
tressage *(m)* diagonal	viminata *(f)* diagonale	2065
tressage *(m)* en nid d'abeille; tressage *(m)* en croisillon	graticciata *(f)* a camera; viminata *(f)* con disposizione romboidale	2066
clayonnage *(m)*	viminata *(f)*; graticciata *(f)*	2067
		2067
vague *(f)*	onda *(f)*	2068
hauteur *(f)* des vagues	altezza *(f)* dell'onda	2069
atteinte *(f)* au berge par les vagues	erosione *(f)* spondale causata dalle onde; erosione *(f)* battente	2070
effritement *(m)*; désagrégation *(f)*; décomposition *(f)*	alterazione *(f)*; disfacimento *(m)* meteorico	2071
éboulis *(m)* d'altération; produits *(m,pl)* de la désagrégation	detriti *(m,pl)*; prodotti *(m,pl)* di disgregazione; deposito *(m)* recente	2072
résistance *(f)* aux intempéries	resistenza *(f)* agli agenti atmosferici	2073
envahissement *(m)* par les mauvaises herbes	invasione *(f)* d'erbe infestanti; invasione *(f)* di malerbe	2074
mauvaise herbe *(f)*	erbe *(f,pl)* infestanti	2075
désherbage *(m)*	diserbo *(m)*	2076
		831
envahissement *(m)* par les plantes aquatiques	inverdimento *(m)* [con vegetazione acquatica]	2077
		1651

2078	rw,ew	weep hole	Dole *(f)*, kleine
2079	rw	weir	Wehr *(n)*
2080	hd	well; spring	Brunnen *(m)*
2081	ew,hy	well sorted grain size distribution	Korngrössenverteilung *(f)*, gleichmässige
2082	si	wet area; wetland	Feuchtgebiet *(n)*; Feuchtstandort *(m)*
2083	si	wetland; morass; marsh; moor	Moorgebiet *(n)*
2084	gm	wetland	Nassstandort *(m)*
	si	wetland	
2085	hy	wetted cross-section	Umfang *(m)*, benetzter
2086	hy	wetted section; flow area	Fliessquerschnitt *(m)*
2087	pl	wild seedling	Wildling *(m)*
2088	pl	willow	Weide *(f)*
2089	pl	willow brushes; willow wood	Weidengebüsch *(n)*
2090	tc	willow fascine	Weidenfaschine *(f)*
2091	pf	willow pollard	Kopfweide *(f)*
2092	tc	willow protection (fascine and brushlayer)	Weidenwippe *(f)*
2093	dc	willow stake	Weidenpflock *(m)*
2094	dc	willow twig	Weidenrute *(f)*
2095	tc	willow weaving	Weidengeflecht *(n)*
	pl	willow wood	
2096	am	winch	Seilwinde *(f)*
2097	np,gm	wind drift; wind transport	Windverfrachtung *(f)*
2098	np	wind erosion	Winderosion *(f)*
2099	hd	wind force	Windstärke *(f)*
	np,gm	wind transport	
2100	fo	windbreak	Windbruch *(m)*
2101	tc	windbreak hedge	Windschutzhecke *(f)*
2102	de,si	windward	luv
2103	am	wing wall; side wall	Flügelmauer *(f)*; Einbindungsflügel *(m)*
2104	hd,si	winter desiccation	Frosttrocknis *(f)*
2105	hd,si	winter frost	Winterfrost *(m)*
2106	am	wire	Draht *(m)*
2107	co	wire (to) together	mit Draht *(m)* befestigen
	am	wire for tying; binding wire	
2108	am	wire mesh	Drahtgeflecht *(n)*; Geflecht *(n)* aus Draht
2109	am	wire mesh cage	Drahtschotterkorb *(m)*
2110	am	wire mesh material for rock fall protection	Steinschlagschutznetz *(n)*
	co	without cement	
2111	am	wood	Holz *(n)*
	fo	wood [smaller]	
2112	am	wood pile	Holzpfahl *(m)*
	ve	wooded	
2113	tc,ew	wooden box drain	Holzkastendrain *(m)*

barbacane *(f)*	feritoia *(f)* piccola; foro *(m)* di drenaggio; barbacane *(m)*; foro *(m)* di chiavica	2078
prise d'eau *(f)*; moine *(m)*; déversoir *(m)*	opera *(f)* di ritenuta	2079
puits *(m)*; fontaine *(f)*	pozzo *(m)*; fontana *(f)*	2080
distribution *(f)* régulière de la granulométrie	distribuzione *(f)* granulometrica uniforme	2081
zone *(f)* humide; lieu *(m)* humide	zona *(f)* umida; stazione *(f)* umida	2082
marais *(m)*; marécage *(m)*	zona *(f)* paludosa	2083
lieu *(m)* humide	stazione *(f)* umida	2084
		2082
section *(f)* mouillée; lit *(m)* mouillé	sezione *(f)* bagnata; perimetro *(m)* bagnato	2085
gabarit *(m)* d'écoulement	sezione *(f)* di deflusso; sezione *(f)* di scorrimento	2086
sauvageon *(m)*	selvaggione *(f)*	2087
saule *(m)*	salice *(m)*	2088
boisement *(m)* de saules	cespuglio *(m)* di salici flessibili	2089
fascine *(f)* de saules	fascina *(f)* di salici	2090
saule *(m)* taillé en têtard; saule *(m)* têtard	salice *(m)* a capitozza	2091
protection *(f)* en saules (fascines et plançons); lit *(m)* de plançons et fascines	ribalta *(f)* viva	2092
piquet *(m)* de saule	paletto *(m)* di salice	2093
branche *(f)* d'osier	vimine *(m)*	2094
tressage *(m)* de saules	graticciata *(f)* di salici	2095
		2089
treuil *(m)*	argano *(m)*	2096
transport *(m)* éolien	trasporto *(m)* eolico	2097
érosion *(f)* éolienne	erosione *(f)* eolica	2098
force *(f)* du vent	forza *(f)* del vento	2099
		2097
bris *(m)* de vent; bris *(m)* sous l'effet du vent	schianti *(m,pl)* da vento	2100
haie *(f)* brise vent	siepe *(f)* frangivento; frangivento *(m)*	2101
au vent	sopravento	2102
mur *(m)* en retour; mur *(m)* en aile	intestatura *(f)*; ammorsamento *(m)*; ali *(f,pl)* incastrate; ali *(f,pl)* immorsate; muro *(m)* d'ala	2103
dessiccation *(f)* hivernale; dessiccation *(f)* par le froid	aridità *(f)* fisiologica; aridità *(f)* invernale	2104
gel *(m)* hivernal	gelo *(m)* invernale	2105
fil *(m)* de fer	filo *(m)* di ferro	2106
attacher avec du fil *(m)* de fer	fissare con filo di ferro	2107
		1905
grillage *(m)* métallique	tessuto *(m)* metallico; calza *(f)* metallica	2108
gabion *(m)* métallique	gabbione *(m)* metallico	2109
filet *(m)* de protection contre les chutes de pierres	rete *(f)* di protezione contro la caduta di sassi	2110
		1981
bois *(m)*	legname *(m)*	2111
		660
pieu *(m)* en bois	palo *(m)* in legno	2112
		669
drainage *(m)* en armature de bois	drenaggio *(m)* a palificata in legname	2113

	tc	wooden crib	
2114	rw	wooden crib dam	Steinkastensperre *(f)*
2115	am	wooden formwork; timber form	Holzschalung *(f)*
2116	ew	wooden gratings	Holzrost *(m)*
2117	rw	wooden guide wall	Holzleitwerk *(n)*
	rw	wooden sill	
2118	rw	wooden water channel	Wasserrinne *(f)* [aus Holz]
2119	rw	wooden weir	Rundholzschwelle *(f)*; Sohlhölzer *(n,pl)*; Holzschwelle *(f)*
2120	de	working load; service load [US]	Nutzlast *(f)*
2121	fo	yield	Ertrag *(m)*
	fo	yield potential	
	pl	young shoot	
2122	gm,rm	zone of deposition	Ablagerungszone *(f)*
2123	np	zone of erosion	Erosionszone *(f)*
2124	hd	zone of fluctuation; belt of water table fluctuation	Schwankungsbereich *(m)* des Grundwasserspiegels
	hd	zone of precipitation; area of rainfall	
2125	si	zone of saturation	Bereich *(m)*, gesättigter
	rm	zone of sediment deposition; deposition zone	

Français	Italiano	N°
		983
caisson *(m)* en bois et pierre	briglia *(f)* mista in legname e pietrame	2114
coffrage *(m)* en bois	armatura *(f)* in legno; cassaforma *(f)* in legname	2115
treillis *(m)* en bois; treillage *(m)* de rondin	grata *(f)* in legno	2116
ouvrage *(m)* de déviation en bois	opera *(f)* longitudinale in legno; opera *(f)* di deviazione in legno	2117
		1909
bisse *(m)* en bois; bief *(m)* en bois; canal *(m)* en bois	canaletta *(f)* [in legno]	2118
seuil *(m)* en rondin	soglia *(f)* in legname; soglia *(f)* in tondame; soglia *(f)* di fondo in legname	2119
charge *(f)* utile; charge *(f)* imposée	carico *(m)* utile	2120
rendement *(m)*	utilizzazione *(f)*; prelievo *(m)* totale	2121
		1605
		1115
zone *(f)* de dépôt	zona *(f)* di deposito	2122
zone *(f)* d'érosion	zona *(f)* in erosione	2123
zone *(f)* de fluctuation	zona *(f)* di fluttuazione del livello di falda	2124
		1244
zone *(f)* de saturation	zona *(f)* satura	2125
		1517

Wörterbuch für Ingenieurbiologie

Alphabetische Liste mit Synonymen

Ref. Nº	Schlagw.	Deutsch
1282	ma,fo	Abastung *(f)*
873	ew	abböschen
1557	ew	Abböschung *(f)*
543	np	Abbruch *(m)* [d.h. als Vorgang]
1766	np	Abbruchgebiet *(n)*
1098	tc	Abdecken *(n)*, mit Mulch
1500	co	Abdichtung *(f)*
253	rm,hy	Abdichtung *(f)*
1951	ma	Abfall *(m)*
597	co	abflachen
953	co	abflachen
638	hd	abfliessen
423	hy	Abfluss *(m)*
618	hy	Abfluss *(m)* über die Vorländer
643	hy	Abfluss *(m)*, kritischer
644	hy	Abfluss *(m)*, niedrigster
1461	hy	Abfluss *(m)*, oberirdischer
646	hy	Abfluss *(m)*, schiessender
645	hy	Abfluss *(m)*, strömender
1832	hd	Abfluss *(m)*, unterirdischer
1460	hy	Abflussbeiwert *(m)*
1123	rw	Abflussektion *(f)* [Bauwerk]
856	hy,hd	Abflussganglinie *(f)*
221	hd	Abflussgebiet *(n)*
428	hy	Abflussgeschwindigkeit *(f)*
448	ew	Abflussgraben *(m)*
1460	hy	Abflusskoeffizient *(m)*
1756	hy	Abflusskurve *(f)*
707	hy	Abflussmessstelle *(f)*
426	hy	Abflussmessung *(f)*
1040	hd	Abflussmittel *(n)*
424	hy	Abflussquerschnitt *(m)*
1323	hy	Abflussreduktion *(f)*
1404	hy	Abflussregime *(n)*
425	hy	Abflussverzögerung *(f)*
1815	fa	Abfressen *(n)* der Rinde
837	gm	Abhang *(m)*
1623	gm	Abhang *(m)*; Hang *(m)*
387	ma, fo	abholzen
347	ma,fo	Abholzung *(f)*
398	co,np	Ablagerung *(f)*
400	rm	Ablagerung *(f)* [Ergebnis]
402	rm, hy	Ablagerung *(f)* [Vorgang]
29	rm	Ablagerung *(f)*, alluviale
1517	rm	Ablagerungsgebiet *(n)*
370	rw	Ablagerungsplatz *(m)*
2122	gm,rm	Ablagerungszone *(f)*
1517	rm	Ablagerungszone *(f)*
944	tc	Ablegen *(n)*
343	pl	Ableger *(m)*
409	rw	Ableitung *(f)*
432	ew	Ableitungsgraben *(m)*
434	rw	Ablenkdamm *(m)*
437	rw	Ablenkdamm *(m)*
2019	rw	Ablenkmauer *(f)*
437	rw	Ablenksperre *(f)*
66	np,hy	Abpflästerung *(f)* [Flussohle]
4	hy	Abrieb *(m)*
1830	ew, np	Absackung *(f)* [Boden, Fundament]
1504	de	Abschnitt *(m)*
944	tc	Absenken *(n)* [Pflanze]
343	pl	Absenker *(m)*
1759	de	abstecken
1760	de	Absteckung *(f)*
470	rw,gm,rm	Absturz *(m)*
546	rw,hy	Absturzhöhe *(f)*
397	np	Abtrag *(m)*
527	ew	Abtrag *(m)*
3	np	abtragen
1813	ew	abtragen
505	np	abtragen
340	ew	Abtragsböschung *(f)*
516	gm	Abtragsgebiet *(n)*
397	np	Abtragung *(f)*; Denudation *(f)*; Gebietsabtrag *(m)*
1779	co	abtreppen
2022	hy	Abwasser *(n)*
1347	rw	Abweis-Buhne *(f)*
434	rw	Abweisdamm *(m)*
13	pl	Adventivtrieb *(m)*
12	pl	Adventivwurzel *(f)*
14	si	aerob
1012	pl	Ahorn *(m)*
22	fa	Algen *(f,pl)*
23	ma	Algenbekämpfung *(f)*
26	rm	alluvial
29	rm	Alluvium *(n)*
1148	rm	Altarm *(m)*
1028	fo, ec	Altholz *(n)*
709	gm	Altschutt *(m)*
1340	gm	Altschutt *(m)*
1148	rm	Altwasser *(n)*
44	fa	Amphibie *(f)*

Ref. Nº	Schlagw.	Deutsch
45	si	anaerob
1218	de	Anbauversuch *(m)*
543	np	Anbruch *(m)*
514	gm	Anbruch *(m)* [Ort]
1766	np	Anbruchgebiet *(n)*
679	gm	Anbruchlinie *(f)*
545	gm, np	Anbruchzone *(f)*
883	gm,ew	Anfangssetzung *(f)*
842	ew	anfeuchten
46	am,co	Anker *(m)*
48	am,co	Ankerpfahl *(m)*
1712	tc	ansäen
1524	ve	Ansamung *(f)*
340	ew	Anschnittböschung *(f)*
1863	hy	Anschwellung *(f)*
1665	tc	Ansoden *(n)*
862	tc	Anspritzsaat *(f)*; Hydrosaat *(f)*; Anspritzbegrünung *(f)*
1727	tc	Anspritzverfahren *(n)* [säen]
1386	hd,hy	Anstieg *(m)* [des Hochwassers]
1307	hd,hy	Anstieggeschwindigkeit *(f)* [des Wasserspiegels]
2013	hy	Anströmgeschwindigkeit *(f)*
1429	pl	anwachsen
1429	pl	anwurzeln
110	co,ew	Anzug *(m)*
541	de	Anzug *(m)*
62	ew,hd,si	Aquifer *(m)*
1222	am	Arbeitsbühne *(f)*
1222	am	Arbeitsgerüst *(n)*
73	de	Arbeitsvergabe *(f)*
1338	am	Armierung *(f)*
1339	am	Armierungseisen *(n)*
1777	ec	Art *(f)*, stenözische
1274	ec	Artenschutz *(m)*
1787	pl	Arve *(f)* [CH]
754	fa, ec	Äschenregion *(f)*
71	pl	Aspe *(f)*
168	pl	Ast *(m)*
966	dc,pl	Ast *(m)*, ausschlagfähiger
173	tc	Asteinlage *(f)*
173	tc	Astlage *(f)*
172	pl	Astwerk *(n)*
1114	tc	Astwerk *(n)*
757	fa	Äsung *(f)*
28	ve	Auenwald *(m)*
1231	ma	auf den Kopf setzen

Ref. Nº	Schlagw.	Deutsch
304	ma	auf den Stock setzen
337	ma	auf den Stock setzen
1281	ma	auf den Stock setzen
1799	ew,hd,si	Aufbau *(m)*, geschichteter
1304	co	Auffahrt *(f)*
265	rw,ew	Auffangdamm *(m)*
436	ew	Auffanggraben *(m)*
15	fo	Aufforstung *(f)*
572	co,ew	Auffüllung *(f)*
7	co,rw	Auflager *(n)*
17	rm	Auflandung *(f)*
18	rm,hy	Auflandungsstrecke *(f)*
177	si	Auflockerung *(f)* [Boden]
263	si	Auflockerungsbeiwert *(m)*
1855	de	Aufnahme *(f)*, topographische
5	si,ew	Aufnahmefähigkeit *(f)* [Boden]
1062	de	Aufnahmemethode *(f)*
864	hy	Aufprall *(m)* [Wasser]
1133	st,pr	Aufschluss *(m)* [Geologie]
401	ew	Aufschüttung *(f)*
362	rw	Aufstau *(m)* eines Flusses
872	rw	Aufstauung *(f)*
587	rw	Aufstiegshindernis *(n)*
1897	np	auftauen
1994	hy	Auftrieb *(m)*
1997	hy	Aufwärtsströmung *(f)*
785	ve	Aufwuchs *(m)*
442	pl	Auge *(n)*, schlafendes
1654	hd	Ausaperung *(f)*
1280	ma	ausasten
464	rw, ma	Ausbaggern *(n)*
234	ma	Ausbaggerung *(f)* [im Fluss]
412	hy	Ausbauwassermenge *(f)*
288	pl	Ausbreitungskapazität *(f)*
904	ve	Ausbreitungsvermögen *(n)*
186	tc	Ausbuschung *(f)*
188	tc	Ausbuschung *(f)*
187	tc	Ausbuschung *(f)*
532	de	Ausführung *(f)*
2021	rm	ausgeschwemmt
2021	rm	ausgespült
275	rw	Ausgleichsbecken *(n)*
526	ew	ausheben
528	ew	Aushub *(m)*
527	ew	Aushub *(m)*; Bodenabtrag *(m)*
531	ew	Aushubarbeit *(f)*

407	de,ew	Aushubtiefe *(f)*
1950	hy	Auskämmung *(f)*
1490	rm	auskolken
1494	rm,rw	Auskolkung *(f)*
1137	rw	Auslass *(m)*
1463	pl	Ausläufer *(m)*
1465	np	Auslaufgebiet *(n)* [Lawine]
1464	np	Auslauflänge *(f)*
940	de	auslegen
1539	fo,ma	Auslesedurchforstung *(f)*
1902	ma	auslichten
1901	ma, fo	Auslichten *(n)*; Auslichtung *(f)*
1962	de	Auslöseursache *(f)*
1221	si	Ausrollgrenze *(f)*
1713	tc	Aussaat *(f)*
1308	de	Aussaatmenge *(f)*
1712	tc	aussäen
1814	co	Ausschalen *(n)*
1	pl	ausschlagfähig
1737	pl	Ausschlagfähigkeit *(f)*
1737	pl	Ausschlagvermögen *(n)*
1134	rm	Aussenufer *(n)*
1135	rm,rw	Aussenufer *(n)*
2020	ma	Ausspülen *(n)*
1780	am	Aussteifung *(f)*
1735	pl	austreiben
1529	rm	austreten [Wasser]
1574	pl	Austrieb *(m)*
1537	rm	Austritt *(m)*
945	si	auswaschen
2020	ma	Auswaschung *(f)*
946	si	Auswaschung *(f)* [Boden]
86	am	Axt *(f)*
1804	rm	Bach *(m)*
182	rm	Bach *(m)*, kleiner
2016	rm	Bach *(m)*, zeitweise Wasser führender
87	rw,de	Bachachse *(f)*
1136	np	Bachausbruch *(m)*
1393	rm	Bachbett *(n)*
181	rw	Bachdurchlass *(m)*
27	rm	Bachkegel *(m)*
2031	rm	Bachlauf *(m)*
182	rm	Bächlein *(n)*
233	ma	Bachräumung *(f)*
1403	rm	Bachstrecke *(f)*
95	rm,rw	Bachufer *(n)*
238	rw	Bachumlegung *(f)*
1400	rw	Bachverbau *(m)*
1809	rw	Bachverlegung *(f)*
1809	rw	Bachverwerfung *(f)*
1319	de,ec	Badegewässer *(n)*
115	rw	Balkensperre *(f)*
1433	tc	Ballenpflanzung *(f)*
31	rm	Bänke *(f,pl)*, alternierende
1891	rw	Bankett *(n)*
1270	fo	Bannwald *(m)*
105	fa, ec	Barbenregion *(f)*
24	si	Basengehalt *(m)* [Boden]
108	hd,hy	Basisabfluss *(m)*
1570	co	Bau-Spundwand *(f)*
581	de,co	Bauabnahme *(f)*
201	de	Baubewilligung *(f)*
201	de	Baugenehmigung *(f)* [D]
1484	am	Baugerüst *(n)*
530	co	Baugrube *(f)*
529	ew	Baugrube *(f)*
763	co, de	Baugrund *(m)*
812	co,si	Baugrund *(m)*, tragfähiger
1684	co	Baugrunduntersuchung *(f)*
1906	dc	Bauholz *(n)*
1075	co	Baukastensystem *(n)*
1609	co,de	Bauleitung *(f)*, örtliche
1952	pl	Baum *(m)*
1480	pl	Baum *(m)*, junger
1956	pl	Baumart *(f)*
241	fo,de	Baumartenwahl *(f)*
290	co	Baumaschinenpark *(m)*
291	co	Baumaterial *(n)*
1954	ve	Baumgrenze *(f)*
1954	ve	Baumgrenze *(f)*, obere
1957	ve	Baumschicht *(f)*
1955	pl	Baumschule *(f)*
1125	pl	Baumschulgehölz *(n)*
1775	pl	Baumstamm *(m)*
1819	pl	Baumstrunk *(m)*; Baumstumpf *(m)*
1923	pl	Baumwipfel *(m)*
293	co	Bauplatz *(m)*
293	co	Baustelle *(f)*
1606	co	Baustelleneinrichtung *(f)*
1975	tc	Bauweise *(f)*
1817	co	Bauwerk *(n)*
292	de	Bauzeitplan *(m)*
1810	co,ew,de	Beanspruchung *(f)*
593	co	Befestigung *(f)*
1076	ew	befeuchten
1793	rw	Begradigung *(f)* [eines Flusses]
1365	tc	Begrünung *(f)*

1597	fo	Behandlung *(f)*, waldbauliche
1879	rw	Behelfswehr *(n)*
86	am	Beil *(n)*
481	de	Belastung *(f)*, dynamische
25	de	Belastung *(f)*, zulässige
655	pl	Belaubung *(f)*
410	de	Bemessung *(f)*
411	de	Bemessungsannahme *(f)*
136	ec	Benthos *(n)*
1216	tc	Bepflanzung *(f)*
1219	tc	Bepflanzung *(f)* mit Weiden-steckhölzern
1664	tc	Berasung *(f)*
1816	de	Berechnung *(f)*, statische
1734	ew	Beregnung *(f)*
2125	si	Bereich *(m)*, gesättigter
1121	si	Bereich *(m)*, ungesättigter
1087	gm,ew	Bergdruck *(m)*
1088	gm	Bergflanke *(f)*
1090	de	Berggebiet *(n)*
1088	gm	Berghang *(m)*
1090	de	Bergland *(n)* [D]
1412	np	Bergsturz *(m)*
137	co	Berme *(f)*
1891	rw	Berme *(f)*
1892	ew	Berme *(f)*
138	co	Bermenbau *(m)*
1894	co	Bermenbau *(m)*
1782	rw	Beruhigungsbecken *(n)*
1726	ma	Bespritzen *(n)*
1910	fo	Bestand *(m)*
1798	fo	Bestand *(m)*, stufiger
1763	fo	Bestandesaufbau *(m)*
1761	fo	Bestandesdichte *(f)*
1764	ma	Bestandespflege *(f)*
1783	fo	Bestockung *(f)*
282	am	Beton *(m)*
285	am	Beton *(m)*, armierter; Stahlbeton *(m)*
1249	am	Betonfertigteil *(n)*
283	tc	Betonkrainerwand *(f)* (bepflanzt, begrünt)
1249	am	Betonteil *(n)*, vorfabriziertes
130	rm	Bettbreite *(f)*; Gerinnebreite *(f)*
669	ve	bewaldet
909	pl	bewässern
910	ew	Bewässerung *(f)*
911	rw	Bewässerungskanal *(m)*
1338	am	Bewehrung *(f)*
1057	am	Bewehrungsmatte *(f)*
1339	am	Bewehrungsstahl *(m)*
755	fa	beweiden
756	fa	beweidet
758	fa	Beweidung *(f)*
2062	ec	Bewirtschaftung *(f)* von Einzugsgebieten
1008	de	Bewirtschaftungsplan *(m)*
2006	ve	Bewuchs *(m)*
1430	pl	bewurzeln
1444	pl	bewurzelt
1446	pl	Bewurzelungsfähigkeit *(f)*
366	de	Bezugsebene *(f)*
134	co	Biegesteifigkeit *(f)*
1905	am	Bindedraht *(m)*
1974	am	binden
268	ew,si	bindig
269	ew,si	Bindigkeit *(f)*
266	si,ew	Bindigkeit *(f)* [Boden]
1466	pl	Binsen *(f,pl)*
139	ec	Bioindikator *(m)*
143	ec	Biologie *(f)*
145	ma	Biotoppflege *(f)*
1272	ec	Biotopschutz *(m)*
140	ec	Biozönose *(f)*
146	pl	Birke *(f)*
1099	fa	Bisamratte *(f)*
148	tc	Bitumen-Strohdecksaat *(f)*
1486	np	Blaike *(f)* [D,A]
1571	gm	Blaike *(f)* [D,A]
947	pl	Blatt *(n)*
1613	gm	Blattanbruch *(m)*
1278	gm	Block *(m)*, vorspringender
151	rw	Blockrampe *(f)*; Rampe *(f)*
961	co	Blocksatz *(m)*
1383	rw	Blocksatz *(m)*
151	rw	Blockschwelle *(f)*
154	rw	Blocksteinschwelle *(f)*
1384	rw,co	Blockwurf *(m)*
153	ew,rw	Blockwurf *(m)*; Blocksatz *(m)*
149	ve	Blösse *(f)*
647	pl	Blütenknospe *(f)*
881	pl	Blütenstand *(m)*
1667	si	Boden *(m)*
1700	si	Boden *(m)*, basischer
1704	si	Boden *(m)*, durchlässiger
1702	si	Boden *(m)*, gefrorener
1703	si	Boden *(m)*, geschichteter
1707	si	Boden *(m)*, gewachsener
1699	si	Boden *(m)*, saurer

Nr.	Gebiet	Begriff
1706	co,ew	Boden *(m)*, schlecht abgestufter
1705	si	Boden *(m)*, stark vernässter
1701	si,ew	Boden *(m)*, verdichteter
1678	np	Bodenabtrag *(m)*
1697	si	Bodenart *(f)*
401	ew	Bodenauftrag *(m)*
474	np	Bodenaustrocknung *(f)*
331	co,de,ma	Bodenbearbeitung *(f)*
764	co	Bodenbedeckung *(f)*
1203	ve	Bodenbedeckungsgrad *(m)*
1668	si	Bodenbelüftung *(f)*
1676	si	Bodenbildung *(f)*
1673	ve	bodendeckend
1167	si	Bodendurchlässigkeit *(f)*
1670	de,si	Bodeneinteilung *(f)*
1672	ec	Bodenerhaltung *(f)*
1677	np	Bodenerosion *(f)*
569	si	Bodenfeuchte *(f)*
1674	np	Bodenfliessen *(n)*; Solifluktion *(f)*
964	gm	Bodenfliessen *(n)*
1680	si,np	Bodenfrost *(m)*
1696	si	Bodengefüge *(n)*
1681	si	Bodenhorizont *(m)*
1687	de	Bodenkarte *(f)*
1674	np	Bodenkriechen *(n)*
1927	si	Bodenkrume *(f)*
840	ma	Bodenlockerung *(f)*
1688	de,ew	Bodenmechanik *(f)*
766	de	Bodenniveau *(m)*
925	ec	Bodennutzung *(f)*
1686	de,ew	Bodenpressung *(f)*
1692	de,ew	Bodenprobe *(f)*
1691	si	Bodenprofil *(n)*
1693	si	Bodensättigung *(f)*
923	si,ew,np	Bodensetzung *(f)*
1694	ew	Bodenstabilisierung *(f)*
1696	si	Bodenstruktur *(f)*
1685	si,de	Bodenuntersuchung *(f)*
1682	de	Bodenverbesserung *(f)* [Melioration]
1671	ew	Bodenverdichtung *(f)*
1679	si	Bodenverdunstung *(f)*
1694	ew	Bodenverfestigung *(f)*
1501	co	Bodenversiegelung *(f)*
415	ec	Bodenverwundung *(f)* [D,A]
727	si	Bodenwassergehalt *(m)*
1689	si	Bodenwasserhaushalt *(m)*
1690	si	Bodenwasserrückhalt *(m)*
1683	am	Bodenzusatz *(m)*
1898	am	Bohle *(f)*
1197	dc	Bohlenwand *(f)*
305	co	Bohrkern *(m)*
467	co	Bohrprobe *(f)*
466	co	Bohrung *(f)*
873	ew	böschen
1623	gm	Böschung *(f)*
137	co	Böschungsabsatz *(m)*; Terrasse *(f)*
1627	gm	Böschungsanbruch *(m)*
1455	ew	Böschungsausrundung *(f)*
1559	ew	Böschungsausrundung *(f)*
1625	ew	Böschungsbefestigung *(f)*
1637	ew	Böschungsbefestigung *(f)*
521	tc	Böschungsbegrünung *(f)*
657	ew	Böschungsfuss *(m)*
1631	de	Böschungslinie *(f)*
1922	de,ew	Böschungsoberkante *(f)*
1636	dc	Böschungspflaster *(n)*
1639	ew	Böschungsschulter *(f)*
1637	ew	Böschungssicherung *(f)*
1640	ew,tc	Böschungsstabilisierung *(f)*
1641	ew	Böschungsstabilität *(f)*
1640	ew,tc	Böschungsverbau *(m)*; Hangverbau *(m)*
1624	de	Böschungswinkel *(m)*
1105	de	Böschungswinkel *(m)*, natürlicher
1643	ew,de	Böschungswinkel *(m)*, zulässiger
548	ve	Brachland *(n)*
179	fa, ec	Brachsenregion *(f)*
1845	rm	Brandung *(f)*
183	si	Braunerde *(f)*
176	rm	Brecher *(m)* [Welle]
743	am	Brechschotter *(m)*
175	np	Bruch *(m)* [Versagen]
1262	np	Bruch *(m)*, fortschreitender
493	gm	Bruchkante *(f)*
1979	de	Bruchlast *(f)*
544	gm	Bruchrand *(m)*
1615	gm	Bruchrand *(m)*
1980	de,co	Bruchspannung *(f)*
1022	dc	Bruchsteinmauer *(f)*
2080	hd	Brunnen *(m)*
131	pl	Buche *(f)*
112	rm	Bucht *(f)*
886	rm	Bucht *(f)*, kleine
790	rw	Buhne *(f)*

795	rw	Buhne *(f)*, deklinante
796	rw,tc	Buhne *(f)*, lebende
795	rw	Buhne *(f)*, stromabwärtsgerichtete
798	rw	Buhne *(f)*, stromaufwärts-gerichtete
893	rw	Buhnenbau *(m)*
792	rw	Buhnenfeld *(n)*
792	rw	Buhnenkammer *(f)*
793	rw	Buhnenkopf *(m)*
791	rw	Buhnenwurzel *(f)*
970	tc	Buschbautraverse *(f)*
1965	pl	Büschel *(m)*
203	pl	Büschelpflanze *(f)*
204	tc	Büschelpflanzung *(f)*
1582	ve	buschig
197	tc	Buschlage *(f)*
192	tc,rw	Buschschwelle *(f)*
1578	ve,fo	Buschwald *(m)*
1583	ve,fo	Buschwald *(m)*
193	tc	Buschwehr *(n)*
294	tc	Containerpflanze *(f)*
1241	dc,pl	Containerpflanze *(f)*
297	tc	Cordonpflanzung *(f)*
960	rw	Cunette *(f)*
1156	rw	Cunette *(f)*; Künette *(f)*
421	rw	Damm *(m)*
629	rw	Damm *(m)*, rückwärtiger
352	rw	Dammbalken *(m)*
354	rw	Dammbruch *(m)*
355	rw	Dammerhöhung *(f)*
356	rw	Dammfuss *(m)*
353	rw	Dammkrone *(f)*
1165	si	Dauerfrostzone *(f)*
479	de,hd	Dauerkurve *(f)*
1849	tc	Deckbauweise *(f)*
310	pl	Deckfrucht *(f)*
1096	tc	Decksaat *(f)*
65	hy	Deckschicht *(f)*
311	co	Deckschicht *(f)*
1928	ew	Deckschicht *(f)* [Boden]
215	ve	Deckungsgrad *(m)*
533	co	Dehnungsfuge *(f)*
395	rm	Delta *(n)*
927	ec,de	Deponie *(f)*
399	ew	deponieren
969	dc	Derbstange *(f)*, ausschlag-fähige
2065	tc	Diagonalflechtzaun *(m)*
1500	co	Dichtung *(f)*
1295	pl,fo	Dickenwachstum *(m)*
410	de	Dimensionierung *(f)*
2078	rw,ew	Dole *(f)*, kleine
439	rw,ew	Doline *(f)*
440	si	Dolomit *(m)*
627	rw	Dosiersperre *(f)*
2106	am	Draht *(m)*
2108	am	Drahtgeflecht *(n)*
699	rw	Drahtkorb-Buhne *(f)*
699	rw	Drahtkorbbuhne *(f)*
2109	am	Drahtschotterkorb *(m)*
700	rw	Drahtschotterschwelle *(f)*
698	rw	Drahtschottersperre *(f)*
349	am	Drahtschotterwalze *(f)*
1769	am	Drahtseil *(n)*
453	ma,ew	Drainage *(f)*; Dränage *(f)* [D]
457	ew	Drainageloch *(n)*
451	de	Drainagenabstand *(m)*
460	am,co	Drainageröhre *(f)*
450	ew	Drainageschacht *(m)*
651	ew,de	Drainagespülung *(f)*
449	ma,ew	drainieren
1254	hy	Druck *(m)*, hydrostatischer
279	ew,co	Druckfestigkeit *(f)*
1253	hy	Drucklinie *(f)*
1252	hy,ew	Druckverteilung *(f)*
478	rm,gm	Düne *(f)*
1744	tc	Dünenbefestigung *(f)*
567	am	Dünger *(m)*
568	ma	Düngung *(f)*
423	hy	Durchfluss *(m)*; Abfluss-menge *(f)*
641	hy	Durchflussgeschwindigkeit *(f)*
427	hy	Durchflussmenge *(f)*
424	hy	Durchflussquerschnitt *(m)*
1902	ma	durchforsten
1901	ma, fo	Durchforstung *(f)*
332	ew, co	Durchlass *(m)*
1166	si	Durchlässigkeitswert *(m)* [k-Wert]
649	rw	durchspülen
341	rw	Durchstich *(m)*
1934	rw	Durchstich *(m)* [Wildbach]
1106	np	Durchstich *(m)*, natürlicher
1086	pl	Eberesche *(f)* [D, A]
1128	pl	Eiche *(f)*
367	de	Eigengewicht *(n)*
367	de	Eigenlast *(f)*
144	de	Eignung *(f)* einer Pflanze, biotechnische

1195	co	einbauen
676	de	Einbautiefe *(f)*
50	co	Einbindung *(f)*
595	co	Einbindung *(f)*
2103	am	Einbindungsflügel *(m)*
496	rw	Eindämmung *(f)*
312	co	Eindeckung *(f)*
496	rw	Eindeichung *(f)* [D]
1153	rw	Eindolung *(f)*
1160	de,co,ew	eindringen
1161	de,ew,si	Eindringtiefe *(f)*
922	de,ew	Einebnen *(n)*
1973	tc	einflechten
57	ec	Einfluss *(m)*, anthropogener
57	ec	Einfluss *(m)*, menschlicher
205	ew	eingraben
1104	ec,pl	einheimisch
887	rw	Einlass *(m)*
887	rw	Einlauf *(m)*
888	rw	Einlaufbauwerk *(n)*
1959	tc	Einschlagen *(n)* von Pflanzen
1436	pl	Einschlämmen *(n)*
344	ew	Einschnitt *(m)*
338	ew	Einschnittböschung *(f)*
574	co	einschottern
748	co	Einschotterung *(f)*
1825	rw	eintauchen
565	fa,ma	einzäunen
566	fa,ma	Einzäunung *(f)*
878	tc	Einzellochpflanzung *(f)*
878	tc	Einzelpflanzung *(f)*
222	hd	Einzugsgebiet *(n)*
454	hd	Einzugsgebiet *(n)*, hydrologisches
223	hd	Einzugsgebietsgrenze *(f)*
285	am	Eisenbeton *(m)*
863	np	Eisstauung *(f)*
495	rw,ew	Elefantenrücken *(m)* [Buhne]
1889	pl	Endknospe *(f)*
499	hy	Energiehöhe *(f)*
500	hy	Energielinie *(f)*
1633	hy	Energieliniengefälle *(n)*
498	rw,hy	Energievernichtung *(f)*
1103	rw,rm	Engpass *(m)*
1103	rw,rm	Engstelle *(f)*
997	ma	Entastung *(f)*
1282	ma,fo	Entastung *(f)*
1499	ma	Entbuschung *(f)*
1651	ma	Entkrautung *(f)*
1342	rw	Entlastungsbauwerk *(n)*
1341	rw	Entlastungsgerinne *(n)*
633	rw	Entlastungsstrecke *(f)* [Fluss]
1344	ma	entsteinen [Boden]
387	fo	entwalden
387	fo	Entwaldung *(f)*
449	ma,ew	entwässern
453	ma,ew	Entwässerung *(f)*
462	tc	Entwässerung *(f)*, biotechnische
448	ew	Entwässerungsgraben *(m)*
1130	ew	Entwässerungsgraben *(m)*
456	rw	Entwässerungskanal *(m)*
459	ew	Entwässerungsleitung *(f)*
461	am	Entwässerungsschacht *(m)*
455	si,ew	Entwässerungsschicht *(f)*
458	ew,si	Entwässerungsschicht *(f)*
1175	ve	Entwicklungsphase *(f)*
1755	fo	Entwicklungsstufe *(f)*
447	de	Entwurf *(m)*
486	ew	Erdarbeit *(f)*
487	ew	Erdarbeiten *(f,pl)*
528	ew	Erdaushub *(m)*; Materialabtrag *(m)*
487	ew	Erdbau *(m)*
485	ew,co	Erddamm *(m)*
1675	ew	Erddepot *(f)*
483	ew	Erddruck *(m)*
1154	ew	Erddruck *(m)*, passiver
484	ew	Erde *(f)*, bewehrte
1085	ew	Erdhaufen *(m)*
1085	ew	Erdhügel *(m)*
934	np	Erdrutsch *(m)*
1968	pl	Erdscholle *(f)* mit Bewuchs
1154	ew	Erdwiderstand *(m)*
540	si	Ergussgestein *(n)*
1007	ma	Erhaltungspflege *(f)*
535	de,ew	Erkundungsbohrung *(f)*
21	pl	Erle *(f)*
814	pl	Erntestandort *(m)*
505	np	erodieren
519	np	erodierend
507	np	Erosion *(f)*
517	np,rm,hy	Erosion *(f)*, fortschreitende
518	np,rm,hy	Erosion *(f)*, rückschreitende
109	np,rm, hy,rw	Erosionsbasis *(f)*
515	np	Erosionsfläche *(f)*
508	np	Erosionsgebiet *(n)*
1486	np	Erosionsnarbe *(f)*

No.	Code	Term
512	np	Erosionsresistenz *(f)*
513	gm	Erosionsrille *(f)*
511	gm	Erosionsrinne *(f)*
510	np	Erosionsschaden *(m)*
509	de,hy,ew	Erosionsschutz *(m)*
389	rm	Erosionsstrecke *(f)*
2123	np	Erosionszone *(f)*
417	de	erschliessen
8	de	Erschliessung *(f)*
9	de	Erschliessungsweg *(m)*
2121	fo	Ertrag *(m)*
1605	fo	Ertragsfähigkeit *(f)*
70	pl	Esche *(f)*
523	si,ec	Eutrophierung *(f)*
524	hd	Evaporation *(f)*
525	hd	Evapotranspiration *(f)*
534	de	Expertise *(f)*
537	si	Exposition *(f)*
538	pl	Extensivwurzler *(m)*
539	hy	Extremhochwasser *(n)*
596	hy,hd	Extremhochwasser *(n)*, kurzzeitiges
1876	de	Fachausdruck *(m)*
563	fo,ma	Fällen *(n)*; Schlägerung *(f)* [A]
546	rw,hy	Fallhöhe *(f)*
547	ew,hy,rw	Fallinie *(f)*
218	de	Fallstudie *(f)*
346	ma	Fällung *(f)*
559	gm	Falte *(f)*
559	gm	Faltung *(f)*
265	rw,ew	Fangdamm *(m)*
436	ew	Fanggraben *(m)*
550	tc	Faschine *(f)*
555	rw	Faschinen-Buhne *(f)*
553	tc	Faschinenbau *(m)*
552	dc	Faschinenbündel *(n)*
194	rw	Faschinendamm *(m)*
554	ew,tc	Faschinendrain *(m)*
554	ew,tc	Faschinendrän *(m)* [D]; Drainfaschine *(f)*
556	tc	Faschinenlage *(f)*
557	tc	Faschinenmatte *(f)*
558	rw,tc	Faschinenschwelle *(f)*
1841	rw,tc	Faschinensenkwalze *(f)*
550	tc	Faschinenwalze *(f)*
561	fa	Fauna *(f)*
1960	gm	Feilenanbruch *(m)*
584	si	Feinmaterial *(n)*
583	am	Feinrechen *(m)*
582	si	Feinsand *(m)*
808	pl	Feinwurzel *(f)*
571	ve	Feldgehölz *(n)*
570	de	Feldversuch *(m)*
1151	si	Fels *(m)*, gewachsener
1411	ma	Felsabräumung *(f)*
1410	am	Felsanker *(m)*
162	gm	Felsblock *(m)*
1426	rm	Felsrinne *(f)*
1425	np	Felsrutsch *(m)*
1873	gm,si	Felsschutt *(m)*
126	rm	Felssohle *(f)*
1412	np	Felssturz *(m)*
977	np	Felssturz *(m)*, kleiner
155	rm	Felsufer *(n)*, steiles
247	gm	Felswand *(f)*
1660	pl	Fertigrasen *(m)*
1250	dc	Fertigteil *(n)*
1709	gm,si	Festgestein *(n)*
1510	hy	Feststofffracht *(f)*
1511	hy	Feststoffhaushalt *(m)*
1515	hy	Feststoffherd *(m)*
1515	hy	Feststoffquelle *(f)*
1508	hy	Feststofftransport *(m)*; Feststofführung *(f)*
1034	ve	Fettwiese *(f)*
1290	gm,rm,si	Feuchtgebiet *(n)*
2082	si	Feuchtgebiet *(n)*
1077	si	Feuchtigkeit *(f)*
1078	si	Feuchtigkeitsgehalt *(m)*
2082	si	Feuchtstandort *(m)*
1739	pl	Fichte *(f)*
575	am	Filter *(m)*
452	ew	Filterkeil *(m)*
576	am	Filterkies *(m)*
579	am	Filtermaterial *(n)*
578	am	Filtermatte *(f)*
577	ew	Filterschicht *(f)*
586	fa	Fisch *(m)*
589	fa,ec	Fischlebensraum *(m)*
590	fa	Fischpass *(m)*
587	rw	Fischsperre *(f)*
588	rw	Fischtreppe *(f)*
133	de	Fixpunkt *(m)*
1569	gm,np	Flächenabtrag *(m)*
277	ew	Flächendrainage *(f)*
1569	gm,np	Flächenerosion *(f)*
180	tc	Flächensaat *(f)*
1553	rm	Flachufer *(n)*
1556	rm	Flachwasser *(n)*

1497	gm	Gehängeschutt *(m)*
302	ve	Gehölz *(n)*
1210	pl	Gehölz *(n)*, ausschlagfähiges
1205	dc,pl	Gehölz *(n)*, nicht ausschlagfähiges
1718	pl	Gehölzart *(f)*
1953	tc	Gehölzsaat *(f)*
772	gm,de	Gelände *(n)*, abfallendes
1013	de	Geländeaufnahme *(f)*
1107	gm	Geländemulde *(f)*
1867	gm	Geländemulde *(f)*
924	gm	Geländeoberfläche *(f)*
711	gm,ew,si	Geologie *(f)*
712	gm	Geomorphologie *(f)*
713	am	Geotextil *(n)*
714	am	Geotextil *(n)*, biologisch abbaubares
715	am	Geotextil *(n)*, nicht gewobenes
714	am	Geotextil *(n)*, verrottbares
212	rw	Gerinne *(n)*, künstliches
232	rm	Gerinne *(n)*, natürliches
167	rm	Gerinne *(n)*, verzweigtes
235	rw,hy	Gerinneaufweitung *(f)*
237	rw	Gerinneauskleidung *(f)*
1129	hy	Gerinnehydraulik *(f)*
1458	am	Geröll *(n)* [künstliches]
1496	gm	Geröll *(n)* [natürliches]
369	np	Gerölllawine *(f)*
1938	hy	Gesamtfeststofffracht *(f)*
1796	si,gm	geschichtet
119	hy	Geschiebe *(n)*
403	hy,gw,np	Geschiebeablagerung *(f)*
120	hy,np	Geschiebeabrieb *(m)*
745	rm	Geschiebebank *(f)*
370	rw	Geschiebefang *(m)*
125	hy	Geschiebefracht *(f)*
121	hy	Geschiebeführung *(f)*
123	hy	Geschiebehaushalt *(m)*
379	rm,gm,hy	Geschiebeherd *(m)*
41	hy	Geschiebemenge *(f)*
122	hy,np	Geschiebepotential *(n)*
1514	hy,rw,ew	Geschiebeprobe *(f)*
378	rw	Geschieberückhaltesperre *(f)*
1507	rw	Geschieberückhaltesperre *(f)*
1513	rw	Geschiebesammler *(m)*
1507	rw	Geschiebestausperre *(f)*
121	hy	Geschiebetransport *(m)*
598	hy,rw	Geschwemmsel *(n)*

2012	hy	Geschwindigkeitsverteilung *(f)*
206	ve	Gestrüpp *(n)*
1499	ma	Gestrüpp *(n)* entfernen
1757	hd,si,ew	Gewässer *(n)*, stehendes
1648	rm	Gewässer *(n)*, träge fliessendes
933	rw,de	Gewässergestaltung *(f)*
1011	de	Gewässerkarte *(f)*
2043	ec	Gewässerqualität *(f)*
2027	ec	Gewässerschutz *(m)*
1966	hy	Gewässertrübung *(f)*
2053	de	Gewässerüberwachung *(f)*
2041	ec	Gewässerverschmutzung *(f)*
1915	am	Gewebe *(n)* [Geotextil]
1719	ew,hy	Gewicht *(n)*, spezifisches
752	rw	Gewichtssperre *(f)*
1904	hd	Gewitterregen *(m)*
2002	co	Gewölbe *(n)*
64	co	Gewölbewirkung *(f)*
1889	pl	Gipfelknospe *(f)*
1925	pl	Gipfeltrieb *(m)*
1114	tc	Gitterbusch *(m)*
980	tc	Gitterbusch *(m)*
980	tc	Gitterbuschbau *(m)*
502	de	Gleichgewicht *(n)*
503	hy	Gleichgewichtsgefälle *(n)*
504	hy	Gleichgewichtsstrecke *(f)*
1616	np,ew	Gleithorizont *(m)* [Boden]
685	np,ew	Gleitkreis *(m)*
1059	ew, de	Gleitkreisverfahren *(n)*
1616	np,ew	Gleitschicht *(f)*; Gleitfläche *(f)*; Rutschungsschicht *(f)*
1749	ew,de	Gleitsicherheit *(f)*
1617	ew	Gleitwiderstand *(m)*
720	si	Gley *(m)*
1064	si	Glimmerschiefer *(m)*
722	si	Gneis *(m)*
429	rm	Graben *(m)*
1958	ew	Graben *(m)* [künstlich]
431	ew,co	Grabenauskleidung *(f)*
803	np	Grabenerosion *(f)*
733	si	Granit *(m)*
738	tc,ve	grasbewachsen
735	tc,rw	Grasböschung *(f)*
737	tc	Grasdach *(m)*
734	tc	Grasdecke *(f)*
740	pl	Gräser *(n,pl)*
1661	pl	Grasplagge *(f)*
185	tc	Grassbettung *(f)*

1376	gm	Grat *(m)*
322	ew,hy	Grenzgefälle *(n)*
321	hy	Grenzschleppspannung *(f)*
958	de	Grenzwert *(m)*
256	am	Grobrechen *(m)*
1385	rw	Grobsteinschlichtung *(f)*
529	ew	Grube *(f)*
161	rw	Grundablass *(m)*
765	ew	Grundbruch *(m)*
58	rw	Grundbuhne *(f)*
127	gm,si	Grundgestein *(n)*
1610	de	Grundriss *(m)*
768	rw	Grundschwelle *(f)*; Sohlgurte *(f)* [D]
1602	de	Grundstück *(n)*
1603	de	Grundstückserwerb *(m)*
675	co	Gründung *(f)*
678	am	Gründungspfahl *(m)*
408	co,ew,de	Gründungstiefe *(f)*
759	tc,ma	Gründüngung *(f)*
769	hy	Grundwalze *(f)*
773	hd	Grundwasser *(n)*
775	hd	Grundwasserabfluss *(m)*
463	hd	Grundwasserabsenkung *(f)*
774	hd	Grundwasserabsenkung *(f)*
1387	hd	Grundwasseranstieg *(m)*
1534	hd	Grundwasseraufstoss *(m)*
1998	hd	Grundwasserausbruch *(m)*
1534	hd	Grundwasseraustritt *(m)*
882	ew	Grundwassereinbruch *(m)*
779	co,hd	Grundwasserentnahme *(f)*
63	hd	Grundwasserleiter *(m)*
1900	hd	Grundwassermächtigkeit *(f)*
777	hd	Grundwasserpegel *(m)*
778	hd	Grundwasserspiegel *(m)*
1176	hd	Grundwasserspiegelschwankung *(f)*
776	hd	Grundwasserströmung *(f)*
62	ew,hd,si	Grundwasserträger *(m)*, wasserführender
932	de	Grünflächengestaltung *(f)*
741	ve	Grünland *(n)*
1650	ma	Gülle *(f)* [CH]
1840	ma	Gülle *(f)* [CH]
801	rm	Gully *(n)*; Graben *(m)*
534	de	Gutachten *(n)*
1291	de	Güteanforderung *(f)* [D,A]
1268	de	Güterzusammenlegung *(f)*
808	pl	Haarwurzel *(f)*
806	fa	Habitat *(n)*
1178	ma	Hackarbeit *(f)*
227	am	Häcksel *(m,pl)*
807	hd	Hagel *(m)*
841	rw	Hakenbuhne *(f)*
1728	tc	Halmpflanzung *(f)*
1573	dc,pl	Halmsteckling *(m)*
1776	dc,pl	Halmsteckling *(m)* [Schilf]
809	tc	Handaussaat *(f)*
809	tc	Handsaat *(f)*
1611	de	Handskizze *(f)*
1611	de	Handzeichnung *(f)*
1992	np	Hang *(m)*, instabiler
1627	gm	Hang(an)bruch *(m)*
339	ew,de	Hanganschnitt *(m)*
1630	ew	Hangberegnung *(f)*
1626	ew	Hangentwässerung *(f)*
1918	gm,ew	Hangfuss *(m)*
1919	ew	Hangfussicherung *(f)*; Böschungsfussicherung *(f)*
1628	gm	Hangneigung *(f)*
1629	tc	Hangrost *(m)*
934	np	Hangrutsch *(m)*; Schlipf *(m)* [CH]
934	ew,de	Hangstabilisierung *(f)*
1641	ew	Hangstabilität *(f)*; Hangstandsicherheit *(f)*; Standsicherheit eines Han*ges*
838	ew,de	Hangverbau *(m)*
839	tc	Hangverbau *(m)*, ingenieurbiologischer
1638	si, hy	Hangvernässung *(f)*
874	ew	Hangversteilerung *(f)*
1642	si	Hangwasser *(n)*
810	co	Hartbauweise *(f)*
813	pl	Hartholz *(n)*
811	ve	Hartholzaue *(f)*
811	ve	Hartholzzone *(f)*
1002	hy	Hauptfliessrichtung *(f)*
1003	rm,hy	Hauptgerinne *(n)*
1443	pl	Hauptwurzel *(f)*
1023	dc	Hausteinmauer *(f)*
1993	gm,ew	Hebung *(f)*
824	ve	Hecke *(f)*
825	tc	Heckenbuschlage *(f)*
826	tc	Heckenlage *(f)*
1481	pl	Heister *(m)*
831	ma	Herbizid *(n)*
171	pl	Herzwurzler *(m)*
816	tc	Heublumensaat *(f)*
75	am	Hilfsmaterial *(n)*

859	hd	Jahrbuch *(n)*, hydrologisches
54	hd,hy	Jahresabflussmenge *(f)*
1036	hd,hy	Jahresabflussmittel *(n)*
56	hd	Jahresniederschlag *(m)*
1037	hd	Jahresniederschlag *(m)*, mittlerer
1840	ma	Jauche *(f)* [D,A]
1650	ma	Jauche *(f)* [D,A]
1316	gm	Jungschutt *(m)*
2072	gm	Jungschutt *(m)*
1320	ve	Jungwuchs *(m)*
917	am	Jutegewebe *(n)*
917	am	Jutenetz *(n)*
209	am	Kabelkran *(m)*
246	fo	Kahlhieb *(m)*
246	fo	Kahlschlag *(m)*
985	fo	Kahlschlagfläche *(f)*
957	si	Kalk *(m)*
211	si	Kalkboden *(m)*
210	si	kalkhaltig
1479	si	Kalksandstein *(m)*
957	si	Kalkstein *(m)*
1376	gm	Kamm *(m)*
2066	tc	Kammerflechtwerk *(n)*
1950	hy	Kammwirkung *(f)*
1545	co	Kanalisationsüberlauf *(m)*
214	rw	kanalisieren
213	rw	Kanalisierung *(f)*
1741	am	Kantholz *(n)*
216	si	Kapillarraum *(m)*
217	si	Kapillarwasser *(n)*
918	gm	Karst *(m)*
919	np	Karsterosion *(f)*
1010	de	Karte *(f)*
1687	de	Karte *(f)*, bodenkundliche
1060	de	Kartiermethode *(f)*
165	tc	Kastendrän *(m)*
1912	tc,rw	Kastenfangdamm *(m)*
926	de	Kataster *(m)*
219	hy,de	Katastrophen-Hochwasser *(n)*
694	gm	Keilanbruch *(m)*
716	pl	keimen
718	pl	Keimfähigkeit *(f)*
1526	pl	Keimling *(m)*
441	ve	Keimruhe *(f)*
717	pl	Keimung *(f)*
306	ew	Kernbohrung *(f)*
1186	pl	Kiefer *(f)* [D,A]
742	co	Kies *(m)*
328	co	Kies *(m)*, gebrochener
744	rm	Kiesbank *(f)*
749	si,ew	Kiesfilterschicht *(f)*
750	gm	Kiesgrube *(f)*
751	rw	Kiessammler *(m)*
1147	co,ew,rw	Kippmoment *(n)*
1750	de	Kippsicherheit *(f)*
1544	de	Kläranlage *(f)*
11	am	Kleber *(m)*
721	am	Kleber *(m)*
11	am	Klebstoff *(m)*
155	rm	Kliff *(n)*
248	hd	Klima *(n)*
250	ve	Klimaxgesellschaft *(f)*
251	fo,ve	Klimaxwald *(m)*
249	hd	Klimazone *(f)*
914	rm	Kluft *(f)*
1117	ec,pl	Knöllchenbakterien (n,pl)
202	pl	Knolle *(f)*
199	pl	Knospe *(f)*
442	pl	Knospe *(f)*, schlafende
147	fa	Knospen *(f,pl)* abfressen
1229	rw	Knüppelrampe *(f)*
266	si,ew	Kohäsion *(f)*
267	si,ew	kohäsionslos
262	am	Kokosfaser *(f)*
1489	hy, rm	Kolk *(m)*
1491	rw	Kolkbecken *(n)*
1493	gm,rm	Kolkloch *(n)*
1492	hy	Kolktiefe *(f)*
253	rm,hy	Kolmatierung *(f)*
278	ma	Kompost *(m)*
276	ec	Konkurrenzkraft *(f)*
1671	ew	Konsolidation *(f)*
289	ew	Konsolidierung *(f)*
1746	ew	Konsolidierungsarbeiten *(f,pl)*
240	rw	Konsolidierungssperre *(f)*
298	de	Kontrolleinrichtung *(f)*
1762	am	Kontrollschacht *(m)*
1924	ma	Köpfen *(n)*
1921	ve	Kopfrasen *(m)*
948	dc	Kopfsteckling *(m)*
261	co	Kopfstein *(m)* [D]
2091	pf	Kopfweide *(f)*
1231	ma	Kopfweide *(f)* zurückschneiden
724	ew	Kornabstufung *(f)*
1042	ew,hy	Korndurchmesser *(m)*, mittlerer
732	ew,hy	Kornfraktion *(f)*

728	ew,hy	Korngrösse *(f)*
730	ew,hy	Korngrössenanalyse *(f)*
729	de,hy	Korngrössenverteilung *(f)*
2081	ew,hy	Korngrössenverteilung *(f)*, gleichmässige
729	de,hy	Kornverteilung *(f)*
731	hy,ew,si	Kornverteilungskurve *(f)*
308	de	Kosten-Nutzen-Analyse *(f)*
522	de	Kostenvoranschlag *(m)*
59	ew,co,hy	Kraft *(f)*, angreifende
1225	ew,co,hy	Kraftangriffspunkt *(m)*
983	tc	Krainerwand *(f)* [D,A]
827	pl	Kraut *(n)*
828	ve	krautig
830	ve	Krautvegetation *(f)*
141	ec	Kreislauf *(m)*, biologischer
318	gm,ew,np	Kriechen *(n)*
1463	pl	Kriechtrieb *(m)*
329	gm,si	Kristallingestein *(n)*
327	rw	Krone *(f)*
319	rw	Kronenüberfall *(m)*
333	rw,de	Krümmung *(f)*
404	gm	Kuhle *(f)* [D]
1882	ma	Kulturpflege *(f)*
1869	am	Kunststoffgewebe *(n)*
1869	am	Kunststoffnetz *(n)*
258	rm	Küste *(f)*
260	rw	Küstenbauwerk *(n)*
259	de	Küstenschutz *(m)*
1991	de	labil
1469	fa	Lachse *(m,pl)* und lachsartige Fische *(m,pl)*
1794	ew,hd,si	Lagerung *(f)*
443	rw	Lahnung *(f)*
1716	fa	Laich *(m)*
1717	fa	Laichplatz *(m)*
1768	hd	Landregen *(m)*
928	gm,de	Landschaft *(f)*
929	de	Landschaftsarchitektur *(f)*
931	de	Landschaftsgestaltung *(f)*
930	ec	Landschaftsschutz *(m)*
988	de,hy	Längenprofil *(n)*
991	de	Längsgefälle *(n)*
987	dc	Längsholz *(n)*
988	de,hy	Längsschnitt *(m)*
990	rw	Längsschwelle *(f)*
989	rw	Längswerk *(n)*
1939	rw	Längswerk *(n)*
1502	ew	Langzeitsetzung *(f)* [Bodenmechanik]

937	pl	Lärche *(f)*
1118	de	Lärmschutz *(m)*
1119	co	Lärmschutzbaute *(f)*
973	co,ew,de	Last *(f)*
1990	co,ew,de	Last *(f)*, gleichmässig verteilte
25	de	Last *(f)*, zulässige
413	co,ew,de	Lastannahme *(f)*
382	pl,fo	Laubbaum *(m)*
382	pl,fo	Laubholz *(n)*
381	ve	Laubwald *(m)*
77	np	Lawine *(f)*
83	de	Lawinenabweisdamm *(m)*
84	np,gm	Lawinenbahn *(f)*
382	co	Lawinenbrecher *(m)*
79	co	Lawinenhöcker *(m)*
80	co	Lawinenleitdamm *(m)*
78	co	Lawinenleitwerk *(n)*
1271	de	Lawinenschutz *(m)*
81	co	Lawinenverbauung *(f)*
1669	de	Lebendverbau *(m)* [Wasserbau]; Grünverbau *(m)* [Erdbau]
955	de	Lebensdauer *(f)*
806	fa	Lebensraum *(m)*
951	de	Leeseite *(f)*
952	pl	Leguminose *(f)*
974	si	Lehm *(m)*
975	si	Lehmboden *(m)*
976	si	lehmig
992	rw,co	Leitdamm *(m)*
1940	rw	Leitwand *(f)* [Fluss]
1939	rw	Leitwerk *(n)*
435	rw	Leitwerk *(n)* [Fluss]
956	pl	Lichtbaumart *(f)*
956	pl	Lichtgehölz *(n)*
1754	hy	Limnigraph *(m)*
1193	ew	Loch *(n)*
1194	tc	Lochpflanzung *(f)*
994	gm,si	Lockergestein *(n)*
994	gm,si	Lockergesteinsmaterial *(n)*
1495	ma	lockern der Bodenoberfläche
978	si	Löss *(m)*
20	de	Luftbild *(n)*
843	hd	Luftfeuchte *(f)*
2102	de,si	luv
1045	rm	Mäander *(m)*
1048	rw	Mäander-Bypass *(m)*
1047	rm	Mäanderbogen *(m)*

Nr.		Begriff
1048	rw	Mäanderdurchstich *(m)*
1049	rw	Mäanderdurchstich *(m)*
1050	rm	Mäandergerinne *(n)*
1046	rm	mäandrieren
562	de	Machbarkeitsstudie *(f)*
1899	de,si,ew	Mächtigkeit *(f)*
950	am	Magerbeton *(m)*
1035	ve	Magerwiese *(f)*
1091	ma	mähen
1092	ma	Mähen *(n)*
1019	ew,si	Marschboden *(m)* [D]
1024	ew,de	Massenausgleich *(m)*
280	de	Massenberechung *(f)*
1026	co	Massenbewegungen *(f,pl)*
1025	de	Massenbilanz *(f)*
1051	de	Massnahme *(f)*, aktive
1052	de	Massnahme *(f)*, passive
1053	de	Massnahme *(f)*, vorbeugende
1485	de	Massstab *(m)*
1646	rm	Matsch *(m)*
2017	co	Mauer *(f)*
327	rw	Mauerkrone *(f)*
1020	co	Mauerwerk *(n)*
1080	ew	Maulwurfdrain *(m)*
616	hy,np	Maximalabfluss *(m)* [des Hochwassers]
32	si,de	Meereshöhe *(f)* [CH]
40	de	Melioration *(f)*
252	am	Menzi Muck *(m)* [CH]
1016	si	Mergel *(m)*
1017	si	Mergelkalk *(m)*
1056	de	Messreihe *(f)*
708	hy	Messstelle *(f)*
1055	de	Messung *(f)*
1054	de	Messwert *(n)*
1065	si	Mikroklima *(n)*
1069	hy,co	Mindestgefälle *(n)*
1068	si	Mineralboden *(m)*
1071	fo	Mischbestand *(m)*
726	fo	Mischungsgrad *(m)*
1072	fo,ve	Mischwald *(m)*
2107	co	mit Draht *(m)* befestigen
594	co	mit Pfählen *(m)* fixieren
1066	rm	Mittellauf *(m)*
1038	hy	Mittelwasser *(n)*
1040	hd	Mittelwasserabfluss *(m)*; Abfluss *(m)*, mittlerer
797	rw	Mittelwasserbuhne *(f)*
1044	hy	Mittelwasserstand *(m)*
1073	de	Modellversuch *(m)*
1074	si	Moder *(m)*
1079	gm	Molasse *(f)*
156	gm	Moor *(n)*
158	gm,si	Moorboden *(m)*
157	ew	Moordrainage *(f)*
2083	si	Moorgebiet *(n)*
225	am	Moorraupe *(f)*
1083	pl	Moos *(n)*
1081	gm	Moräne *(f)*
1860	rm,gm	Morast *(m)*
1082	gm	Morphologie *(f)*
1095	am	Mulch *(m)*
1098	tc	Mulchen *(n)*
1097	tc	Mulchsaatverfahren *(n)*
1802	tc	Mulchschicht *(f)* aus Stroh
1867	gm	Mulde *(f)*
705	ec	Müll *(m)*
1951	ma	Müll *(m)* [D,A]
637	rm	münden
1402	rm	Mündung *(f)*
375	rw	Murabweisdamm *(m)*
374	rw	Murbrecher *(m)*
373	np	Murgang *(m)*
380	rm	Murkegel *(m)*
820	rm	Murkegelfront *(f)*
819	np	Murkopf *(m)*
373	np	Murschub *(m)*; Mure *(f)* [A,D]
1571	gm	Muschelanbruch *(m)*
281	np	Muschelbruch *(m)*
1926	si	Mutterboden *(m)*
127	gm,si	Muttergestein *(n)*
1151	si	Muttergestein *(n)*
1084	pl,ve	Mutterpflanze *(f)*
1100	pl,ec	Mykorrhiza *(f)*
1101	pl	Mykorrhiza-Impfung *(f)*
1346	ma	Nachbesserung *(f)* [der Bepflanzung]
286	ve	Nadelbaum *(m)*
286	ve	Nadelholz *(n)*
287	fo	Nadelwald *(m)*
1102	co	nageln
1127	si	Nährstoffangebot *(n)*
656	ec	Nahrungskette *(f)*
862	tc	Nassaat *(f)*
2084	gm	Nassstandort *(m)*
365	np	Naturgefahr *(f)*
1112	ec,de	Naturschutz *(m)*
1109	fo	Naturverjüngung *(f)*
1585	rm	Nebenarm *(m)*

1961	rm	Nebenbach *(m)*; Zufluss *(m)*
1503	pl	Nebenwurzel *(f)*
1622	de,hy,ew	Neigung *(f)*
51	de,ew,hy	Neigungswinkel *(m)*
1312	co,tc	Neuverfugen *(n)*
267	si,ew	nichtbindig
1243	hd	Niederschlag *(m)*
1258	hd	Niederschlag *(m)*, wahrscheinlich höchster
1300	hd,hy	Niederschlags-Abfluss-Beziehung *(f)*
1245	hd	Niederschlagsdauer *(f)*
1244	hd	Niederschlagsgebiet *(n)*
43	hd	Niederschlagshöhe *(f)*
1246	hd	Niederschlagsintensität *(f)*
1296	hd	Niederschlagssammler *(m)*
303	fo	Niederwald *(m)*
998	hy,hd	Niederwasser *(n)*
794	rw	Niederwasser-Buhne *(f)*
999	hy,rm	Niederwassergerinne *(n)*
998	hy,hd	Niedrigwasser *(n)*
725	ew	nivellieren
954	co,de	nivellieren [Vermessung]
1122	hy	Normalabfluss *(m)*
1765	de,ew,rw	Normalprofil *(n)*
2120	de	Nutzlast *(f)*
1143	hd	Oberflächenabfluss *(m)*
1847	ew	Oberflächenbewässerung *(f)*
1846	gm,np	Oberflächenerosion *(f)*
1852	hy	Oberflächengeschwindigkeit *(f)*
1853	rm	Oberflächengewässer *(n)*
1850	np	Oberflächenrutsch *(m)*
1848	co	Oberflächenschutz *(m)*
1851	de	Oberflächenstabilität *(f)*
1995	rm	Oberlauf *(m)*
89	hy	Oberwasser *(n)*
821	rw	Oberwasserzulaufkanal *(m)*
489	ec	Ökologie *(f)*
490	ec	Ökosystem *(n)*
491	ec	Ökotyp *(m)*
174	tc	Packwerk *(n)*
1149	tc	Palisaden *(f,pl)*
1235	pl	Pappel *(f)*
1223	de	Parzelle *(f)*
706	hy	Pegelmesser *(m)*
1164	hd	Perkolation *(f)*; Durchsickerung *(f)*
1165	si	Permafrostzone *(f)*
1180	am	Pfahl *(m)*
1182	rw	Pfahlbuhne *(f)*
1181	co	Pfahlgründung *(f)*
1183	rw	Pfahlwand *(f)*
1911	tc	Pfahlwand *(f)* [Holz]
1875	pl	Pfahlwurzel *(f)*
1184	dc	Pfeiler *(m)*
1201	pl	Pflanze *(f)*
1445	pl	Pflanze *(f)*, bewurzelte
1213	pl	Pflanze *(f)*, eingeführte
1214	pl	Pflanze *(f)*, einheimische
1211	pl	Pflanze *(f)*, einjährige
1212	pl	Pflanze *(f)*, exotische
1212	pl	Pflanze *(f)*, fremdländische
903	pl	Pflanze *(f)*, natürlich eingewanderte
1220	pl	Pflanze *(f)*, standortgerechte
1126	pl	Pflanze *(f)*, verschulte
1215	pl	Pflanze *(f)*, wasserziehende
1208	pl	Pflanzenart *(f)*
2007	ve	Pflanzendecke *(f)*
1959	tc	Pflanzeneinschlag *(m)*
1202	ve	Pflanzengesellschaft *(f)*
1206	pl	Pflanzennachzucht *(f)*
1173	ma	Pflanzenschutzmittel *(n)*; Pestizid *(n)*
1207	ve	Pflanzensoziologie *(f)*
1209	ve	Pflanzensukzession *(f)*
202	pl	Pflanzenzwiebel *(f)*
1124	pl	Pflanzgarten *(m)*
1217	pl	Pflanzloch *(n)*
1061	tc	Pflanztechnik *(f)*
1216	tc	Pflanzung *(f)*
1714	ve	Pflanzverband *(m)*
1061	tc	Pflanzverfahren *(n)*
261	co	Pflasterstein *(m)*
1157	co	Pflästerung *(f)*
1880	ma	Pflege *(f)*
1881	ma	Pflegeziel *(n)*
1758	am	Pflock *(m)*
1180	am	Pflock *(m)*; Piloten *(f,pl)*
1240	am	Pfosten *(m)*
1174	si	pH-Wert *(m)*
1179	si,hd	Piezometerrohr *(n)*
693	pl	Pilz *(m)*
692	pl	Pilzkrankheit *(f)*
1190	pl	Pionierart *(f)*
1189	tc	Pionierbepflanzung *(f)*
1187	pl	Pionierpflanze *(f)*
1724	tc	Plaggenpflanzung *(f)*
1009	de	Plan *(m)* [d.h. als Karte]
953	co	planieren

1199	fa, ec	Plankton *(n)*
1221	si	Plastizitätsgrenze *(f)*
1612	gm,co	Platte *(f)*
1196	np	Plattenbruch *(m)*
1725	tc	Plätzesaat *(f)* [A]
445	hd	Platzregen *(m)*
1224	si	Podsol *(m)*
1233	co	Ponton *(m)*
1238	si,ew	Porenanteil *(m)*
1236	si,ew	Porenraum *(m)*
1236	si,ew	Porenvolumen *(n)*
1237	si,ew	Porenwasser *(n)*
1238	si,ew	Porosität *(f)*
506	rm	Prallufer *(n)*
1257	ew,de	Primärsetzung *(f)*
1471	ew,co,de	Probenahme *(f)*
1260	ec	Produzent *(m)*
1264	de	Projekt *(n)*
1265	de	projektieren
1266	de	Projektüberwachung *(f)*
1279	pl,de	Provenienz *(f)*
1108	np	Prozess *(m)*, natürlicher
981	rw	Prügelsperre *(f)*
200	ec	Pufferzone *(f)*
1287	am	Pumpbeton *(m)*
1284	am	Pumpe *(f)*
1285	am	Pumpensumpf *(m)*
1288	ew	Pumpversuch *(m)*
1742	ew,hy, co, si	Quadratlochsieb *(n)*
1291	de	Qualitätsanforderung *(f)*
1729	hd	Quelle *(f)*
1733	hd	Quelle *(f)*, artesische
394	hd	Quellergiebigkeit *(f)*
224	rw	Quellfassung *(f)*
1730	hd, rm	Quellgebiet *(n)*
822	hd	Quellgewässer (n,pl)
1530	rm	Quellhorizont *(m)*
394	hd	Quellschüttung *(f)*
1731	rm,ec	Quellschutzgebiet *(n)*
1732	rm	Quellwasser *(n)*
822	hd	Quellwasserläufe *(m,pl)*
1948	ew	Querdrainage *(f)*
323	ew,co, hy,de	Quergefälle *(n)*
326	ew,co, hy,de	Quergefälle *(n)*
326	ew,co, hy,de	Querneigung *(f)*
324	hy	Querprofil *(n)*
1348	hy	Querprofil *(n)*, massgebendes
1947	ew,hy, co,de	Querschnitt *(m)*
230	hy,rw,rm	Querschnittsänderung *(f)* [Fluss]
325	hy	Querschnittsfläche *(f)*
229	hy	Querschnittswechsel *(m)*
1946	hy	Querströmung *(f)*
1949	rw	Querwerk *(n)*
1377	tc	Rabattenpflanzung *(f)*
852	hy	Radius *(m)*, hydraulischer
468	co	rammen
1162	co,si	Rammsondierung *(f)*
469	ew	Rammwiderstand *(m)*
1304	co	Rampe *(f)*
159	de	Rand *(m)* [Grenze]
1305	si	Ranker *(m)* [D]
939	ve	Rasen *(m)*
1662	bw	Rasenband *(n)*
736	tc	Rasenbewuchs *(m)*, schützender
284	dc	Rasengitterstein *(m)*
1663	tc	Rasenmauer *(f)*
739	tc	Rasenrinne *(f)*
1661	pl	Rasenscholle *(f)*
1661	pl	Rasensode *(f)*
1665	tc	Rasenverlegung *(f)*
1658	dc	Rasenziegel *(m)*
1659	tc	Rasenziegelbelag *(m)*
1451	tc,rw	Rauhbaum *(m)*
1450	rw	Rauhbettrinne *(f)*
1453	hy	Rauhigkeit *(f)*
1454	hy	Rauhigkeitsbeiwert *(m)*
187	tc	Rauhpackung *(f)*
1452	tc	Rauhpflaster *(n)*
1719	ew,hy	Raumgewicht *(n)*
1828	si,ew	Raumgewicht *(n)* unter Wasser
418	de	Raumplanung *(f)*
1373	tc	Rautenflechtwerk *(n)*
1294	dc	Rechen *(m)*
1498	rw	Rechensperre *(f)*
1323	hy	Reduktion *(f)* der Abflusskapazität
1977	hy	Regelquerschnitt *(m)*
1298	hd	Regen *(m)*
1297	np	Regen-Erosion *(f)*
2	ve	Regenerationsfähigkeit *(f)*
1299	hd	Regenmenge *(f)*

1247	hd	Regenspende *(f)*
1299	hd	Regensumme *(f)*
1248	hd	Regenwasserabflussmenge *(f)*
6	hd	Regenwasserrückhaltevermögen *(n)*
301	rw	Regulierbauwerk *(n)*
684	ew,hy	Reibung *(f)*
686	ew,hy	Reibungsverlust *(m)*
687	ew,hy	Reibungswiderstand *(m)*
1456	tc	Reihenpflanzung *(f)*
1289	ve,fo	Reinbestand *(m)*
198	dc,ve	Reisig *(n)*
1322	ec,de	Rekultivierung *(f)*
1367	ec	Renaturierung *(f)*
1345	si	Rendzina *(f)*
1353	ve	Resistenz *(f)*
1352	de	Restrisiko *(n)*
1351	hy	Restwasser *(n)*
1360	hd	Retention *(f)*
622	hd,de	Retentionsberechnung *(f)*
623	de,rw	Retentionsfläche *(f)*
1367	ec	Revitalisierung *(f)*
1368	pl	Rhizom *(n)*
1370	pl	Rhizomballen *(m)*
1369	dc	Rhizomhäcksel *(m,pl)*
1372	dc	Rhizompflanzung *(f)*
1371	dc	Rhizomsteckling *(m)*
799	de	Richtlinie *(f)*
1382	hy	Riffel *(f)*
1379	np	Rillenerosion *(f)*
1457	tc	Rillensaat *(f)*
106	pl	Rinde *(f)*
1378	rm	Rinne *(f)*
1379	np	Rinnenerosion *(f)*
1378	rm	Rinnsal *(n)*
1374	pl	Rippe *(f)*
1388	de	Risikoanalyse *(f)*
317	co	Riss *(m)*
592	gm	Riss *(m)*
320	gm,np	Riss *(m)*
591	co,gm	Rissbildung *(f)*
1409	tc,pl	robust
388	fo	Rodung *(f)*
1311	si	Rohboden *(m)*
1188	fa,ve,pl	Rohbodenbesiedler *(m)*
1310	si	Rohhumus *(m)*
1191	am	Rohr *(n)*
332	ew, co	Rohrdurchlass *(m)*
1191	am	Röhre *(f)*
1375	pl	Rohrglanzgras *(n)*
1330	pl	Röhricht *(n)*
1329	tc	Röhrichtballenpflanzung *(f)*
1327	tc	Röhrichtwalze *(f)*
1018	am	Röhrichtwalze *(f)*
1192	co,rw	Rohrleitung *(f)*
1660	pl	Rollrasen *(m)*; Schälrasen *(m)*
762	dc	Rost *(m)*
359	rw	Rostsperre *(f)*
115	rw	Rostsperre *(f)*
1449	np	Rotationsrutschung *(f)*
131	pl	Rotbuche *(f)* [D]
1739	pl	Rottanne *(f)* [CH]
16	fo	Rottenaufforstung *(f)*
815	fo	Rückeschaden *(m)*
1317	rm	Rückgang *(m)* [Ufer]
2050	hd	Rückgang *(m)* des Wassers
1360	hd	Rückhalt *(m)*
1362	rw	Rückhaltebecken *(n)*
378	rw	Rückhaltesperre *(f)*
1363	hy	Rückhaltevolumen *(n)*
345	ma	Rückschnitt *(m)*
1538	ma	Rückschnitt *(m)*, selektiver
869	hy	Rückstau *(m)*
1331	ec	Rückzugsgebiet *(n)*
979	am	Rundholz *(n)*
2119	rw	Rundholzschwelle *(f)*
801	rm	Runse *(f)* [CH]
170	tc	Runsenausbuschung *(f)*
804	gm,rm	Runsenbildung *(f)*
803	np	Runsenerosion *(f)* [CH]
802	tc	Runsenverbau *(m)*
1427	pl	Rute *(f)*
1971	pl	Rute *(f)*
1620	np	Rutsch *(m)*
1590	np	Rutschanzeichen *(n)*
1389	np	Rutschgefahr *(f)*
935	ew	Rutschsanierung *(f)*
1620	np	Rutschung *(f)*
1916	np,gm	Rutschungsfuss *(m)*
1525	pl	Saat *(f)*
1523	tc	Saat *(f)* mit Strohdeckschicht *(m)*
1519	pl	Saatgut *(n)*
1522	pl,tc	Saatmischung *(f)*
1063	tc	Saatverfahren *(n)*
1467	pl	Säbelform *(f)* [Baum]
1467	pl	Säbelwuchs *(m)*
1649	np,gm	Sackung *(f)*
1520	tc	säen

1469	fa	Salmoniden *(f,pl)*
1521	pl,tc	Samenträger *(m)*
1519	pl	Sämereien *(f,pl)*
1526	pl	Sämling *(m)*
220	ew	Sammeldrän *(m)*
271	ew	Sammelgraben *(m)*
270	ew	Sammelschacht *(m)*
1472	si	Sand *(m)*
1473	si,rm,hy	Sandablagerung *(f)*
1477	rm,hy	Sandbank *(f)*
1475	rw	Sandfang *(m)*
414	rw	Sandfanganlage *(f)*
1474	hy	Sandrauhigkeit *(f)*, äquivalente
1476	rw	Sandsacksperre *(f)*
1478	si	Sandstein *(m)*
1355	de	Sanierung *(f)*
1482	si,ew	Sättigung *(f)*
727	si	Sättigungsgrad *(m)*
5	si,ew	Saugfähigkeit *(f)* [Boden]
1838	pl	Saugfähigkeit *(f)* [Pflanze]
580	am	Saugkorb *(m)* [Pumpe]
1837	pl	Saugwurzel *(f)*
10	si	Säuregehalt *(m)* des Bodens
1551	co	Schacht *(m)*
360	np	Schaden *(m)*
422	de	Schadenkarte *(f)*
1150	ma,fa	Schädling *(m)*
1172	ma	Schädlingsbekämpfung *(f)*
1173	ma	Schädlingsbekämpfungsmittel *(n)*
960	rw	Schale *(f)*, gemauerte
1815	fa	Schälen *(n)*
281	np	Schalenbruch *(m)*
673	am	Schalung *(f)*
1548	si	Schatten *(m)*
1547	pl	Schattenbaumart *(f)*
1546	ve	Schattengehölz *(n)*
1550	de,hd	Schattenlage *(f)*
1549	si	schattig
1058	de	Schätzmethode *(f)*
654	ec	Schaum *(m)*
1566	ew,co	scherfest
1565	ew,co	Scherfestigkeit *(f)*
1563	ew,co	Scherkraft *(f)*
1564	gm,np	Scherriss *(m)*
1567	ew,co,hy	Scherspannung *(f)*
941	ew,hd,si	Schicht *(f)*
1800	ew,hd,si	Schicht *(f)* [geologisch]
867	ew,hd,si	Schicht *(f)*, undurchlässige
943	ew,hd,si	Schichtaufbau *(m)*
915	gm	Schichtfugen *(f,pl)*
1794	ew,hd,si	Schichtung *(f)*
1797	ew,hd,si	schichtweise
1488	si	Schiefer *(m)*
90	rw	Schikane *(f)*; Igel *(m)*
495	rw,ew	Schildkröte *(f)*
1330	pl	Schilf *(n)*
1324	tc	Schilfballenpflanzung *(f)*
1325	tc	Schilfhalmpflanzung *(f)*
1326	tc	Schilfrhizompflanzung *(f)*
1328	dc	Schilfsode *(f)*
190	tc	Schilfspreitlage *(f)*
1646	rm	Schlamm *(m)*
1542	rw	Schlammfang *(m)*
771	rw	Schlammgrund *(m)*
1647	ew	schlammig
1093	np	Schlammstrom *(m)*
1093	np	Schlammure *(f)*
993	rm	Schleife *(f)*
1618	am	Schleim *(m)*
1562	hy	Schleppkraft *(f)*
321	hy	Schleppkraft *(f)*, kritische
128	hy	Schleppspannung *(f)*
1619	np,gm	Schlipf *(m)* [CH]
1621	rw	Schlitzsperre *(f)*
723	gm, rm	Schlucht *(f)*
1234	si	Schluff *(m)*
1593	si	Schluff *(m)* [D, A]
251	fo,ve	Schlusswald *(m)*
2022	hy	Schmutzwasser *(n)*
1652	hd	Schneedecke *(f)*
1655	tc	Schneedeckensaat *(f)*
1653	hd	Schneekriechen *(n)*
1655	tc	Schneesaat *(f)*
1657	hd	Schneeschmelzhochwasser *(n)*
1656	np	Schneeschurf *(m)*
335	ma	schneiden
1505	de	Schnitt *(m)* [geometrisch]
111	co	Schnurgerüst *(n)*
743	am	Schotter *(m)*
252	am	Schreitbagger *(m)*
1561	ew,co,hy	Schub *(m)*
1562	hy	Schubspannung *(f)*
1567	ew,co,hy	Schubspannung *(f)*
1568	hy	Schubspannungsgeschwindigkeit *(f)*
242	rw	Schussrinne *(f)*
368	gm	Schutt *(m)*
369	np	Schuttgang *(m)*

1497	gm	Schutthang *(m)*; Blockschutt *(m)*
549	gm	Schuttkegel *(m)*
1874	np	Schuttkriechen *(n)*
1204	pl	Schuttpflanze *(f)*
164	gm,rm	Schüttquelle *(f)*
477	ew	Schüttung *(f)*
1415	co	Schüttung *(f)* [Stein]
1277	de,fo	Schutzfunktion *(f)* des Waldes
1276	de	Schutzgebiet *(n)*
1269	de	Schutzgehölz *(n)*
1270	fo	Schutzwald *(m)*
1356	ma	Schutzwaldsanierung *(f)*
1276	de	Schutzzone *(f)*
846	hy	Schwall *(m)*
2124	hd	Schwankungsbereich *(m)* des Grundwasserspiegels
1856	hy	Schweb *(n)*
1859	hy	Schwebstoffbelastung *(f)*
1856	hy	Schwebstoffe *(m,pl)*
1859	hy	Schwebstofffracht *(f)*
1857	hy	Schwebstoffkonzentration *(f)*
1858	hy	Schwebstofftransport *(m)*
1858	hy	Schwebstofführung *(f)*
1591	rw	Schwelle *(f)*
1592	rm	Schwelle *(f)*, natürliche
607	rm	Schwemmgut *(n)*
1908	rm	Schwemmholz *(n)*
27	rm	Schwemmkegel *(m)*
371	rw	Schwemmkegelgerinne *(n)*, künstliches
372	rm	Schwemmkegelhals *(m)*
1293	np,si	Schwemmsand *(m)*
753	rw	Schwergewichtsmauer *(f)*
752	rw	Schwergewichtssperre *(f)*
1506	rm,hy	Sediment *(n)*
402	rm, hy	Sedimentation *(f)*
1518	rw	Sedimentationsbecken *(n)*
1509	hy	Sedimentbelastung *(f)*
1512	ma	Sedimentbeseitigung *(f)*
1509	hy	Sedimentfracht *(f)*
1516	si,gm	Sedimentgestein *(n)*
1511	hy	Sedimenthaushalt *(m)*
1514	hy,rw,ew	Sedimentprobe *(f)*
1508	hy	Sedimenttransport *(m)*
1903	hy	Sedimenttransportbeginn *(m)*
920	rm	See *(m)*
32	si,de	Seehöhe *(f)* [A]
1552	rm	seicht

1447	am	Seil *(n)*
209	am	Seilkran *(m)*
2096	am	Seilwinde *(f)*
1585	rm	Seitenarm *(m)*
1961	rm	Seitenbach *(m)*
1584	gm, rm, np	Seitenerosion *(f)*
1070	ew	Seitengraben *(m)*
1584	gm, rm, np	Seitenschurf *(m)* [A,D]; Lateralerosion *(f)*
1442	pl	Seitenwurzel *(f)*
254	hy	Selbstabdichtung *(f)*
1723	ec	Selbstbegrünung *(f)*
1540	ec	Selbstreinigung *(f)*
142	ec	Selbstreinigungsvermögen *(n)*, biologisches
404	gm	Senke *(f)*
1420	dc,tc	Senkfaschine *(f)*
1600	tc	Senkfaschine *(f)*
2014	de	senkrecht
1841	rw,tc	Senkwalze *(f)*
1599	pl	Senkwurzel *(f)*
1228	dc	Setzholz *(n)*
1943	dc	Setzling *(m)*
986	dc	Setzstange *(f)*
1541	np,ew	Setzung *(f)*
1257	ew,de	Setzung *(f)*, primäre
1468	de	Sicherheitsfaktor *(m)*
299	de	Sicherungsmassnahme *(f)*
747	ew	Sickerdole *(f)*
1535	ed,si	Sickergeschwindigkeit *(f)*
1531	ew	Sickergrabenbau *(m)*
1533	ew	Sickerlinie *(f)*
1528	ew,si	sickern
1459	ew	Sickerschlitz *(m)*
746	ew	Sickerschlitz *(m)* mit Steinfüllung
1644	ew	Sickerschlitzdränung *(f)*
1532	ew,hd,si	Sickerströmung *(f)*
1536	ew,hd,si	Sickerwasser *(n)*
1587	am	Sieb *(n)*
1588	ew,co,hy	Siebanalyse *(f)*
1589	ew,co,hy	Siebung *(f)*
1593	si	Silt *(m)*
1827	tc	Sinkbaum *(m)*
1543	hy	Sinkgeschwindigkeit *(f)*
1600	tc	Sinkwalze *(f)*
1185	rw	Sinkwalzen-Buhne *(f)*
117	rm, hy	Sohle *(f)*
1170	hy	Sohle *(f)*, durchlässige
60	rw	Sohlenbefestigung *(f)*

130 rm Sohlenbreite *(f)*
1396 np Sohlenerosion *(f)*
118 hy Sohlenform *(f)*
129 hy Sohlengefälle *(n)*
1039 hy Sohlengefälle *(n)*, mittleres
1302 hy Sohlenhebung *(f)* [künstliche]
1395 rw Sohlensicherung *(f)*
2119 rw Sohlhölzer *(n,pl)*; Holzschwelle *(f)*
767 rw Sohlrampe *(f)*
1397 rw Sohlschutz *(m)*
768 rw Sohlschwelle *(f)*
1043 hy Sommerwasser *(n)*, mittleres
1259 ew,si sondieren
1710 co,de, ew,si Sondierung *(f)*
1708 hd Sonneneinstrahlung *(f)*
480 hd Sonnenscheindauer *(f)*
320 gm,np Spalte *(f)* [Boden]
82 ew Spaltkeil *(m)*
1645 tc Spaltpflanzung *(f)*
1810 co,ew,de Spannung *(f)*
1811 co,ew,de Spannungsverteilung *(f)*
1715 co,de Spannweite *(f)*
938 hd,si Spätfrost *(m)*
1788 hy Speichervermögen *(n)*
239 rw Sperre *(f)*
971 rw Sperre *(f)*, lebende
228 rw Sperren-Staffel *(f)*
358 co Sperrenentwässerung *(f)*
228 rw Sperrentreppe *(f)*
1228 dc Spieke *(f)*; Setzpflock *(m)*; Setzstange *(f)*
539 hy Spitzenhochwasser *(n)*
1774 pl Splintholz *(n)*
1722 am Splitt *(m)*
1740 rw Sporn *(m)*
790 rw Sporn *(m)*
189 tc Spreitlage *(f)*
150 co Sprengung *(f)*
805 am Spritzbeton *(m)*
1115 pl Spross *(m)*
1115 pl Sprössling *(m)*
649 rw spülen
650 rw Spülung *(f)*
1570 co Spundwand *(f)*
1751 de stabil
1695 co Stabilbauweise *(f)*
1747 co Stabilbauweise *(f)*
1743 de Stabilisierung *(f)*
1745 de,tc Stabilisierung *(f)* durch Vegetation
104 am Stacheldraht *(m)*
1753 de Stadium *(n)*
1775 pl Stamm *(m)*
1751 de standfest
1601 si,de Standort *(m)*
1839 pl,de standort(s)gerecht
1604 si Standortsansprache *(f)*
1608 pl Standortsansprüche *(m,pl)*
1607 si Standortsfaktor *(m)*
1748 de,ew,co Standsicherheit *(f)*
315 tc,ew Stangendrän *(m)*
967 tc Stangendrän *(m)*
1230 fo Stangenholz *(n)*
823 hd Starkniederschlag *(m)*
823 hd Starkregen *(m)*
1767 hd Station *(f)*, hydrometrische
869 hy Stau *(m)*
300 rw Stauanlage *(f)*
1349 rw Staubecken *(n)*
351 rw Staudamm *(m)*
829 ve,pl Staude *(f)*
357 hy stauen
868 hy stauen
871 hy Stauhöhe *(f)*
107 rw Staumauer *(f)*
1349 rw Stauraum *(m)*
1788 hy Stauraumkapazität *(f)*
1350 rw,hy Stauraumverlandung *(f)*
1790 hy Stauraumvolumen *(n)*
1789 rw Stausperre *(f)*
2056 rw Stauspiegeländerung *(f)*
68 rw Stauteich *(m)*
1163 si Stauwasser *(n)*
1757 hd,si,ew Stauwasser *(n)*
363 hy Stauwirkung *(f)*
870 hy Stauwirkung *(f)*
132 hy Stauwurzel *(f)*
1791 hy Stauziel *(n)*
342 dc Steckholz *(n)*
342 dc Steckling *(m)*
348 pl Stecklingsvermehrung *(f)*
1972 dc Steckrute *(f)*
1781 de Steife *(f)*
1770 de steil
520 ew,de Steilabfall *(m)*
520 ew,de Steilböschung *(f)*

1487	ew	Steilhang *(m)*
1772	gm	Steilhang *(m)*
1773	gm,ew,co	Steilheit *(f)*
1771	rm	Steilufer *(n)*
1784	am	Stein *(m)*
1385	rw	Steinberollung *(f)*
126	rm	Steinbett *(n)*
162	gm	Steinblock *(m)*
1292	co	Steinbruch *(m)*
1416	ew	Steinfüllung *(f)*
196	tc	Steingrassbau *(m)*
1418	rw,tc	Steingrünschwelle *(f)*
2003	ew,tc	Steingrünwand *(f)*
163	gm	Steinhalde *(f)*
1422	ew,rw	Steinkasten *(m)*
1421	ew,rw	Steinkasten *(m)*, doppelwandiger
982	rw	Steinkasten-Buhne *(f)*
2114	rw	Steinkastensperre *(f)*
697	rw	Steinkorb *(m)*
1417	rw	Steinpflästerung *(f)*
1419	am	Steinplatte *(f)*
153	ew,rw	Steinsatz *(m)*
1156	rw	Steinschale *(f)*
1423	np	Steinschlag *(m)*
1413	pl	Steinschlagpflanze *(f)*
2110	am	Steinschlagschutznetz *(n)*
1414	gm	Steinschlagzone *(f)*
1424	rw	Steinschüttdamm *(m)*
996	ew	Steinschüttung *(f)*
1785	am	Steinverkleidung *(f)*
995	rw	Steinwurf *(m)*
1384	rw,co	Steinwurf *(m)*
169	ew,rw	Stichgraben *(m)*
688	co	Stirnseite *(f)*
1821	pl	Stockausschlag *(m)*
303	fo	Stockausschlagwald *(m)*
1818	ba	Stockrodung *(f)*
1820	co	Stockrodung *(f)*
719	ma, pl	Stoff *(m)*, keimhemmender
788	ma	Stoff *(m)*, wuchshemmender
90	rw	Störstein *(m)*
560	gm	Störung *(f)*
114	tc	Strandhaferpflanzung *(f)*
1577	pl,ve	Strauch *(m)*
1738	ve	Strauch *(m)*, ausschlagfähiger
1579	ve	Strauchart *(f)*
1580	ve	Strauchschicht *(f)*
1581	ve,pl	Strauchvegetation *(f)*
166	am	Strebe *(f)*

1313	rm,np	Strecke *(f)* in latenter Erosion
1792	rm, rw	Strecke *(f)*, gerade
334	rm	Strecke *(f)*, geschwungene
1812	gm	Streichen *(n)* [einer Gesteinsschicht]
1198	rw	Streichwand *(f)*
1586	rw	Streichwehr *(n)*
965	ma,dc	Streu *(f)*
1447	am	Strick *(m)*
1801	tc	Stroh-Matte *(f)* mit eingearbeitetem Saatgut
1803	tc	Strohdecksaat *(f)*
1802	tc	Strohdeckschicht *(f)*
1408	hd	Strom *(m)*
446	rm	stromabwärts
1996	rm	stromaufwärts
1306	rm	Stromschnelle *(f)*
959	hy	Stromstrich *(m)*
634	hy	Strömung *(f)*
642	hy	Strömungsgeschwindigkeit *(f)*
639	hy	Strömungswiderstand *(m)*
1864	hy	Strudel *(m)*
1177	gm,ec	Strukturvielfalt *(f)*
1795	ve	Stufigkeit *(m)*
1283	ma	stummeln
84	np,gm	Sturzbahn *(f)*
1359	tc	Stützbauweise *(f)*
1842	am	Stütze *(f)*
1843	am	stützen
1358	co	Stützmauer *(f)*
1844	ew,co	Stützwerk *(n)*
207	pl	Stützwurzel *(f)*
1829	de	Submission *(f)*
1823	de	Subunternehmer *(m)*
1835	ve	Sukzession *(f)*
1836	ve	Sukzessionsphase *(f)*
479	de,hd	Summenhäufigkeit *(f)*
1860	rm,gm	Sumpf *(m)*
1019	ew,si	Sumpfboden *(m)*
1861	ew,si	sumpfig
1018	am	Sumpfrasenwalze *(f)*
683	hd	Süsswasser *(n)*
1865	ec	Symbionten (f,pl)
1866	ec	Symbiose *(f)*
1868	ec	Synökologie *(f)*
1612	gm,co	Tafel *(f)*; Scheibe *(f)*, dicke
1999	gm	Talausgang *(m)*
2000	gm	Talboden *(m)*
444	gm	talseits

2000	gm	Talsohle *(f)*
1789	rw	Talsperre *(f)*
2001	np,gm	Talverengung *(f)*
1896	hy,rm	Talweg *(m)* [eines Flusses]
585	pl	Tanne *(f)*
1826	rw	Tauch-Buhne *(f)*
1286	am	Tauchpumpe *(f)*
68	rw	Teich *(m)*
1152	ew	Teildrainage *(f)*
1822	hd	Teileinzugsgebiet *(n)*
1725	tc	Tellersaat *(f)*; Platzsaat *(f)*
1890	ve	Terminalphase *(f)*
1892	ew	Terrasse *(f)*
1894	co	Terrassenbau *(m)*
138	co	Terrassenbau *(m)*
1893	co	terrassieren
405	np,hy	Tiefenerosion *(f)*
405	np,hy	Tiefenschurf *(m)* [A,D]
386	hd	Tiefensickerung *(f)*
384	tc	Tieflochpflanzung *(f)*
385	pl	Tiefwurzler *(m)*
1309	rm	Tobel *(n)*
723	gm, rm	Tobel *(n)*; Klamm *(f)* [A,D]
243	si	Ton *(m)*
244	ew,co	Tondichtung *(f)*
245	si	tonhaltig
245	si	tonig
1241	dc,pl	Topfpflanze *(f)*
1242	tc	Topfpflanzung *(f)*
1159	si	Torfboden *(m)*
1158	ve,ec	Torfmoor *(n)*
1720	ve	Torfmoos *(n)*
1782	rw	Tosbecken *(n)*
116	ew,co,de	Tragfähigkeit *(f)*
1614	np	Translationsrutsch *(f)*
1941	hd	Transpiration *(f)*
1942	hd	transpirieren
1015	de	Trasse *(f)*
1293	np,si	Treibsand *(m)*
1572	pl	Trieb *(m)*
1736	tc	Triebpflanzung *(f)*
1778	dc	Trittberme *(f)*
476	tc	Trockenansaat *(f)*
1981	co	Trockenbauweise *(f)* [ohne Zement]
475	hd,si	Trockenheit *(f)*
473	ew	Trockenmauer *(f)*
2004	tc	Trockenmauer *(f)*, begrünte
472	ew,co	Trockenmauerwerk *(n)*
476	tc	Trockensaat *(f)*
473	ew	Trockensteinmauer *(f)*
800	np,gm	Troganbruch *(m)*
1978	gm	Trogtal *(n)*
1873	gm,si	Trümmerschutt *(m)*
1967	hy	Turbulenz *(f)*
1145	ve,fo,ma	Überalterung *(f)*
1142	fa,ec	Überbestossung *(f)*
1142	fa,ec	Überbeweidung *(f)*
316	tc	Überdeckung *(f)*
523	si,ec	Überdüngung *(f)*
1138	rw	Überfall *(m)*
600	hy,rw	überfluten
630	hy,rw	überflutet
902	rm,np	Überflutung *(f)*
632	de,rw, hy	Überflutungsfläche *(f)*
632	de,rw, hy	Überflutungsgebiet *(n)*
608	hy	Überflutungshöhe *(f)*
1878	tc	Übergangssaat *(f)*
1144	de	Überlastung *(f)*
1139	rw	Überlauf *(m)*
1140	rm,np,hy	überlaufen
1141	rw	Überlaufkanal *(m)*
376	np,gm	Übermurung *(f)*
1155	np	überschottern
257	rm	Überschotterung *(f)*
901	rm,np	überschwemmen
631	np,hy	Überschwemmung *(f)*
902	rm,np	Überschwemmung *(f)*
611	rw	Überschwemmungsgebiet *(n)*
1824	hy	überstauen
1140	rm,np,hy	überströmen
1146	rw	Überströmen *(n)* eines Dammes
91	rm	Ufer *(n)*
1575	rm	Ufer *(n)* [Meer]
350	rw	Ufer(schutz)damm *(m)*
93	np,rm	Uferabbruch *(m)*
103	rw,ew	Uferabtrag *(m)*, künstlicher
92	np,rm	Uferanbruch *(m)*
2070	np,rm	Uferangriff *(f)* durch Wellen
113	np,rm	Uferauflandung *(f)*
101	rw	Uferbalken *(m)*
1917	rw	Uferböschungsfuss *(m)*
421	rw	Uferdamm *(m)*
99	rw, tc	Uferdeckwerk *(n)*
551	tc,rw	Uferfaschine *(f)*
1381	tc,rw	Uferflechtzaun *(m)*
94	rm,hy	Uferlinie *(f)*
1021	rw	Ufermauer *(f)*
102	rm	Uferneigung *(f)*

96	rw	Uferpflaster *(n)*
96	rw	Uferpflästerung *(f)*
100	np	Uferrutschung *(f)*
98	rw	Uferschutz *(m)* [Fliessgewässer]
1576	rw	Uferschutz *(m)* [Meer]
1273	rw	Uferschutzwerk *(n)*
97	rw	Ufersicherung *(f)*
1391	rm	Uferumland *(n)*
1987	np,hy	Uferunterspülung *(f)*
1392	ve	Ufervegetation *(f)*
99	rw, tc	Uferverkleidung *(f)*
1380	ve	Uferwald *(m)*
2085	hy	Umfang *(m)*, benetzter
208	np,rm,hy	umgehen
433	rw	Umleitungskanal *(m)*
1945	ec	Umsiedlung *(f)* [Pflanzen]
1448	mq	Umtriebszeit *(f)*
501	ec	Umweltschutz *(m)*
488	ec	umweltverträglich
949	co,rw	undicht
866	ew,rw,co	undurchlässig
865	ew,rw,co	Undurchlässigkeit *(f)*
1453	hy	Unebenheit *(f)*
908	de	Ungleichförmigkeit *(f)*
2075	ma	Unkraut *(n)*
2076	ma	Unkrautbekämpfung *(f)*
831	ma	Unkrautbekämpfungsmittel *(n)*
471	rm	unter Wasser stehend
1988	co	Unterfangung *(f)*
1831	ew,rw, co,si	Untergrund *(m)*
1171	ew,rw, co,si	Untergrund *(m)*, durchlässiger
1004	ma	Unterhalt *(m)*
1006	ma	Unterhaltsarbeiten *(f,pl)*
1005	ma	Unterhaltskosten *(f)*
1983	fo,ve	Unterholz *(n)*
160	de	Unterkante *(f)*
710	ew,rw, co,si	Unterlage *(f)*, geologische
1000	rm	Unterlauf *(m)*
1989	fo	Unterpflanzung *(f)*
124	hy	Unterschichtmaterial *(n)*
1984	hy	unterspülen
1985	rm	Unterspülen *(n)* [Prozess]
1986	np,hy	Unterspülung *(f)* [Resultat]
906	de	Untersuchung *(f)*
907	de	Untersuchungsmethode *(f)*
1872	hy	Unterwasser *(n)*

1871	rw	Unterwasserkanal *(m)*
1983	fo,ve	Unterwuchs *(m)*
1982	ew	unverdichtet
1279	pl,de	Ursprung *(f)*; Herkunft *(f)*
2005	ve	Vegetation *(f)*
1111	ve	Vegetation *(f)*, natürliche
2009	ve	Vegetationsform *(f)*
2008	ve	Vegetationsperiode *(f)*
897	ve,hd	Vegetationsrückhalt *(m)* [Wasser]
2010	ve,ök	Vegetationszone *(f)*
50	co	Verankerung *(f)*
761	tc	Verbandpflanzung *(f)*
1275	de	Verbauung *(f)*
810	co	Verbauung *(f)*, harte
1113	de,tc,rw	Verbauung *(f)*, naturnahe
147	fa	Verbiss *(m)*
184	fa	Verbissschutz *(f)*
273	ew,si	verdichten
274	ew	Verdichtung *(f)*
264	ew,si	Verdichtungsbeiwert *(m)*
525	hd	Verdunstung *(f)*
42	hd	Verdunstungshöhe *(f)*
42	hd	Verdunstungsmenge *(f)*
289	ew	Verfestigung *(f)*
1226	co	Verfugung *(f)*
73	de	Vergabe *(f)* der Arbeiten
1321	ma,fo	Verjüngung *(f)* [d.h. Jungwuchs]
1332	ma,fo	Verjüngung *(f)* [d.h. Vorgang bzw. Massnahme]
69	fo	Verjüngung *(f)*, künstliche
1333	ma,fo	Verjüngungshieb *(m)*
1334	ma,fo	Verjüngungsphase *(f)*
913	hy	Verklausung *(f)*
962	rw	Verkleidung *(f)*
1366	co	Verkleidungsmauer *(f)*
2077	ec,ve	Verkrautung *(f)* [mit Wasserpflanzen]
1596	rm,hy	Verlandung *(f)*
798	rw	Verlandungsbuhne *(f)*; Buhne *(f)*, inklinante
1595	rm,hy	Verlandungsgebiet *(n)*
1634	hy	Verlandungsgefälle *(n)*
1267	pl	Vermehrung *(f)* durch Samen
2011	pl	Vermehrung *(f)*, vegetative
1854	de	Vermessung *(f)*
376	np,gm	Vermurung *(f)*
2057	si	vernässt

No.		
2100	fo	Windbruch *(m)*
2098	np	Winderosion *(f)*
2101	tc	Windschutzhecke *(f)*
2099	hd	Windstärke *(f)*
2097	np,gm	Windverfrachtung *(f)*
52	ew,si	Winkel *(m)* der inneren Reibung
53	tc	Winkelpflanzung *(f)*
2105	hd,si	Winterfrost *(m)*
1923	pl	Wipfel *(m)*
492	hy	Wirbel *(m)*
905	fa	Wirbellose *(f,pl)*
1261	fo	Wirtschaftswald *(m)*
2073	co,am	Witterungsbeständigkeit *(f)*
135	ec,de	Wohlfahrtswirkungen *(f,pl)* des Waldes
255	hd	Wolkenbruch *(m)*
782	ve,si	Wuchsbedingung *(f)*
786	ve	Wuchsform *(f)*
783	fo	Wuchsgebiet *(n)*
1976	ve	Wuchstyp *(m)*
781	pl	Wuchsverhalten *(n)*
438	de	Wünschelrute *(f)*
1428	pl	Wurzel *(f)*
1431	pl	Wurzelachse *(f)*
1439	pl	Wurzelausschlag *(m)*; Wurzelschössling *(m)*; Wurzelspross *(m)*
1432	pl	Wurzelballen *(m)*
1439	pl	Wurzelbrut *(f)*
1438	pl	Wurzelgeflecht *(n)*
1437	pl	Wurzelhaare *(n,pl)*
1434	pl	Wurzelhals *(m)*
1116	pl	Wurzelknöllchen *(n)*
536	pl	Wurzeln *(f,pl)*, freigelegte
1438	pl	Wurzelnetz *(n)*
1435	dc	Wurzelschnittling *(m)*
1435	dc	Wurzelsteckling *(m)*
1819	pl	Wurzelstock *(m)*
1820	co	Wurzelstockentfernung *(f)*
1441	pl	Wurzelwerk *(n)*
396	rw	Zahnschwelle *(f)*
47	dc	Zange *(f)*
564	dc	Zaun *(m)*
566	fa,ma	Zäunung *(f)*
877	ve,pl	Zeigerpflanze *(f)*
876	ec	Zeigerwert *(m)*
1914	hd,hy	Zeitverschiebung *(f)* [Abfluss]
1786	co	Zementmörtelmauer *(f)*
680	gm	zerklüftet
1483	ma, fo	Zersägen *(n)*
817	hy,np,de	Zeugen *(m,pl)*, stumme
1787	pl	Zirbe *(f)* [A,D]
71	pl	Zitterpappel *(f)*; Espe *(f)* [D]
1877	gm	Zone *(f)*, gemässigte
330	pl	Züchtung *(f)*
9	de	Zufahrtstrasse *(f)*
1885	de	Zug *(m)*
49	am	Zuganker *(m)*
1883	ew,pl	Zugfestigkeit *(f)*
1887	gm,co	Zugriss *(m)*
1884	ew	Zugspannung *(f)*
1888	ew	Zugspannungszone *(f)*
1886	am	Zugstab *(m)*
821	rw	Zulaufkanal *(m)*
336	ma	zurückschneiden
916	gm	Zusammenfluss *(m)*
19	am	Zuschlagstoff *(m)*
875	pl	Zuwachs *(m)*
1970	pl	Zweig *(m)*
1027	dc	Zyklopenmauer *(f)*

Dictionnaire du Génie biologique

Liste alphabétique avec synonymes

No réf.	Mot clef	Français
1555	pl	à enracinement superficiel
774	hd	abaissement *(m)* de la nappe souterraine
1001	hy	abaissement *(m)* du niveau d'eau
346	ma	abattage *(m)*
387	ma,fo	abattre [le bois]
4	hy	abrasion *(f)*
147	fa	abroutissement *(m)*
1815	fa	abroutissement *(m)* de l'écorce
147	fa	abroutissement *(m)* des bourgeons
1770	de	abrupt
9	de	accès *(m)* routier
875	pl	accroissement *(f)*
10	si	acidité *(f)* du sol
1603	de	acquisition *(f)* de bien-fonds
1098	tc	action *(f)* de recouvrir avec un 'mulch'; paillage *(m)*
1862	rw	action *(f)* des vagues
73	de	adjudication *(f)* des travaux
19	am	adjuvant *(m)*
1683	am	adjuvant *(m)* du sol
597	co	adoucir la pente
1668	si	aération *(f)* du sol
14	si	aérobie
1830	ew, np	affaissement *(m)*
1133	st,pr	affleurement *(m)*
1961	rm	affluent *(m)*
15	fo	afforestation *(f)*
834	fo	afforestation *(f)* en montagne
16	fo	afforestation *(f)* en petits collectifs
2021	rm	affouillé
1494	rm,rw	affouillement *(m)*
1985	rm	affouillement *(m)*
1986	np,hy	affouillement *(m)*
1987	np,hy	affouillement *(m)* des berges
1584	gm, rm,np	affouillement *(m)* latéral
1490	rm	affouiller
1984	hy	affouiller
1244	hd	aire *(f)* de précipitation
1517	rm	aire *(f)* de sédimentation
668	ve	aire *(f)* forestière
24	si	alcalinité *(f)* [du sol]
22	fa	algues *(f,pl)*

No réf.	Mot clef	Français
26	rm	alluvial
29	rm	alluvions *(f,pl)*
1177	gm,ec	alternances *(f,pl)* variées
32	si,de	altitude *(f)*
552	dc	amas *(m)* de fascines
1682	de	amélioration *(f)* foncière
40	de	amélioration *(f)* foncière
921	de	amélioration *(f)* foncière intégrale
933	rw,de	aménagement *(m)* de cours d'eau
932	de	aménagement *(m)* de surfaces vertes
2062	ec	aménagement *(m)* des bassins versants
2046	pr	aménagement *(m)* des eaux
931	de	aménagement *(m)* du paysage
418	de	aménagement *(m)* du territoire
664	fo	aménagement *(m)* sylvicole
1495	ma	ameublir un sol
840	ma	ameublissement *(m)*
1996	rm	amont
45	si	anaérobie
308	de	analyse *(f)* coûts-bénéfices
1685	si,de	analyse *(f)* de sol
1388	de	analyse *(f)* des risques
1604	si	analyse *(f)* du site
730	ew,hy	analyse *(f)* granulométrique
1588	ew,co,hy	analyse *(f)* granulométrique par tamisage
1816	de	analyse *(f)* statique
46	am,co	ancrage *(m)*
50	co	ancrage *(m)*
1410	am	ancrage *(m)* de blocs
51	de,ew,hy	angle *(m)* d'inclinaison
52	ew,si	angle *(m)* de frottement interne
1624	de	angle *(m)* du talus
1105	de	angle *(m)* naturel d'un talus
859	hd	annuaire *(m)* hydrologique
886	rm	anse *(f)*
112	rm	anse *(f)*
1813	ew	aplanir
2051	de	approvisionnement *(m)* en eau
1	pl	apte à rejeter

No réf.	Mot clef	Français
1	pl	apte à repousser
144	de	aptitude *(f)* biotechnique d'une plante
62	ew,hd,si	aquifère *(m)*
103	rw,ew	arasement *(m)* de berge
1952	pl	arbre *(m)*
382	pl,fo	arbre *(m)* à feuilles caduques
1451	tc,rw	arbre *(m)* entier disposé en épi
1827	tc	arbre *(m)* immergé
1577	pl,ve	arbuste *(m)*
929	de	architecte *(m)* paysagiste
1488	si	ardoise *(f)*
493	gm	arête *(f)* de rupture
243	si	argile *(f)*
245	si	argileux
1338	am	armature *(f)*
1629	tc	armature *(f)* [en bois]
1339	am	armature *(f)* en fer
1057	am	armature *(f)* en natte
1787	pl	arolle *(m)*
93	np,rm	arrachement *(m)* de berge
629	rw	arrière-digue *(f)*
2045	si	arrivée *(f)* d'eau
1734	ew	arrosage *(m)* par aspersion
1076	ew	arroser
909	pl	arroser
935	ew	assainissement *(m)* de glissement
802	tc	assainissement *(m)* de ravin
420	co	assèchement *(m)* des fouilles *(f,pl)*
474	np	assèchement *(m)* du sol
763	co, de	assise *(f)*
812	co,si	assise *(f)* porteuse
1202	ve	association *(f)* végétale
661	fo, ve	association *(f)* végétale forestière
250	ve	association *(f)* climacique
268	ew,si	attaché
1974	am	attacher
2107	co	attacher avec du fil *(m)* de fer
2070	np,rm	atteinte *(f)* au berge par les vagues
113	np,rm	atterrissement *(m)*
1596	rm,hy	atterrissement *(m)*
2102	de,si	au vent
1774	pl	aubier *(m)*
1386	hd,hy	augmentation *(f)* [d'une crue]
874	ew	augmentation *(f)* de la pente
21	pl	aulne *(m)*
21	pl	aune *(m)*
1540	ec	autoépuration *(f)*
446	rm	aval
77	np	avalanche *(f)*
1425	np	avalanche *(f)* de pierres
74	rw	avant seuil *(m)*
1805	rm,de	axe *(m)* d'un cours d'eau
1432	pl	axe *(m)* de la racine
87	rw,de	axe *(m)* du lit
1117	ec,pl	bactéries *(f,pl)* des nodosités
1971	pl	baguette *(f)*
438	de	baguette *(f)* de sourcier
1480	pl	baliveau *(m)*
1481	pl	baliveau *(m)*
745	rm	banc *(m)* d'alluvion
744	rm	banc *(m)* de galets
744	rm	banc *(m)* de gravier
1477	rm,hy	banc *(m)* de sable
31	rm	bancs *(m,pl)* alterné
1662	bw	bande *(f)* de gazon
1891	rw	banquette *(f)*
2078	rw,ew	barbacane *(f)*
104	am	barbelé *(m)*
107	rw	barrage *(m)*
239	rw	barrage *(m)*
300	rw	barrage *(m)* [installation]
752	rw	barrage *(m)* [sans fondations, stabilisé avec son propre poids]
1169	rw	barrage *(m)* à claire-voie
115	rw	barrage *(m)* de poutre
350	rw	barrage *(m)* de protection de rive
351	rw	barrage *(m)* de rétention
416	rw	barrage *(m)* de rétention des crues
1507	rw	barrage *(m)* de rétention des sédiments
378	rw	barrage *(m)* de retenue
228	rw	barrage *(m)* en escalier
193	tc	barrage *(m)* en fascines
698	rw	barrage *(m)* en gabions métalliques

981	rw	barrage *(m)* en rondins
1476	rw	barrage *(m)* en sacs de sables
240	rw	barrage *(m)* en torrent
359	rw	barrage *(m)* formé par un grille
1621	rw	barrage *(m)* perméable (avec des fentes)
752	rw	barrage *(m)* poids
1879	rw	barrage *(m)* provisoire
1789	rw	barrage *(m)* réservoir
971	rw	barrage *(m)* vivant
115	rw	barrage-grille *(m)*
1498	rw	barrage-peigne *(m)*
1498	rw	barrage-rateau *(m)*
587	rw	barrière *(f)* à poisson
1918	gm,ew	bas *(m)* de la pente
791	rw	base *(f)* de l'épi
998	hy,hd	basses eaux *(f,pl)*
68	rw	bassin *(m)*
1491	rw	bassin *(m)* d'affouillement de pied de barrage
454	hd	bassin *(m)* d'alimentation
1782	rw	bassin *(m)* d'amortissement
275	rw	bassin *(m)* de compensation
1542	rw	bassin *(m)* de décantation
1362	rw	bassin *(m)* de rétention
628	rw	bassin *(m)* de rétention
1513	rw	bassin *(m)* de rétention des sédiments
1362	rw	bassin *(m)* de retenue
68	rw	bassin *(m)* de retenue
1361	rw	bassin *(m)* de retenue des eaux
1399	hd,de	bassin *(m)* fluvial
221	hd	bassin *(m)* récepteur des eaux
628	rw	bassin *(m)* tampon
1932	hd	bassin *(m)* torrentiel
222	hd	bassin *(m)* versant
221	hd	bassin *(m)* versant
454	hd	bassin *(m)* versant hydrologique
1822	hd	bassin *(m)* versant partiel
352	rw	batardeau *(m)*
1570	co	batardeau *(m)*
1912	tc,rw	batardeau *(m)* en bois
44	fa	batracien *(m)*
1176	hd	battement *(m)* de la nappe
468	co	battre
136	ec	benthos *(m)*
91	rm	berge *(f)*
1771	rm	berge *(f)* à pic
506	rm	berge *(f)* d'affouillement
95	rm,rw	berge *(f)* d'un ruisseau
1135	rm,rw	berge *(f)* extérieure
1134	rm	berge *(f)* extérieure
889	rm	berge *(f)* intérieure
1553	rm	berge *(f)* plate
1771	rm	berge *(f)* verticale
137	co	berme *(f)*
1892	ew	berme *(f)*
1778	dc	berme *(f)* [en petites terrasses]
2034	pl	besoins *(m,pl)* en eau
972	fa	bétail *(m)*
282	am	béton *(m)*
285	am	béton *(m)* armé
950	am	béton *(m)* maigre
1287	am	béton *(m)* pompé
1249	am	béton *(m)* préfabriqué
805	am	béton *(m)* projeté
2118	rw	bief *(m)* en bois; canal *(m)* en bois
1602	de	bien-fonds *(m)*
1025	de	bilan *(m)* de masse
123	hy	bilan *(m)* des matériaux charriés
2055	hd	bilan *(m)* hydrique
857	hd	bilan *(m)* hydrologique
1511	hy	bilan *(m)* sédimentaire
1178	ma	binage *(m)*
139	ec	bio-indicateur *(m)*
140	ec	biocénose *(f)*
143	ec	biologie *(f)*
2118	rw	bisse *(m)* en bois
1709	gm,si	bloc *(m)* de roche massive
162	gm	bloc *(m)* naturel
1278	gm	bloc *(m)* saillant
1384	rw,co	blocs *(m,pl)* roulés; blocs *(m,pl)* en vrac
2111	am	bois *(m)*
47	dc	bois *(m)* d'ancrage
1906	dc	bois *(m)* d'oeuvre
1906	dc	bois *(m)* de construction
813	pl	bois *(m)* dur
1741	am	bois *(m)* équarri
1908	rm	bois *(m)* flottant
15	fo	boisement *(m)*; reboisement *(m)*

1546	ve	boisement *(m)* d'ombre
1269	de	boisement *(m)* de protection
2089	pl	boisement *(m)* de saules
544	gm	bord *(m)* d'un arrachement
159	de	bordure *(f)*
571	ve	bosquet *(m)*
552	dc	botte *(f)* de fascines
1047	rm	boucle *(f)* d'un méandre
1646	rm	boue *(f)*
1647	ew	boueux
146	pl	bouleau *(m)*
199	pl	bourgeon *(m)*
442	pl	bourgeon *(m)* dormant
1889	pl	bourgeon *(m)* terminal
1735	pl	bourgeonner
647	pl	bouton *(m)* floral
348	pl	bouturage *(m)*
342	dc	bouture *(f)*
948	dc	bouture *(f)* [avec l'extrémité de la branche]
1435	dc	bouture *(f)* de racine
986	dc	bouture *(f)*, grande
198	dc,ve	branchage *(m)*; ramille *(f)*
168	pl	branche *(f)*
2094	dc	branche *(f)* d'osier
1427	pl	branche *(f)* peu/pas ramifiée
993	rm	bras *(m)*
1398	rm	bras *(m)* de rivière
1148	rm	bras *(m)* mort
1585	rm	bras *(m)* secondaire
198	dc,ve	brindille *(f)*
2100	fo	bris *(m)* de vent
2100	fo	bris *(m)* sous l'effet du vent
176	rm	brisant *(m)*
79	co	brise-avalanche *(m)*
178	rw	brise-lame *(m)*
374	rw	brise-lave *(m)*
206	ve	broussaille *(f)*
843	hd	buée *(f)*
1577	pl,ve	buisson *(m)*
1738	ve	buisson *(m)* capable de rejeter
1582	ve	buissonnant
202	pl	bulbe *(m)*
1881	ma	but *(m)* cultural
1154	ew	butée *(f)* des terres
1085	ew	butte *(f)*
1769	am	câble *(m)* métallique
209	am	câble-grue *(m)*
926	de	cadastre *(m)*

743	am	cailloux *(m,pl)*
1496	gm	cailloux *(m,pl)*; galet *(m)*
1421	ew,rw	caisson *(m)* double en bois rempli de pierres
983	tc	caisson *(m)* en bois
2114	rw	caisson *(m)* en bois et pierre
984	tc,rw	caisson *(m)* en bois végétalisé
1422	ew,rw	caisson *(m)* rempli de pierre
210	si	calcaire
622	hd,de	calcul *(m)* de la crue
622	hd,de	calcul *(m)* de la rétention
601	hy,hd	calcul *(m)* des débits de crue
280	de	calcul *(m)* des masses
741	ve	campagne *(f)*
212	rw	canal *(m)*
1450	rw	canal *(m)* à lit grossier
821	rw	canal *(m)* d'amenée d'eau
332	ew, co	canal *(m)* d'évacuation de l'eau
911	rw	canal *(m)* d'irrigation
242	rw	canal *(m)* de chute
1341	rw	canal *(m)* de décharge
1871	rw	canal *(m)* de déchargement
433	rw	canal *(m)* de dérivation
1934	rw	canal *(m)* de dérivation
1141	rw	canal *(m)* de déversement
456	rw	canal *(m)* de drainage
1871	rw	canal *(m)* de fuite
739	tc	canal *(m)* engazonné
1156	rw	canal *(m)* perreyé
1050	rm	canal *(m)* sinueux; canal *(m)* à méandres
371	rw	canal *(m)* sur le cône de déjection
213	rw	canalisation *(f)*
496	rw	canalisation *(f)*
1545	co	canalisation *(f)* de débordement
181	rw	canalisation *(f)* sous-voie
214	rw	canaliser
429	rm	caniveau *(m)*
170	tc	caniveau *(m)* stabilisé avec des fascines; embroussaillement *(m)* (des ravins)
723	gm, rm	canyon *(m)*
5	si,ew	capacité *(f)* d'absorption
2025	si	capacité *(f)* d'absorption d'eau

427	hy	capacité *(f)* d'écoulement
904	ve	capacité *(f)* d'invasion
1605	fo	capacité *(f)* de production
288	pl	capacité *(f)* de propagation
2	ve	capacité *(f)* de régénération
1737	pl	capacité *(f)* de rejet
2048	ew,si	capacité *(f)* de rétention d'eau
1698	si	capacité *(f)* de rétention d'eau des sols
625	hd,hy,rw	capacité *(f)* de rétention des crues
6	hd	capacité *(f)* de rétention des eaux de pluies
1788	hy	capacité *(f)* de retenue
1446	pl	capacité *(f)* de s'enraciner
1788	hy	capacité *(f)* de stockage
1838	pl	capacité *(f)* de succion
1605	fo	capacité *(f)* du site
142	ec	capacité *(f)* naturelle d'autoépuration
224	rw	captage *(m)*
306	ew	carottage *(m)*
305	co	carotte *(f)* de forage
467	co	carotte *(f)* de forage
1292	co	carrière *(f)*
1010	de	carte *(f)*
422	de	carte *(f)* des dommages
1011	de	carte *(f)* des eaux
1687	de	carte *(f)* pédologique
1014	de	cartographie *(f)* des dangers
1014	de	cartographie *(f)* des risques
2059	rm	cascade *(f)*
543	np	cassure *(f)*
1196	np	cassure *(f)* d'une plaque
609	de,hy	catastrophe *(f)* de crue
685	np,ew	cercle *(m)* de frottement
656	ec	chaîne *(f)* alimentaire
1349	rw	chambre *(f)* de rétention
693	pl	champignon *(m)*
230	hy,rw,rm	changement *(m)* de la section d'écoulement
229	hy	changement *(m)* de gabarit
1136	np	changement *(m)* de lit
1110	rm	changement *(m)* naturel de lit
1809	rw	changement *(m)* naturel du lit
293	co	chantier *(m)*
973	co,ew,de	charge *(f)*
25	de	charge *(f)* admissible
1979	de	charge *(f)* de rupture
1990	co,ew,de	charge *(f)* distribuée régulièrement
481	de	charge *(f)* dynamique
1509	hy	charge *(f)* en sédiment
2120	de	charge *(f)* imposée
413	co,ew,de	charge *(f)* projetée
1510	hy	charge *(f)* sédimentaire
1509	hy	charge *(f)* solide
1859	hy	charge *(f)* solide en suspension
499	hy	charge *(f)* spécifique
2120	de	charge *(f)* utile
125	hy	charriage *(m)*
119	hy	charriage *(m)* de fond
41	hy	charriage *(m)* de fond (quantité du)
1573	dc,pl	chaume *(m)*
1776	dc,pl	chaume *(m)* [tige *(f)* de roseau pour reproduction végétative]
957	si	chaux *(f)*
665	co,de	chemin *(m)* forestier
212	rw	chenal *(m)* artificielle
232	rm	chenal *(m)* d'écoulement
232	rm	chenal *(m)* naturel
167	rm	chenal *(m)* ramifié
1426	rm	chenal *(m)* rocheux
1128	pl	chêne *(m)*
111	co	chevalet *(m)* pour tirer au cordeau
1438	pl	chevelu *(m)* racinaire
241	fo,de	choix *(m)* des essences
2059	rm	chute *(f)*
470	rw,gm, rm	chute *(f)*
240	rw	chute *(f)* de consolidation
1423	np	chute *(f)* de pierres
1412	np	chute *(f)* de pierres
1243	hd	chute *(f)* de pluie
192	tc,rw	chute *(f)* en branches vivantes
1923	pl	cime *(f)*
1561	ew,co,hy	cisaillement *(m)*
1873	gm,si	clapier *(m)*
1670	de,si	classification *(f)* des sols
2067	tc	clayonnage *(m)*
1373	tc	clayonnage *(m)* en losanges
248	hd	climat *(m)*
564	dc	clôture *(f)*

565	fa,ma	clôturer
1102	co	clouer
1460	hy	coefficient *(m)* d'écoulement
264	ew,si	coefficient *(m)* de compressibilité
263	si	coefficient *(m)* de foisonnement
1166	si	coefficient *(m)* de perméabilité
1354	ew,hy	coefficient *(m)* de résistance
1454	hy	coefficient *(m)* de rugosité
673	am	coffrage *(m)*
2115	am	coffrage *(m)* en bois
266	si,ew	cohésion *(f)*
269	ew,si	cohésion *(f)* [force de]
721	am	colle *(f)*
2026	rm	collecte *(f)* de l'eau
1434	pl	collet *(m)*
1316	gm	colluvion *(f)*; alluvion *(m)* récent
253	rm,hy	colmatage *(f)*
254	hy	colmatage *(m)* naturel
253	rm,hy	colmatation *(f)*
254	hy	colmatation *(f)*
1867	gm	combe *(f)*
1571	gm	combe *(f)* d'érosion en coquillage
1202	ve	communauté *(f)* de plantes
274	ew	compactage *(m)*
1671	ew	compactage *(m)* de(s) sol(s)
273	ew,si	compacter
488	ec	compatible avec l'environnement
276	ec	compétitivité *(f)*
1346	ma	complément *(m)* de plantation
278	ma	compost *(m)*
1686	de,ew	compression *(f)* des sols
1857	hy	concentration *(f)* en sédiment en suspension
782	ve,si	condition *(f)* de croissance
1192	co,rw	conduite *(f)*
459	ew	conduite *(f)* de drainage
2040	rw,co	conduite *(f)* de l'eau
27	rm	cône *(m)* d'alluvions
380	rm	cône *(m)* de boue
549	gm	cône *(m)* de déjection
27	rm	cône *(m)* de déjection
452	ew	cône *(m)* de drainage
118	hy	configuration *(f)* du fond
118	hy	configuration *(f)* du lit
916	gm	confluence *(f)*
1839	pl,de	conforme à la station
286	ve	conifère *(m)*
1112	ec,de	conservation *(f)* de la nature
1672	ec	conservation *(f)* des sols
289	ew	consolidation *(f)*
1541	np,ew	consolidation *(f)*
593	co	consolidation *(f)*
1625	ew	consolidation *(f)* de talus
838	ew,de	consolidation *(f)* des pentes
60	rw	consolidation *(f)* du lit
1395	rw	consolidation *(f)* du lit
1694	ew	consolidation *(f)* du sol
553	tc	consolidation *(f)* en fascines
66	np,hy	consolidation *(f)* naturelle du lit
1257	ew,de	consolidation *(f)* primaire
674	co	consolider
1119	co	construction *(f)* contre le bruit
138	co	construction *(f)* de bermes
1359	tc	construction *(f)* de soutènement
1747	co	construction *(f)* de stabilisation
1400	rw	construction *(f)* en cours d'eau
810	co	construction *(f)* en dur
138	co	construction *(f)* en terrasse
847	de	construction *(f)* hydraulique
296	ec	contamination *(f)*
295	ec	contaminer
2030	si,ew	contenu *(m)* en eau
208	np,rm,hy	contourner
1810	co,ew,de	contrainte *(f)*
1884	ew	contrainte *(f)* de tension
1997	hy	contre courant *(m)*
74	rw	contre-barrage *(m)*
1131	gm,de	contre-pente *(f)*
166	am	contrefiche *(f)*
227	am	copeaux *(f,pl)*
1447	am	corde *(f)*
297	tc	cordons *(m,pl)*
1401	rw	correction *(f)* d'un cours d'eau
1935	rw	correction *(f)* de torrent
1933	rw	correction *(f)* des lits torrentiels

No.	Code	Term
228	rw	correction *(f)* en marches d'escalier; échelonnement *(f)*
258	rm	côte *(f)*
951	de	côté *(m)* sous le vent
941	ew,hd,si	couche *(f)*
63	hd	couche *(f)* aquifère
189	tc	couche *(f)* de branches à rejets
311	co	couche *(f)* de couverture
458	ew,si	couche *(f)* de drainage
556	tc	couche *(f)* de fascines
185	tc	couche *(f)* de fondation en branchage
1616	np,ew	couche *(f)* de glissement
749	si,ew	couche *(f)* de gravier
455	si,ew	couche *(f)* drainante
577	ew	couche *(f)* filtrante
749	si,ew	couche *(f)* filtrante de gravier
1800	ew,hd,si	couche *(f)* géologique
867	ew,hd,si	couche *(f)* imperméable
1928	ew	couche *(f)* superficielle
65	hy	couche *(f)* superficielle du lit
1093	np	coulée *(f)* boueuse
373	np	coulée *(f)* de boue
1093	np	coulée *(f)* de boue
1653	hd	coulée *(f)* de neige
934	np	coulée *(f)* de terre
635	am,hd	couler
84	np,gm	couloir *(m)* d'avalanche
511	gm	couloir *(m)* d'érosion
563	fo,ma	coupe *(f)* de bois
1333	ma,fo	coupe *(f)* de rajeunissement
1333	ma,fo	coupe *(f)* de régénération
246	fo	coupe *(f)* rase
341	rw	coupure *(f)*
1049	rw	coupure *(f)* de méandre
634	hy	courant *(m)*
1997	hy	*courant (m) contraire*
1532	ew,hd,si	courant *(m)* d'infiltration
1946	hy	courant *(m)* transversal
1756	hy	courbe *(f)* d'étalonnage
856	hy,hd	courbe *(f)* de débit
612	hy,hd	courbe *(f)* de débit de crue
479	de,hd	courbe *(f)* des débits classés
851	hy	courbe *(f)* du niveau d'eau
731	hy,ew,si	courbe *(f)* granulométrique
333	rw,de	courbure *(f)*
353	rw	couronne *(f)* d'une digue
327	rw	couronnement *(m)*
353	rw	couronnement *(m)*
2031	rm	cours *(m)* des eaux
1000	rm	cours *(m)* inférieur
1066	rm	cours *(m)* moyen
1995	rm	cours *(m)* supérieur
822	hd	cours *(m)* supérieure (d'une rivière)
648	rm	cours d'eau *(m)*
1808	rm	cours d'eau *(m)* à changements de débits rapides
1808	rm	cours d'eau *(m)* à régime torrentiel
1405	rm	cours d'eau *(m)* accumulant
1752	rm	cours d'eau *(m)* en équilibre
1407	rm	cours d'eau *(m)* en érosion
1405	rm	cours d'eau *(m)* en phase d'accumulation
1807	rm	cours d'eau *(m)* permanent
1003	rm,hy	cours d'eau *(m)* principal
1834	hd	cours d'eau *(m)* souterrain
2016	rm	cours d'eau *(m)* sporadique
1048	rw	court-circuitage *(m)* de méandre
1005	ma	coûts *(m,pl)* d'entretien
316	tc	couverture *(f)*
1580	ve	couverture *(f)* buissonnante
1927	si	couverture *(f)* du sol
764	co	couverture *(f)* du sol par des plantes
2006	ve	couverture *(f)* herbacée
734	tc	couverture *(f)* herbeuse [graminée]
1652	hd	couverture *(f)* neigeuse
2007	ve	couverture *(f)* végétale
1673	ve	couvrant le sol
895	ec	création *(f)* d'un réseau
67	tc	création *(f)* d'une palissade de pieux
309	co,ew	créer une couche d'humus
580	am	crépine *(f)*
1376	gm	crête *(f)*
327	rw	crête *(f)*
1922	de,ew	crête *(f)* du talus
320	gm,np	crevasse *(f)*
112	rm	crique *(f)*
785	ve	croissance *(f)*
1295	pl,fo	croissance *(f)* en épaisseur
1295	pl,fo	croissance *(f)* radiale
780	pl	croître
1611	de	croquis *(m)*

1809	rw	déplacement *(m)* du lit
398	co,np	dépôt *(m)*
368	gm	dépôt *(m)*
29	rm	dépot *(m)* alluvial
1340	gm	dépôt *(m)* ancien
376	np,gm	depôt *(m)* de débris
403	hy,gw,np	dépôt *(m)* de gravier
745	rm	dépôt *(m)* de gravier
994	gm,si	dépôt *(m)* de matériel meuble
257	rm	dépôt *(m)* de sédiments grossiers
1675	ew	dépôt *(m)* de terre
652	rm	dépôt *(m)* fluvial
1316	gm	dépôt *(m)* récent
1931	gm,rm	dépôt *(m)* torrentiel
709	gm	dépôts *(m,pl)* anciens
404	gm	dépression *(f)*
1107	gm	dépression *(f)* naturelle
560	gm	dérangement *(m)*
409	rw	dérivation *(f)*
616	hy,np	dérivation *(f)* des pointes de crue
208	np,rm,hy	dériver
1414	gm	dérochoir *(m)*
1475	rw	désableur *(m)*
2071	np	désagrégation *(f)*; décomposition *(f)*
691	np	désagrégation *(f)* par le gel
1651	ma	désherbage *(m)*
2076	ma	désherbage *(m)*
391	ve	déshydratation *(f)*
1820	co	désouchage *(m)*
8	de	desserte *(f)* (chemin de)
2104	hd,si	dessiccation *(f)* hivernale
2104	hd,si	dessiccation *(f)* par le froid
415	ec	destruction *(f)* de la couverture végétale
2057	si	détrempé
1951	ma	détritus *(m)*
1138	rw	déversement *(m)*
995	rw	déversement *(m)* de pierres
1140	rm,np,hy	déverser
1139	rw	déversoir *(m)*
107	rw	déversoir *(m)*
1141	rw	déversoir *(m)*
319	rw	déversoir *(m)* d'écrêtement
614	rw	déversoir *(m)* de crue
1721	rw	déversoir *(m)* de crues
1586	rw	déversoir *(m)* latéral
82	ew	déviateur *(m)* d'avalanche
238	rw	déviation *(f)* (artificielle) du lit
522	de	devis *(m)*
728	ew,hy	diamètre *(m)* des grains
1042	ew,hy	diamètre *(m)* moyen
421	rw	digue *(f)*
435	rw	digue *(f)* de conduite des eaux
434	rw	digue *(f)* de dérivation
620	rw	digue *(f)* de protection contre les crues
375	rw	digue *(f)* de rétention des boues
265	rw,ew	digue *(f)* de retenue
485	ew,co	digue *(f)* de terre
992	rw,co	digue *(f)* directrice
194	rw	digue *(f)* en fascines
1021	rw	digue *(f)* en maçonnerie
1424	rw	digue *(f)* en pierre
1940	rw	digue *(f)* longitudinale
410	de	dimensionnement *(m)*
636	hy,de	direction *(f)* d'écoulement
1812	gm	direction *(f)* d'une couche géologique
1609	co,de	direction *(f)* locale des travaux
1002	hy	direction *(f)* principale du courant
799	de	directive *(f)*
940	de	disposer
498	rw,hy	dissipation *(f)* d'énergie
1464	np	distance *(f)* d'éboulement
1252	hy,ew	distribution *(f)* des pressions
2012	hy	distribution *(f)* des vitesses
2081	ew,hy	distribution *(f)* régulière de la granulométrie
908	de	diversité *(f)* des formes
1177	gm,ec	diversité *(f)* structurelle
439	rw,ew	doline *(f)*
440	si	dolomite *(f)*
360	np	dommage *(m)*
441	ve	dormance *(f)*
234	ma	dragage *(m)* du lit
1439	pl	drageon *(m)*
448	ew	drain *(m)*
1130	ew	drain *(m)* à ciel ouvert
554	ew,tc	drain *(m)* avec fascines
220	ew	drain *(m)* collecteur
430	ew,rm	drain *(m)* de surface
165	tc	drain *(m)* en caisson

1459	ew	drain *(m)* en pierre [non recouvert]
747	ew	drain *(m)* fermé avec aqueduc souterrain
315	tc,ew	drain *(m)* formé de perches enterrées
1070	ew	drain *(m)* secondaire à ciel ouvert
1080	ew	drain *(m)* taupe
453	ma,ew	drainage *(m)*
462	tc	drainage *(m)* biotechnique
358	co	drainage *(m)* d'un barrage
157	ew	drainage *(m)* de tourbière
1626	ew	drainage *(m)* de versant
2113	tc,ew	drainage *(m)* en armature de bois
884	ew,co	drainage *(m)* initial
277	ew	drainage *(m)* intégral
1948	ew	drainage *(m)* latéral
1152	ew	drainage *(m)* partiel
449	ma,ew	drainer
478	rm,gm	dune *(f)*
1067	gm	dune *(f)* mouvante
480	hd	durée *(f)* d'ensoleillement
1245	hd	durée *(f)* de précipitation(s)
955	de	durée *(f)* de vie
150	co	dynamitage *(m)*
2023	rm,hy,hd	eau *(f)*
1163	si	eau *(f)* (d'une nappe) perchée
217	si	eau *(f)* capillaire
89	hy	eau *(f)* d'amont
1872	hy	eau *(f)* d'aval
1536	ew,hd,si	eau *(f)* d'infiltration
1536	ew,hd,si	eau *(f)* de percolation
1642	si	eau *(f)* de ruissellement
1732	rm	eau *(f)* de source
683	hd	eau *(f)* douce
1237	si,ew	eau *(f)* interstitielle
1833	hd	eau *(f)* souterraine
1757	hd,si,ew	eau *(f)* stagnante
1163	si	eau *(f)* stagnante (dans le sol)
1556	rm	eaux *(f,pl)* de faible profondeur
1853	rm	eaux *(f,pl)* de surface
1038	hy	eaux *(f,pl)* moyennes
1556	rm	eaux *(f,pl)* peu profonde
2022	hy	eaux *(f,pl)* résiduaires
1412	np	éboulement *(m)*
1620	np	éboulement *(m)*
977	np	éboulement *(m)* localisé
1497	gm	éboulis *(m)*
2072	gm	éboulis *(m)* d'altération
997	ma	ébranchage *(m)*
1484	am	échafaudage *(m)*
1471	ew,co,de	échantillon *(m)*
1514	hy,rw,ew	échantillon *(m)* d'alluvions
467	co	échantillon *(m)* de forage
1514	hy,rw,ew	échantillon *(m)* de sédiments
1692	de,ew	échantillon *(m)* de sol
1485	de	échelle *(f)*
588	rw	échelle *(f)* à poisson
1924	ma	écimage *(m)*
1901	ma, fo	éclaircie *(f)*
1539	fo,ma	éclaircie *(f)* sélective
1902	ma	éclaircir
1369	dc	éclat *(m)* de rhizome
1435	dc	éclat *(m)* de souche
489	ec	écologie *(f)*
670	de, fo	économie *(f)* forestière
1815	fa	écorçage *(m)*
106	pl	écorce *(f)*
490	ec	écosystème *(m)*
491	ec	écotype *(m)*
643	hy	écoulement *(m)* critique
618	hy	écoulement *(m)* dans le lit majeur
108	hd,hy	écoulement *(m)* de référence
236	hy	écoulement *(m)* du cours d'eau
776	hd	écoulement *(m)* phréatique
1832	hd	écoulement *(m)* souterrain
1461	hy	écoulement *(m)* superficiel
646	hy	écoulement *(m)* torrentiel
645	hy	écoulement *(m)* tranquille
425	hy	écrétage *(m)* de crue
1559	ew	écrêtement *(m)*
654	ec	écume *(f)*
363	hy	effet *(m)* de barrage
64	co	effet *(m)* de courbure
1950	hy	effet *(m)* de peigne
870	hy	effet *(m)* de rétention
64	co	effet *(m)* de voûte
135	ec,de	effets *(m,pl)* bienfaisants de la forêt
1649	np,gm	effondrement *(m)*
2071	np	effritement *(m)*

1280	ma	élaguer; tailler
1281	ma	élaguer à la base
235	rw,hy	élargissement *(m)*, reprofilage *(m)*
1250	dc	élément *(m)* préfabriqué
1993	gm,ew	élévation *(f)*
913	hy	embâcle *(m)*
863	np	embâcle *(m)* de glace
1402	rm	embouchure *(f)*
916	gm	embouchure *(f)*
1526	pl	embryon *(m)*
1534	hd	émergence *(f)*
1537	rm	émergence *(f)*
1529	rm	émerger
1315	rw	émissaire *(m)*
1282	ma,fo	émondage *(m)*
1415	co	empierrement *(m)*
961	co	empierrement *(m)* régulier
707	hy	emplacement *(m)* de jaugeage
439	rw,ew	emposieu *(m)*
1467	pl	en forme *(f)* de sabre [arbre]
50	co	encastrement *(m)*
362	rw	endiguement *(m)*
496	rw	endiguement *(m)* [latéral]
868	hy	endiguer
468	co	enfoncer avec un bélier
738	tc,ve	engazonné
1664	tc	engazonnement *(m)*
225	am	engin *(m)* à chenille élargie
2058	si	engorgement [du sol] *(m)*
567	am	engrais *(m)*
759	tc,ma	engrais *(m)* vert
568	ma	engraissement *(m)*
257	rm	engravement *(m)*
17	rm	engravement *(m)*; atterrissement *(m)*
1155	np	engraver
1664	tc	enherbement *(m)*
1444	pl	enraciné
1430	pl	enraciner
1429	pl	enraciner, s'
153	ew,rw	enrochement *(m)*
1383	rw	enrochement *(m)* (réglé)
995	rw	enrochement *(m)* irrégulier
1594	np	ensablement *(m)*
476	tc	ensemencement *(m)*
1713	tc	ensemencement *(m)*
180	tc	ensemencement *(m)* [surface entière]

809	tc	ensemencement *(m)* à la volée
476	tc	ensemencement *(m)* à sec
1523	tc	ensemencement *(m)* avec paillage
148	tc	ensemencement *(m)* avec paille et bitume
1457	tc	ensemencement *(m)* en ligne
1457	tc	ensemencement *(m)* en sillons
862	tc	ensemencement *(m)* hydraulique
809	tc	ensemencement *(m)* manuel
1725	tc	ensemencement *(m)* par placette
1725	tc	ensemencement *(m)* par secteur
1655	tc	ensemencement *(m)* sur la neige
1712	tc	ensemencer
205	ew	ensevelir
313	gm	ensevelissement *(m)*
344	ew	entaille *(f)*
1419	am	entassement *(m)* de pierres
205	ew	enterrer
898	pl	entre-noeud *(m)*
1973	tc	entrelacer
1004	ma	entretien *(m)*
145	ma	entretien *(m)* de biotope
1886	am	entretoise *(f)*
47	dc	entretoise *(f)*
2074	ma	envahissement *(m)* par les mauvaises herbes
2077	ec,ve	envahissement *(m)* par les plantes aquatiques
1094	rm,ma	envasement *(m)*
1350	rw,hy	envasement *(m)* du réservoir
1899	de,si,ew	épaisseur *(f)*
1900	hd	épaisseur *(f)* de l'aquifère
1639	ew	épaule *(f)* de talus
1639	ew	épaulement *(m)* de talus
1740	rw	éperon *(m)*
790	rw	épi *(m)*
797	rw	épi *(m)* d'eaux moyennes
794	rw	épi *(m)* de basses eaux
1182	rw	épi *(m)* de pieux
798	rw	épi *(m)* défensif
1347	rw	épi *(m)* déflecteur

1103	rw,rm	étranglement *(m)*
218	de	étude *(f)* de cas
562	de	étude *(f)* de faisabilité
1684	co	étude *(f)* du sol de fondation
1684	co	étude *(f)* du sous-sol
523	si,ec	eutrophisation *(f)*
1721	rw	évacuateur *(m)* de crues
1512	wb	évacuation *(f)* des sédiments
524	hd	évaporation *(f)*
1679	si	évaporation *(f)* du sol
525	hd	évapotranspiration *(f)*
610	hy,hd,rm	évènement *(m)* de crue
526	ew	excaver
532	de	exécution *(f)*
17	rm	exhaussement *(m)* du lit
1291	de	exigence *(f)* de qualité
1608	pl	exigences *(f,pl)* écologiques
1608	pl	exigences *(f,pl)* stationnelles
534	de	expertise *(f)*
537	si	exposition *(f)*
528	ew	extraction *(f)* de matériaux
1137	rw	exutoire *(m)*
1545	co	exutoire *(m)*
372	rm	exutoire *(m)* de la gorge
688	co	façade *(f)*
1558	co,de	façonnement *(m)*
1468	de	facteur *(m)* de sécurité
1607	si	facteur *(m)* de station
1607	si	facteurs *(m,pl)* environnementaux
1327	tc	fagot *(m)* de roseaux
914	rm	faille *(f)*
543	np	faille *(f)*
155	rm	falaise *(f)*
247	gm	falaise *(f)*
965	ma,dc	fane *(f)*
553	tc	fascinage *(m)*
550	tc	fascine *(f)*
1420	dc,tc	fascine *(f)* à noyau
1841	rw,tc	fascine *(f)* à noyau
967	tc	fascine *(f)* de perche
551	tc,rw	fascine *(f)* de pied de berge
1018	am	fascine *(f)* de plantes aquatique
1327	tc	fascine *(f)* de roseaux
1018	am	fascine *(f)* de roseaux
2090	tc	fascine *(f)* de saules
554	ew,tc	fascine *(f)* drainante
315	tc,ew	fascine *(f)* drainante de perche
1420	dc,tc	fascine *(f)* en boudins lestés
1600	tc	fascine *(f)* immergée
1092	ma	fauchage *(m)*
1091	ma	faucher
561	fa	faune *(f)*
1375	pl	faux roseau *(m)*
759	tc,ma	fertilisation *(f)* avec engrais vert
655	pl	feuillage *(m)*
947	pl	feuille *(f)*
382	pl,fo	feuillu *(m)*
1438	pl	feutrage *(m)* racinaire
262	am	fibre *(f)* de coco
2106	am	fil *(m)* de fer
104	am	fil *(m)* de fer barbelé
1905	am	fildefer *(m)*
2054	rm,gm	filet *(m)* d'eau
917	am	filet *(m)* de jute
2110	am	filet *(m)* de protection contre les chutes de pierres
1869	am	filet *(m)* synthétique
1447	am	filin *(m)*; câble *(m)*
575	am	filtre *(m)*
591	co,gm	fissuration *(f)*
175	np	fissure *(f)*
317	co	fissure *(f)*
592	gm	fissure *(f)*
320	gm,np	fissure *(f)*
514	gm	fissure *(f)* d'érosion
1564	gm,np	fissure *(f)* de cisaillement
1887	gm,co	fissure *(f)* de tension
593	co	fixation *(f)*
595	co	fixation *(f)*
594	co	fixer avec des piquets
1390	rm	fleuve *(m)*
1408	hd	fleuve *(m)*
236	hy	flots *(m,pl)*
653	si,ew	flysch *(m)*
1277	de,fo	fonction *(f)* protectrice de la forêt
2000	gm	fond *(m)* de vallée
117	rm, hy	fond *(m)* du lit
1394	rm	fond *(m)* du lit
771	rw	fond *(m)* vaseux
675	co	fondation *(f)*
1181	co	fondation *(f)* sur pilotis
674	co	fonder
2080	hd	fontaine *(f)*

715	am	géotextile *(m)* non tissé
1526	pl	germe *(m)*
716	pl	germer
717	pl	germination *(f)*
701	fa	gibier *(m)*
243	si	glaise *(f)*
1632	si,gm,ew	glaise *(f)* de versant
976	si	glaiseux
720	si	gley *(m)*
1619	np,gm	glissement *(m)*
1620	np	glissement *(m)*
281	np	glissement *(m)* concave
369	np	glissement *(m)* d'éboulis
100	np	glissement *(m)* de berge
1627	gm	glissement *(m)* de talus
934	np	glissement *(m)* de terrain
1449	np	glissement *(m)* en cuillère
1614	np	glissement *(m)* en plaque
1850	np	glissement *(m)* en surface
721	am	glu *(f)*
722	si	gneiss *(m)*
1863	hy	gonflement *(m)*
723	gm, rm	gorge *(f)*
1103	rw,rm	goulot *(m)*; rétrécissement *(m)*
242	rw	goulotte *(f)* de déversement
226	fa, gm	gradin *(m)* de pâturage
740	pl	graminées *(f,pl)*
1789	rw	grand barrage *(m)* de retenue hydraulique
733	si	granite *(m)*
729	de,hy	granulométrie *(f)*
742	co	gravier *(m)*
328	co	gravier *(m)* concassé
576	am	gravier *(m)* filtrant
750	gm	gravière *(f)*
1722	am	gravillon *(m)*
807	hd	grêle *(f)*
1478	si	grès *(m)*
2108	am	grillage *(m)* métallique
762	dc	grille *(f)*
1294	dc	grille *(f)*
583	am	grille *(f)* fine
256	am	grille *(f)* grossière
760	tc	grille *(f)* tressée en saule
1496	gm	gros galet *(m)*
1408	hd	grosse rivière *(f)*
677	am	grume *(f)* de fondation
658	rw	gué *(m)*
805	am	gunitage *(m)*

806	fa	habitat *(m)*
589	fa,ec	habitat *(m)* pour le poisson
86	am	hache *(f)*
824	ve	haie *(f)*
2101	tc	haie *(f)* brise vent
303	fo	hallier *(m)*
1301	gm,ec	haut marais *(m)*
1552	rm	haut-fond *(m)*
1870	gm	haut-plateau *(m)*
832	fo	haute futaie *(f)*
835	pl	haute tige *(f)*
599	hy	hautes eaux *(f,pl)*
539	hy	hautes eaux *(f,pl)* exceptionnelles
499	hy	hauteur *(f)* d'énergie; hauteur *(f)* de charge
42	hd	hauteur *(f)* d'évaporation
546	rw,hy	hauteur *(f)* de chute
608	hy	hauteur *(f)* de débordement
2038	hy	hauteur *(f)* de l'eau
43	hd	hauteur *(f)* de précipitation
871	hy	hauteur *(f)* de retenue
2069	hy	hauteur *(f)* des vagues
1791	hy	hauteur *(f)* maximale de rétention
1330	pl	hélophytes *(m,pl)*
828	ve	herbacé
827	pl	herbacée *(f)*
736	tc	herbage *(m)* de protection
827	pl	herbe *(f)*
831	ma	herbicide *(m)*
90	rw	hérisson *(m)* parafouille
131	pl	hêtre *(m)*
1681	si	horizon *(m)* d'un sol
1862	rw	houle *(f)*
842	ew	humidifier
843	hd	humidité *(f)*
1077	si	humidité *(f)*
569	si	humidité *(f)* du sol
844	si	humus *(m)*
1310	si	humus *(m)* brut
2024	ew	hydrater
853	hy	hydraulique *(f)*
1129	hy	hydraulique *(f)* fluviale
855	ec	hydrobiologie *(f)*
860	hd	hydrologie *(f)*
861	pl	hydrophyte *(m)*
411	de	hypothèse *(f)* de dimensionnement
864	hy	impact *(m)* de l'eau

1501	co	imperméabilisation *(f)* d'un sol
865	ew,rw,co	imperméabilité *(f)*
866	ew,rw,co	imperméable
2063	co	imperméable à l'eau
1120	de,am	imputrescible
1628	gm	inclinaison *(f)* d'une pente
817	hy,np,de	indicateur *(m)* d'évènement
1104	ec,pl	indigène
879	hd	infiltration *(f)*
882	ew	infiltration *(f)* d'eau souterraine
386	hd	infiltration *(f)* profonde
1528	ew,si	infiltrer
1527	rm,hd	infiltrer (,s')
1160	de,co,ew	infiltrer ,s'
881	pl	inflorescence *(f)*
57	ec	influence *(f)* anthropogène
788	ma	inhibiteur *(m)* de croissance
719	ma, pl	inhibiteur *(m)* de germination
787	ve	inhibition *(f)* de la croissance
890	ma	inoculation *(f)*
1101	pl	inoculation *(f)* de mycorhize
902	rm,np	inondation *(f)*
630	hy,rw	inondé
901	rm,np	inonder
600	hy,rw	inonder
891	fa	insecte *(m)*
892	ma	insecticide *(m)*
1708	hd	insolation *(f)*
1991	de	instable
1606	co	installation *(f)* de chantier
1246	hd	intensité *(f)* des précipitations
899	de	interaction *(f)*
1263	ec,fa	interdiction *(f)* de pâture
899	de	interrelation *(f)*
2037	co,ew	invasion *(f)* d'eau
905	fa	invertébrés *(m,pl)*
906	de	investigation *(f)*
910	ew	irrigation *(f)*
1630	ew	irrigation *(f)* du talus
1847	ew	irrigation *(f)* superficielle
1824	hy	irriger par submersion
909	pl	irriguer
2024	ew	irriguer
2037	co,ew	irruption *(f)* d'eau
1760	de	jalonnement *(m)*
1759	de	jalonner
777	hd	jauge *(f)* pour la nappe phréatique
1806	hy	jaugeage *(m)*
1480	pl	jeune plant *(m)*
1320	ve	jeune pousse *(f)*
533	co	joint *(m)* de dilatation
1226	co	jointoiement *(m)*
1466	pl	joncs *(m,pl)*
918	gm	karst *(m)*
1991	de	labile
920	rm	lac *(m)*
846	hy	lame *(f)*
130	rm	largeur *(f)* du lit
373	np	lave *(f)* de boue; lave *(f)* torrentielle
952	pl	légumineuse *(f)*
946	si	lessivage *(f)*
945	si	lessiver
1013	de	levé *(m)* du terrain
1615	gm	lèvre *(f)* d'un arrachement
11	am	liant *(m)*
1974	am	lier
814	pl	lieu *(m)* de récolte
2084	gm	lieu *(m)* humide
2082	si	lieu *(m)* humide
959	hy	ligne *(f)* d'eau
500	hy	ligne *(f)* d'énergie
500	hy	ligne *(f)* de charge
547	ew,hy,rw	ligne *(f)* de chute
2061	hd	ligne *(f)* de partage des eaux
1253	hy	ligne *(f)* de pression
679	gm	ligne *(f)* de rupture
1530	rm	ligne *(f)* de sources
94	rm,hy	ligne *(f)* des berges
959	hy	ligne *(f)* principale du courant
1221	si	limite *(f)* de plasticité
223	hd	limite *(f)* du bassin versant
1631	de	limite *(f)* du talus
663	fo	limite *(f)* forestière
1913	ve	limite *(f)* supérieure de la forêt
1954	ve	limite *(f)* supérieure des arbres
1754	hy	limnigraphe *(m)*
706	hy	limnimètre *(m)*
1234	si	limon *(m)*
1593	si	limon *(m)*
771	rw	limon *(m)*

1650	ma	lisier *(m)*
1840	ma	lisier *(m)*
494	ve	lisière *(f)*
117	rm, hy	lit *(m)*
1050	rm	lit *(m)* à méandres
2016	rm	lit *(m)* à sec
1393	rm	lit *(m)* d'un cours d'eau
173	tc	lit *(m)* de plançons
197	tc	lit *(m)* de plançons
942	tc	lit *(m)* de plançons de saules
2092	tc	lit *(m)* de plançons et fascines
826	tc	lit *(m)* de plants
825	tc	lit *(m)* de plants et plançons
602	hy,rw	lit *(m)* majeur
617	rw	lit *(m)* majeur
999	hy,rm	lit *(m)* mineur
968	rm	lit *(m)* mobile
2085	hy	lit *(m)* mouillé
1132	rm	lit *(m)* originel
1170	hy	lit *(m)* perméable
167	rm	lit *(m)* ramifié
1406	rm	lit *(m)* ramifié
126	rm	lit *(m)* rocheux
1930	rm	lit *(m)* torrentiel
965	ma,dc	litière *(f)*
978	si	loess *(m)*
987	dc	longrine *(f)*
23	ma	lutte *(f)* contre les algues
1172	ma	lutte *(f)* contre les nuisibles
1020	co	maçonnerie *(f)*
1023	dc	maçonnerie *(f)* en pierres de taille
1898	am	madrier *(m)*
2049	si,pl	manque *(m)* en eau
1860	rm,gm	marais *(m)*
2083	si	marais *(m)*
156	gm	marais *(m)*
944	tc	marcottage *(m)*
343	pl	marcotte *(f)*
1232	rm,rw	mare *(f)*
2083	si	marécage *(m)*
1860	rm,gm	marécage *(m)*
1861	ew,si	marécageux
1016	si	marne *(f)*
974	si	marne *(f)*
1017	si	marne *(f)* calcaire
976	si	marneux
1783	fo	massif *(m)* forestier
2032	hy	matelas *(m)* d'eau
75	am	matériau *(m)* auxiliaire
119	hy	matériaux *(m,pl)* charriés
124	hy	matériaux *(m,pl)* du fond du lit
124	hy	matériaux *(m,pl)* du lit
1856	hy	matériaux *(m,pl)* en suspension
584	si	matériaux *(m,pl)* fin
291	co	matériel *(m)* de construction
573	co	matériel *(m)* de remplissage
579	am	matériel *(m)* filtrant
994	gm,si	matériel *(m)* meuble
2075	ma	mauvaise herbe *(f)*
1045	rm	méandre *(m)*
1046	rm	méandrer
1688	de,ew	mécanique *(f)* des sols
1962	de	mécanisme *(m)* de déclenchement
833	pl	mégaphorbiaie *(f)*
1522	pl,tc	mélange *(m)* grainier
937	pl	mélèze *(m)*
1055	de	mensuration *(f)*
1854	de	mensuration *(f)*
1055	de	mesure *(f)*
410	de	mesure *(f)*; mensurations *(f,pl)*
1051	de	mesure *(f)* active
298	de	mesure *(f)* de contrôle
426	hy	mesure *(f)* de débit
299	de	mesure *(f)* de sécurité
1052	de	mesure *(f)* passive
1053	de	mesure *(f)* préventive
1063	tc	méthode *(f)* d'ensemencement
1058	de	méthode *(f)* d'évaluation
1060	de	méthode *(f)* de cartographie
907	de	méthode *(f)* de recherche
1062	de	méthode *(f)* de relevé
1797	ew,hd,si	méthode *(f)* de stratification
1059	ew, de	méthode *(f)* du cercle de frottement
1059	ew, de	méthode *(f)* du cercle de glissement
399	ew	mettre en dépôt
940	de	mettre en place
1195	co	mettre en place
1064	si	mica schiste *(m)*
1065	si	microclimat *(m)*
1290	gm,rm,si	milieu *(m)* marécageux
1964	ew	mise *(f)* en conduite

1263	ec,fa	mise *(f)* en défense de pâturage
1959	tc	mise *(f)* en jauge
1541	np,ew	mise *(f)* en place
893	rw	mise *(f)* en place d'épis
895	ec	mise *(f)* en place d'un réseau
1325	tc	mise *(f)* en place de fascines de roseaux
1665	tc	mise *(f)* en place de gazon
67	tc	mise *(f)* en place de pieux
923	si,ew,np	mise *(f)* en place de sol
1384	rw,co	mise *(f)* en place grossière de blocs
1502	ew	mise *(f)* en place secondaire d'un sol
1728	tc	mise *(f)* en terre de chaumes
1964	ew	mise *(f)* sous tuyau
1153	rw	mise *(f)* sous tuyau
781	pl	mode *(m)* de croissance
1061	tc	mode *(f)* de plantation
1455	ew	modelage *(m)* de talus
1073	de	modélisation *(f)*
1074	si	moder *(m)*
230	hy,rw,rm	modification *(f)* de la section d'écoulement
1458	am	moellon *(m)*
2079	rw	moine *(m)*; déversoir *(m)*
1632	si,gm,ew	molard *(m)*
1079	gm	molasse *(f)*
1147	co,ew,rw	moment *(m)* de basculement
1998	hd	montée *(f)* de la nappe phréatique
1387	hd	montée *(f)* du niveau piézométrique
1081	gm	moraine *(f)*
1082	gm	morphologie *(f)*
1148	rm	eau *(f)* morte
1968	pl	motte *(f)*
1658	dc	motte *(f)* d'herbe
1658	dc	motte *(f)* de gazon
1370	pl	motte *(f)* de rhizome
1328	dc	motte *(f)* de roseaux
1489	hy, rm	mouille *(f)*
1076	ew	mouiller
1083	pl	mousse *(f)*
654	ec	mousse *(f)*
486	ew	mouvement *(m)* de terre
1026	co	mouvement *(m)* des masses
1618	am	mucus *(m)*
1095	am	mulch *(m)*
1098	tc	mulching *(m)*
2017	co	mur *(m)*
753	rw	mur *(m)* [sans fondations, stabilisé avec son propre poids]
2019	rw	mur *(m)* de dérivation
473	ew	mur *(m)* de pierre sèche
2004	tc	mur *(m)* de pierre sèche végétalisé
1366	co	mur *(m)* de revêtement
2103	am	mur *(m)* en aile
1027	dc	mur *(m)* en maçonnerie cyclopéenne
1022	dc	mur *(m)* en moellon
2103	am	mur *(m)* en retour
83	de	mur *(m)* pare-avalanches *(m)*
793	rw	museau *(m)* d'épi
1100	pl,ec	mycorhize *(f)*
692	pl	mycose *(f)*
773	hd	nappe *(f)* phréatique
1915	am	natte *(f)*
917	am	natte *(f)* de jute
1801	tc	natte *(f)* de paille avec semence
1801	tc	natte *(f)* de paille pré-ensemencée
578	am	natte *(f)* filtrante
1374	pl	nervure *(f)*
92	np,rm	niche *(f)* d'érosion
1486	np	niche *(f)* d'érosion
1493	gm,rm	niche *(f)* d'érosion
1031	hy	niveau *(m)* d'eau maximal
85	rw,hy	niveau *(m)* d'eau moyen
1044	hy	niveau *(m)* d'eau moyen
109	np,rm, hy,rw	niveau *(m)* de base de l'érosion
624	hy	niveau *(m)* de crue
778	hd	niveau *(m)* de la nappe *(f)* phréatique
366	de	niveau *(m)* de référence
2038	hy	niveau *(m)* des eaux
160	de	niveau *(m)* du fond
766	de	niveau *(m)* du sol
1043	hy	niveau *(m)* estival moyen
1038	hy	niveau *(m)* moyen annuel
1044	hy	niveau *(m)* moyen des eaux
725	ew	niveler
953	co	niveler

954	co,de	niveler [mensuration]
922	de,ew	nivellement *(m)* de terrain
1116	pl	nodosité *(f)*
1981	co	non cimenté
267	si,ew	non cohésif
1982	ew	non compacté
949	co,rw	non étanche
471	rm	noyé
587	rw	obstacle *(m)* pour le poisson
152	rm	obstruction *(f)*
913	hy	obstruction *(f)*
1549	si	ombragé
1548	si	ombre *(f)*
626	hy	onde *(f)* de crue
705	ec	ordures *(f,pl)*
132	hy	origine *(f)* de la retenue
1279	pl,de	origine *(f)*; source *(f)*
1817	co	ouvrage *(m)*
187	tc	ouvrage *(m)* à effet de peigne
1119	co	ouvrage *(m)* antibruit
888	rw	ouvrage *(m)* d'entrée
414	rw	ouvrage *(m)* de décantation
1275	de	ouvrage *(m)* de défense
437	rw	ouvrage *(m)* de dérivation
2117	rw	ouvrage *(m)* de déviation en bois
627	rw	ouvrage *(m)* de dosage; retenue *(f)* de dosage
1275	de	ouvrage *(m)* de protection
1113	de,tc,rw	ouvrage *(m)* de protection avec des matériaux nature*ls*
81	co	ouvrage *(m)* de protection contre les avalanches
260	rw	ouvrage *(m)* de protection côtière
1273	rw	ouvrage *(m)* de protection de berge
301	rw	ouvrage *(m)* de régulation
1342	rw	ouvrage *(m)* de retenue
1621	rw	ouvrage *(m)* de retenue avec jalousie
99	rw, tc	ouvrage *(m)* de revêtement de berge
1137	rw	ouvrage *(m)* de sortie
1358	co	ouvrage *(m)* de soutènement
888	rw	ouvrage *(m)* de tête
194	rw	ouvrage *(m)* en fascines
1786	co	ouvrage *(m)* en maçonnerie
174	tc	ouvrage *(m)* en paquet
187	tc	ouvrage *(m)* en paquet
472	ew,co	ouvrage *(m)* en pierre sèche
374	rw	ouvrage *(m)* freineur de boues
78	co	ouvrage *(m)* guide-avalanche
848	rw	ouvrage *(m)* hydraulique
854	rw	ouvrage *(m)* hydraulique
854	rw	ouvrage *(m)* hydroélectrique
989	rw	ouvrage *(m)* longitudinal
1939	rw	ouvrage *(m)* longitudinal
196	tc	ouvrage *(m)* mixte végétal/pierres
195	tc	ouvrage *(m)* mixte végétal/bois
443	rw	ouvrage *(m)* pour briser les vagues
1949	rw	ouvrage *(m)* transversal
1802	tc	paillage *(m)*
755	fa	paître
1149	tc	palissade *(f)*
443	rw	palissade *(f)* filtrante
542	de	panne *(f)*
1150	ma,fa	parasite *(m)*
290	co	parc *(m)* de machines
1223	de	parcelle *(f)*
2003	ew,tc	paroi *(f)* de blocs végétalisée
1570	co	paroi *(f)* de palplanches
1183	rw	paroi *(f)* de pieux
1911	tc	paroi *(f)* en bois
983	tc	paroi *(f)* en caisson [selon Krainer]
1197	dc	paroi *(f)* en madrier
80	co	paroi *(f)* guide avalanche
247	gm	paroi *(f)* rocheuse
1663	tc	paroi *(f)* végétalisée avec des herbacées
283	tc	paroi *(f)* végétalisée en béton
792	rw	partie *(f)* comprise entre deux épis
1371	dc	partie *(f)* de rhizome
149	ve	partie *(f)* découverte
590	fa	passage *(m)* à poisson
590	fa	passe *(f)* à poisson
758	fa	pâturage *(m)*
1032	ve	pâturage *(m)*
662	fa	pâturage *(m)* boisé
756	fa	pâturé

1032	ve	pâture *(f)*
1142	fa,ec	pâture *(f)* excessive
1157	co	pavage *(m)* artificiel
65	hy	pavage *(m)* naturel du lit
261	co	pavé *(m)*
1417	rw	pavement *(m)* en blocs
1452	tc	pavement *(m)* rugueux
928	gm,de	paysage *(m)*
252	am	pelle *(f)* araignée
1921	ve	pelouse *(f)*
939	ve	pelouse *(f)*
1812	gm	pendage *(m)*
1161	de,ew,si	pénétration *(f)*
1160	de,co,ew	pénétrer
1622	de,hy,ew	pente *(f)*
1773	gm,ew,co	pente *(f)*
837	gm	pente *(f)*
322	ew,hy	pente *(f)* critique
1634	hy	pente *(f)* d'atterrissement
503	hy	pente *(f)* d'équilibre
1628	gm	pente *(f)* d'un versant
1635	hy	pente *(f)* de la ligne d'eau
1633	hy	pente *(f)* de la ligne d'énergie
102	rm	pente *(f)* des berges
129	hy	pente *(f)* du lit
323	ew,co, hy,de	pente (f) latérale
322	ew,hy	pente *(f)* limite
991	de	pente *(f)* longitudinale
1643	ew,de	pente *(f)* maximum admissible
1069	hy,co	pente *(f)* minimale
1039	hy	pente *(f)* moyenne du lit
1105	de	pente *(f)* naturelle
340	ew	pente *(f)* talutée
326	ew,co, hy,de	pente (f) transversale
2033	np,si,pl	pénurie *(f)* en eau
1124	pl	pépinière *(f)*
1955	pl	pépinière *(f)*
1227	am	perche *(f)*
1230	fo	perchis *(m)*
1164	hd	percolation *(f)*
2008	ve	période *(f)* de croissance
1364	de	période *(f)* de récurrence
682	de	période *(f)* de retour
1364	de	période *(f)* de retour
1448	mq	période *(f)* de transplantation
1168	hd	perméabilité *(f)* à l'eau
1167	si	perméabilité *(f)* du sol
949	co,rw	perméable
201	de	permis *(m)* de construire
96	rw	perré *(m)*
961	co	perré *(m)*
1383	rw	perré *(m)*
163	gm	perré *(m)* de gros blocs
1385	rw	perré *(m)* de pierre sèche
1636	dc	perré *(m)* latéral
1636	dc	perré *(m)* maçonné
686	ew,hy	perte *(f)* due au frottement
560	gm	perturbation *(f)*
1173	ma	pesticide *(m)*
1910	fo	peuplement *(m)*
1798	fo	peuplement *(m)* étagé
1071	fo	peuplement *(m)* mélangé
1289	ve,fo	peuplement *(m)* pur
1235	pl	peuplier *(m)*
71	pl	peuplier *(m)* tremble
1174	si	pH *(m)*
1753	de	phase *(f)*
1175	ve	phase *(f)* de développement
1334	ma,fo	phase *(f)* de régénération
1836	ve	phase *(f)* de succession
885	ve	phase *(f)* initiale
1890	ve	phase *(f)* terminale
20	de	photographie *(f)* aérienne
1207	ve	phytosociologie *(f)*
1916	np,gm	pied *(m)* d'un glissement
1917	rw	pied *(m)* de berge
356	rw	pied *(m)* de la digue
1918	gm,ew	pied *(m)* de pente
657	ew	pied *(m)* du talus
751	rw	piège *(m)* à gravier
1784	am	pierre *(f)*
743	am	pierre *(f)* concassée
162	gm	pierre *(f)* de taille
1180	am	pieu *(m)*
969	dc	pieu *(m)* capable de se propager végétativement
48	am,co	pieu *(m)* d'ancrage
678	am	pieu *(m)* de fondation
2112	am	pieu *(m)* en bois
969	dc	pieu *(m)* vivant
1228	dc	pieu *(m)* vivant; pieu *(m)* à rejet
1560	dc	pieux *(m,pl)* de saule pointisés
1179	si,hd	piézomètre *(m)*

1184	dc	pilier *(m)*
1180	am	pilot *(m)*
1186	pl	pin *(m)*
1787	pl	pin *(m)* d'arolle
1758	am	piquet *(m)*
2093	dc	piquet *(m)* de saule
1599	pl	pivot *(m)* [racine]
370	rw	place *(f)* de dépôt
623	de,rw	plaine *(f)* inondée
1009	de	plan *(m)*
1319	de,ec	plan *(m)* d'eau d'agrément
1008	de	plan *(m)* de gestion
1610	de	plan *(m)* de situation
818	de	plan *(m)* des zones à risques
966	dc,ve	plançon *(m)*
986	dc	plançon *(m)*
1199	fa, ec	plancton *(m)*
292	de	planification *(f)* des travaux
1200	de	planification *(f)* des zones à risques
1265	de	planifier
1481	pl	plant *(m)*
1445	pl	plant *(m)* avec racines
1125	pl	plant *(m)* de pépinière
294	tc	plant *(m)* en container
294	tc	plant *(m)* en récipient
1126	pl	plant *(m)* repiqué
1943	dc	plant *(m)* repiqué
1943	dc	plant *(m)*, jeune
1216	tc	plantation *(f)*
761	tc	plantation *(f)* à écartement fixe
53	tc	plantation *(f)* à l'équerre
900	tc	plantation *(f)* complémentaire
1645	tc	plantation *(f)* dans les fissures
1219	tc	plantation *(f)* de boutures de saules
1325	tc	plantation *(f)* de chaumes de roseaux
114	tc	plantation *(f)* de dunes avec Ammophila arenaria
1189	tc	plantation *(f)* de plantes pionnières
1736	tc	plantation *(f)* de pousses
1372	dc	plantation *(f)* de rhizome
1326	tc	plantation *(f)* de rhizomes de roseaux
1324	tc	plantation *(f)* de roseaux en ballot
1329	tc	plantation *(f)* de roseaux en ballot
1326	tc	plantation *(f)* de troche de roseaux
1377	tc	plantation *(f)* en bandes fractionnées
297	tc	plantation *(f)* en cordon
1645	tc	plantation *(f)* en fente
912	tc	plantation *(f)* en îlot
1456	tc	plantation *(f)* en ligne
1377	tc	plantation *(f)* en ligne
1724	tc	plantation *(f)* en motte (herbacées)
1433	tc	plantation *(f)* en mottes
1431	pl	plantation *(f)* en poquet
1242	tc	plantation *(f)* en pot
204	tc	plantation *(f)* en touffes
384	tc	plantation *(f)* en trou profond
1194	tc	plantation *(f)* en trous
878	tc	plantation *(f)* individuelle
900	tc	plantation *(f)* interstitielle
204	tc	plantation *(f)* par bouquet
836	tc	plantation *(f)* sur butte de terre
1201	pl	plante *(f)*
896	pl	plante *(f)* à enracinement intense
385	pl	plante *(f)* à racine profonde
1204	pl	plante *(f)* adventice
1211	pl	plante *(f)* annuelle
903	pl	plante *(f)* colonisatrice
1413	pl	plante *(f)* d'éboulis
310	pl	plante *(f)* de couverture
1433	tc	plante *(f)* en ballot
1241	dc,pl	plante *(f)* en pot
1220	pl	plante *(f)* en station
203	pl	plante *(f)* en touffe
1969	pl	plante *(f)* en touffe
1212	pl	plante *(f)* exotique
1215	pl	plante *(f)* gourmande en eau
877	ve,pl	plante *(f)* indicatrice
1214	pl	plante *(f)* indigène
1213	pl	plante *(f)* introduite
1205	dc,pl	plante *(f)* ligneuse incapable de rejeter
1084	pl,ve	plante *(f)* mère
1187	pl	plante *(f)* pionnière
1204	pl	plante *(f)* rudérale

No.	Code	Term
829	ve,pl	plante *(f)* vivace
1612	gm,co	plaque *(f)*
1661	pl	plaque *(f)* de gazon
1613	gm	plaque *(f)* de glissement
1222	am	plateforme *(f)*
559	gm	pli *(m)*
1298	hd	pluie *(f)*
445	hd	pluie *(f)* diluvienne
1904	hd	pluie *(f)* orageuse
1768	hd	pluie *(f)* persistante
255	hd	pluie *(f)* torrentielle
1296	hd	pluviomètre *(m)*
1224	si	podzol *(m)*
367	de	poids *(m)* propre
1719	ew,hy	poids *(m)* spécifique
1828	si,ew	poids *(m)* spécifique sous l'eau
1437	pl	poils *(m,pl)* absorbants
1225	ew,co,hy	point *(m)* d'application d'une force
1225	ew,co,hy	point *(m)* d'attaque
133	de	point *(m)* fixe
615	hy	pointe *(f)* de crue
586	fa	poisson *(m)*
295	ec	polluer
296	ec	pollution *(f)*
2029	ec	pollution *(f)* des eaux
2041	ec	pollution *(f)* des eaux
1284	am	pompe *(f)*
1286	am	pompe *(f)* immergée
181	rw	ponceau *(m)*
332	ew, co	ponceau *(m)*
1233	co	ponton *(m)*
1238	si,ew	porosité *(f)*
116	ew,co,de	portance *(f)*
1715	co,de	portée *(f)*
566	fa,ma	pose *(f)* de clôture
1240	am	poteau *(m)*
390	de	potentiel *(m)* de risque
122	hy,np	potentiel *(m)* du débit solide
122	hy,np	potentiel *(m)* sédimentaire grossier
1572	pl	pousse *(f)*
13	pl	pousse *(f)* adventive
483	ew	poussé *(f)* du terrain
1925	pl	pousse *(f)* terminale
1087	gm,ew	poussée *(f)* des versants
288	pl	pouvoir *(m)* de dissémination
718	pl	pouvoir *(m)* germinatif
2	ve	pouvoir *(m)* régénérateur
1033	ve	prairie *(f)*
1034	ve	prairie *(f)* grasse
1035	ve	prairie *(f)* maigre
1436	pl	pralinage *(m)*
299	de	précaution *(f)*
1748	de,ew,co	précaution *(f)* contre l'effondrement
1772	gm	précipice *(m)*
1037	hd	précipitation *(f)* annuelle moyenne
1243	hd	précipitations *(f,pl)*
56	hd	précipitations *(f,pl)* annuelles
1258	hd	précipitations *(f,pl)* maximales probables
779	co,hd	prélèvement *(m)* d'eau de la nappe phréatique
447	de	premières idées *(f,pl)*
1429	pl	prendre racine; prendre pied
1154	ew	pression *(f)* de butée
483	ew	pression *(f)* des terres
850	hy	pression *(f)* hydraulique
1254	hy	pression *(f)* hydrostatique
1255	de	prévention *(f)*
703	fa,ma	prévention *(f)* des dégâts du gibier
1256	de	prévention *(f)* des risques
659	de	prévision *(f)*
887	rw	prise d'eau *(f)*
894	rw	prise d'eau *(f)*
2079	rw	prise d'eau *(f)*
619	de	probabilité *(f)* de crue
1097	tc	procédé *(m)* de semis sur mulch
1097	tc	procédé *(m)* de semis sur paillage
1108	np	processus *(m)* naturel
1260	ec	producteur *(m)*
2072	gm	produits *(m,pl)* de la désagrégation
1947	ew,hy, co,de	profil *(m)*
1765	de,ew,rw	profil *(m)* courant
1691	si	profil *(m)* du sol
988	de,hy	profil *(m)* en long
324	hy	profil *(m)* en travers
604	rw,hy	profil *(m)* en travers du lit majeur
1977	hy	profil *(m)* type
2035	hy	profondeur *(f)* d'eau

No.	Field	Term
407	de,ew	profondeur *(f)* d'excavation
676	de	profondeur *(f)* de construction
408	co,ew,de	profondeur *(f)* de fondation
1492	hy	profondeur *(f)* de l'affouillement
1492	hy	profondeur *(f)* de la mouillle
406	hd	profondeur *(f)* du niveau piézométrique
1264	de	projet *(m)*
1265	de	projeter
1267	pl	propagation *(f)* par les graines
184	fa	protection *(f)* contre l'abroutissement
1920	rw	protection *(f)* contre l'affouillement
509	de,hy,ew	protection *(f)* contre l'érosion
1118	de	protection *(f)* contre le bruit
1271	de	protection *(f)* contre les avalanches
603	de,rw	protection *(f)* contre les crues
259	de	protection *(f)* côtière
98	rw	protection *(f)* de berges [eaux courantes]
1849	tc	protection *(f)* de couverture
501	ec	protection *(f)* de l'environnement
1112	ec,de	protection *(f)* de la nature
1919	ew	protection *(f)* de pied
1920	rw	protection *(f)* de pied
1576	rw	protection *(f)* de rivage
1848	co	protection *(f)* de surface
1272	ec	protection *(f)* des biotopes
2027	ec	protection *(f)* des eaux
1274	ec	protection *(f)* des espèces
1397	rw	protection *(f)* du lit
930	ec	protection *(f)* du paysage
2092	tc	protection *(f)* en saules (fascines et plançons)
621	de,rw	protection *(f)* préventive contre les crues
1279	pl,de	provenance *(f)*
814	pl	provenance *(f)* de récolte
784	ve	provision *(f)*
1285	am	puisard *(m)*
1900	hd	puissance *(f)* de l'aquifère
1551	co	puits *(m)*
2080	hd	puits *(m)*
270	ew	puits *(m)* collecteur
1531	ew	puits *(m)* d'infiltration
450	ew	puits *(m)* de drainage
461	am	puits *(m)* de drainage
457	ew	puits *(m)* de drainage
1726	ma	pulvérisation *(f)*
1727	tc	pulvérisation *(f)* [ensemencement]
650	rw	purge *(f)*
651	ew,de	purge *(f)* de drain
1411	ma	purge *(f)* de falaise
649	rw	purger
1840	ma	purin *(m)*
2043	ec	qualité *(f)* des eaux
41	hy	quantité *(f)* charriée
1248	hd	quantité *(f)* d'eau pluviale
42	hd	quantité *(f)* d'évaporation
1308	de	quantité *(f)* de semence
1247	hd	quantité *(f)* des précipitations
463	hd	rabattement *(m)* de la nappe
1818	ba	rabattement *(m)* de souche
1820	co	rabattement *(m)* de souche
336	ma	rabattre
1428	pl	racine *(f)*
1837	pl	racine *(f)* absorbante
12	pl	racine *(f)* adventive
808	pl	racine *(f)* capillaire
207	pl	racine *(f)* de soutien
538	pl	racine *(f)* extensive
171	pl	racine *(f)* fasciculée
1442	pl	racine *(f)* latérale
1875	pl	racine *(f)* pivotante
1443	pl	racine *(f)* principale
1503	pl	racine *(f)* secondaire
1554	pl	racine *(f)* superficielle
1554	pl	racine *(f)* traçante
536	pl	racines *(f,pl)* apparentes
808	pl	radicelle *(f)*
1837	pl	radicelle *(f)*
1157	co	radier *(m)*
768	rw	radier *(m)*
1907	rw	radier *(m)* en bois pour la protection du bassin d'affouillement
1781	de	raideur *(f)*
1780	am	raidissage *(m)*
1321	ma,fo	rajeunissement *(m)*
1970	pl	rameau *(m)*
1972	dc	rameau *(m)* à rejets

1303	de	ramification *(f)*
671	rm	ramification *(f)*
1585	rm	ramification *(f)*
1304	co	rampe *(f)*
151	rw	rampe *(f)* de blocs
767	rw	rampe *(f)* de fond
1229	rw	rampe *(f)* de rondin
172	pl	ramure *(f)*
1305	si	ranker *(m)*
1306	rm	rapides *(m,pl)*
1099	fa	rat *(m)* musqué
336	ma	ravaler
801	rm	ravin *(m)*
1309	rm	ravin *(m)*
800	np,gm	ravin *(m)* à profil trapézoidal
1960	gm	ravin *(m)* à profil triangulaire
694	gm	ravin *(m)* en entonnoir
804	gm,rm	ravinement *(m)*
696	np	ravinement *(m)*
852	hy	rayon *(m)* hydraulique
1708	hd	rayonnement *(m)* solaire
846	hy	raz de marée *(m)*
1322	ec,de	réaménagement *(m)*
1355	de	réaménagement *(m)*
1314	fo	reboisement *(m)*
834	fo	reboisement *(m)* d'altitude
235	rw,hy	recalibrage *(m)*
345	ma	recépage *(m)*
337	ma	recéper
1283	ma	recéper
304	ma	recéper
581	de,co	réception *(f)* des travaux
906	de	recherche *(f)*
1318	de	reconstitution *(f)*
669	ve	recouvert de forêt
312	co	recouvrement *(m)*
316	tc	recouvrement *(m)*
244	ew,co	recouvrement *(m)* de limon
309	co,ew	recouvrir d'humus
1793	rw	rectification *(f)* d'un cours d'eau
1317	rm	recul *(m)* de la berge
1793	rw	redressement *(m)*; correction *(f)*
1323	hy	réduction *(f)* de la capacité d'écoulement
357	hy	refouler
1762	am	regard *(m)*
1346	ma	regarni *(m)*
1332	ma,fo	régénération *(f)*

69	fo	régénération *(f)* artificielle
1109	fo	régénération *(f)* naturelle
1404	hy	régime *(m)* d'écoulement
1689	si	régime *(m)* des eaux souterraines
2044	hd	régime *(m)* hydrique
1090	de	région *(f)* montagneuse
1391	rm	région *(f)* riveraine
1336	rw	régulation *(f)* d'un cours d'eau
1335	fa,ma	régulation *(f)* du stock de gibier
1821	pl	rejet *(m)*
1572	pl	rejet *(m)*
1821	pl	rejet *(m)* de souche
1312	co,tc	rejointoiement *(m)*
1300	hd,hy	relation *(f)* précipitation-écoulement
72	de	relevé *(m)* des dégâts de crue
1855	de	relevé *(m)* topographique
1302	hy	relèvement *(m)* du lit
1268	de	remaniement *(m)* parcellaire
40	de	remaniement *(m)* parcellaire
401	ew	remblai *(m)*
477	ew	remblaiement *(m)*
401	ew	remblayage *(m)*
996	ew	remblayage *(m)* [avec du gravier]
770	hd	remontée *(f)* d'eau souterraine
492	hy	remous *(m)*
1864	hy	remous *(m)*
769	hy	remous *(m,pl)* de fond
574	co	remplir de gravier
572	co,ew	remplissage *(m)*
748	co	remplissage *(m)* avec du gravier
1416	ew	remplissage *(m)* de pierres
88	ew,co	remplissage *(m)* derrière un ouvrage
2121	fo	rendement *(m)*
1345	si	rendzine *(f)*
1337	co	renforcement *(m)*
60	rw	renforcement *(m)* du lit
883	gm,ew	renforcement *(m)* initial
1811	co,ew,de	répartition *(f)* des contraintes
1811	co,ew,de	répartition *(f)* des tensions
963	pl	repiquage *(m)*
1320	ve	repousse *(f)*

No.	Field	Term
1988	co	reprise *(f)* en sous oeuvre
1206	pl	reproduction *(f)* de plants
2011	pl	reproduction *(f)* végétative
318	gm,ew,np	reptation *(f)*
784	ve	réserve *(f)*
76	si	réserves *(f,pl)* en eau
300	rw	réservoir *(m)*
286	ve	résineux *(m)*
1353	ve	résistance *(f)*
314	pl,ve	résistance *(f)* à l'ensevelissement
512	np	résistance *(f)* à l'érosion
134	co	résistance *(f)* à la flexion
279	ew,co	résistance *(f)* à la pression
1883	ew,pl	résistance *(f)* à la traction
469	ew	résistance *(f)* au battage
1565	ew,co	résistance *(f)* au cisaillement
639	hy	résistance *(f)* au courant
687	ew,hy	résistance *(f)* au frottement
1617	ew	résistance *(f)* au glissement
1750	de	résistance *(f)* au renversement
2073	am	résistance *(f)* aux intempéries
1566	ew,co	résistant au cisaillement
1409	tc,pl	résistant; rustique
1845	rm	ressac *(m)*
849	hy	ressaut *(m)*
2047	de,si	ressources *(f,pl)* en eau
1355	de	restauration *(m)*
164	gm,rm	résurgence *(f)*
1357	rm	résurgence *(f)*
392	ve,pl	retard *(m)* de croissance
425	hy	retardement *(m)* de l'écoulement
1360	hd	rétention *(f)*
897	ve,hd	rétention *(f)* d'eau par les plantes
1690	si	rétention *(f)* de l'eau du sol
869	hy	retenue *(f)*
872	rw	retenue *(f)*
2050	hd	retrait *(m)* des eaux
2001	np,gm	rétrécissement *(m)* de vallée
1365	tc	reverdissement *(m)*
114	tc	reverdissement *(m)* de dunes avec ammophila arenaria
521	tc	reverdissement *(m)* de talus
1723	ec	reverdissement *(m)* spontané
962	rw	revêtement *(m)*
311	co	revêtement *(m)*
237	rw	revêtement *(m)* d'un canal
99	rw, tc	revêtement *(m)* de berge
431	ew,co	revêtement *(m)* de fossé
1198	rw	revêtement *(m)* de protection de rive en planches
1785	am	revêtement *(m)* en pierres d'un ouvrage en béton
1659	tc	revêtement *(m)* en plaques de gazon
1367	ec	revitalisation *(f)*
1368	pl	rhizome *(m)*
1382	hy	ride *(f)* de fond
1378	rm	rigole *(f)*
513	gm	rigole *(f)* d'érosion
170	tc	rigole *(f)* stabilisé avec lit de branches
2020	ma	rinçage *(m)*
651	ew,de	rinçage *(m)* de drain; lavage *(m)* de drain
649	rw	rincer
1352	de	risque *(m)* résiduel
1575	rm	rivage *(m)*
91	rm	rive *(f)*
506	rm	rive *(f)* concave
95	rm,rw	rive *(f)* d'un ruisseau
155	rm	rive *(f)* rocheuse escarpée
1462	rm	rivière *(f)* (petite)
1648	rm	rivière *(f)* à cours très lent
1834	hd	rivière *(f)* souterraine
1937	rm	rivière *(f)* torrentielle
1409	tc,pl	robuste
957	si	roche *(f)* calcaire
329	gm,si	roche *(f)* cristalline
127	gm,si	roche *(f)* de fond
540	si	roche *(f)* extrusive
127	gm,si	roche *(f)* mère
1151	si	roche *(f)* mère
1516	si,gm	roche *(f)* sédimentaire
540	si	roche *(f)* volcanique
979	am	rondin *(m)*
1330	pl	roseaux *(m,pl)*
272	ew	rouler
9	de	route *(f)* d'accès; chemin *(m)* d'accès
1453	hy	rugosité *(f)*
1474	hy	rugosité *(f)* du sable équivalente
1804	rm	ruisseau *(m)*

182	rm	ruisseau *(m)*
1089	rm	ruisseau *(m)* de montagne
635	am,hd	ruisseler
638	hd	ruisseler
182	rm	ruisselet *(m)*
1378	rm	ruisselet *(m)*
1143	hd	ruissellement *(m)*
1143	hd	ruissellement *(m)* de surface; écoulement *(f)* des eaux de surface
354	rw	rupture *(f)* d'une digue
765	ew	rupture *(f)* de fond
231	de,ew,hy	rupture *(f)* de pente
1262	np	rupture *(f)* progressive
1472	si	sable *(m)*
1479	si	sable *(m)* calcaire
582	si	sable *(m)* fin
1293	np,si	sables *(m,pl)* mouvants
2008	ve	saison *(f)* de la croissance
1469	fa	salmonidés *(m,pl)*
1470	hy	saltation *(f)*
585	pl	sapin *(m)*
1178	ma	sarclage *(m)*
1482	si,ew	saturation *(f)*
1693	si	saturation *(f)* du sol
2060	si,ew	saturé en eau
2088	pl	saule *(m)*
2091	pf	saule *(m)* taillé en têtard
2091	pf	saule *(m)* têtard
2087	pl	sauvageon *(m)*
475	hd,si	sècheresse *(f)*
497	de	secteur *(m)* à risque
1505	de	section *(f)*
1123	rw	section *(f)* d'écoulement
1348	hy	section *(f)* déterminante
2085	hy	section *(f)* mouillée
325	hy	section *(f)* transversale
1506	rm,hy	sédiment *(m)*
400	rm	sédiment *(m)* [résultat]
402	rm, hy	sédimentation *(f)*
1473	si,rm,hy	sédimentation *(f)* de sable
330	pl	sélection *(f)* de plantes
1519	pl	semence *(f)*
1525	pl	semences *(f,pl)*
1520	tc	semer
1712	tc	semer
1524	ve	semis *(m)*
1803	tc	semis *(m)* avec paillage
1096	tc	semis *(m)* de couverture
816	tc	semis *(m)* de fleur de foin
736	tc	semis *(m)* de protection
1953	tc	semis *(m)* de végétaux ligneux
1878	tc	semis *(m)* intermédiaire
1878	tc	semis *(m)* provisoire
1440	pl	séparation *(f)* de plantes en touffes
724	ew	séparation *(f)* granulométrique
1056	de	série *(f)* de mesures
666	de,ma	service *(m)* forestier
1591	rw	seuil *(m)*
396	rw	seuil *(m)* crénelé
1418	rw,tc	seuil *(m)* de blocs végétalisé
627	rw	seuil *(m)* de dosage
768	rw	seuil *(m)* de fond
154	rw	seuil *(m)* en blocs
1909	rw	seuil *(m)* en bois
192	tc,rw	seuil *(m)* en branchage
558	rw,tc	seuil *(m)* en fascines
700	rw	seuil *(m)* en gabion [métallique]
2119	rw	seuil *(m)* en rondin
990	rw	seuil *(m)* longitudinal
1592	rm	seuil *(m)* naturel
1590	np	signe *(m)* de glissement
695	si	sillon *(m)*
1550	de,hd	situation *(f)* ombragée
1764	ma	soins *(m,pl)* au peuplement
1882	ma	soins *(m,pl)* aux cultures
1356	ma	soins *(m,pl)* aux forêts protectrices
1880	ma	soins *(m,pl)* culturaux
1007	ma	soins *(m,pl)* d'entretien
667	fo	soins *(m,pl)* forestiers
1667	si	sol *(m)*
1706	co,ew	sol *(m)* à granulométrie mal répartie
1699	si	sol *(m)* acide
1700	si	sol *(m)* alcalin
183	si	sol *(m)* brun
1311	si	sol *(m)* brut
211	si	sol *(m)* calcaire
1701	si,ew	sol *(m)* compacté
1705	si	sol *(m)* détrempé
1707	si	sol *(m)* évolué
1702	si	sol *(m)* gelé
1019	ew,si	sol *(m)* marécageux
158	gm,si	sol *(m)* marécageux
975	si	sol *(m)* marneux

1068	si	sol *(m)* minéral
1704	si	sol *(m)* perméable
1703	si	sol *(m)* stratifié
158	gm,si	sol *(m)* tourbeux
268	ew,si	solidaire
318	gm,ew,np	solifluction *(f)*
1674	np	solifluction *(f)*
1874	np	solifluction *(f)* de dépôt
964	gm	solifluxion *(f)*
101	rw	solive *(f)* de rive
1299	hd	somme *(f)* des précipitations
1922	de,ew	sommet *(m)* du talus
1710	co,de, ew,si	sondage *(m)*
1162	co,si	sondage *(m)* par battage
1259	ew,si	sonder
1086	pl	sorbier *(m)* des oiseleurs
1819	pl	souche *(f)*
1829	de	soumission *(f)*
1729	hd	source *(f)*
1733	hd	source *(f)* artésienne
1515	hy	source *(f)* d'alluvion
1711	de	source *(f)* de danger
379	rm,gm,hy	source *(f)* du débit solide
1983	fo,ve	sous-bois *(m)*
1832	hd	sous-écoulement *(m)*
1989	fo	sous-plantation *(f)*
1831	ew,rw, co,si	sous-sol *(m)*
1171	ew,rw, co,si	sous-sol *(m)* perméable
1823	de	sous-traitant *(m)*
1720	ve	sphaigne *(f)*
1743	de	stabilisation *(f)*
188	tc	stabilisation *(f)* avec lit de plançons
97	rw	stabilisation *(f)* de berge
1744	tc	stabilisation *(f)* des dunes
1749	ew,de	stabilisation *(f)* des glissements
1637	ew	stabilisation *(f)* des pentes
1640	ew,tc	stabilisation *(f)* des pentes
1395	rw	stabilisation *(f)* du lit; stabilisation *(f)* du fond
1694	ew	stabilisation *(f)* du sol
1695	co	stabilisation *(f)* en profondeur
1745	de,tc	stabilisation *(f)* végétale
839	tc	stabilisation *(f)* végétale des pentes
1748	de,ew,co	stabilité *(f)*
1641	ew	stabilité *(f)* de la pente
1851	de	stabilité *(f)* des couches superficielles
1641	ew	stabilité *(f)* du talus
1751	de	stable
1753	de	stade *(m)*
1175	ve	stade *(m)* de développement
1755	fo	stade *(m)* de développement
1601	si,de	station *(f)*
1544	de	station *(f)* d'épuration
708	hy	station *(f)* de mesures
1767	hd	station *(f)* hydrométrique
789	ve	stimulation *(f)* de croissance
1463	pl	stolon *(m)*
1439	pl	stolon *(m)*
1957	ve	strate *(f)* arborescente
1580	ve	strate *(f)* buissonnante
1794	ew,hd,si	stratification *(f)*
1796	si,gm	stratifié
1567	ew,co,hy	stress *(m)* en raison du cisaillement
1895	si	structure *(f)*
1844	ew,co	structure *(f)* de support
1763	fo	structure *(f)* du peuplement
1696	si	structure *(f)* du sol
943	ew,hd,si	structure *(f)* en couche
1799	ew,hd,si	structure *(f)* stratifiée
471	rm	submergé
630	hy,rw	submergé
1825	rw	submerger
1824	hy	submerger
631	np,hy	submersion *(f)*
710	ew,rw, co,si	substrat *(m)* géologique
1835	ve	succession *(f)*
1209	ve	succession *(f)* végétale
1266	de	supervision *(f)* d'un projet
1842	am	support *(m)*
1521	pl,tc	support *(m)* des semis
1843	am	supporter
1142	fa,ec	sur-pâture *(f)*
1144	de	surcharge *(f)*
355	rw	surélèvement *(m)* de digue
515	np	surface *(f)* d'érosion
1616	np,ew	surface *(f)* de glissement
163	gm	surface *(f)* de gros blocs roulés
2052	hy	surface *(f)* de l'eau
623	de,rw	surface *(f)* de rétention

924	gm	surface *(f)* du terrain
2053	de	surveillance *(f)* des cours d'eau
1994	hy	sustentation *(f)*
1598	fo	sylviculture *(f)*
1866	ec	symbiose *(f)*
1865	ec	symbiote *(m)*
1868	ec	synécologie *(f)*
1075	co	système *(m)* de construction modulaire
1441	pl	système *(m)* racinaire
1538	ma	taille *(f)* sélective
335	ma	tailler
1231	ma	tailler en têtard
303	fo	taillis *(m)*
1115	pl	talle *(f)*
1623	gm	talus *(m)*
338	ew	talus *(m)* de tranchée
520	ew,de	talus *(m)* escarpé
735	tc,rw	talus *(m)* herbeux
520	ew,de	talus *(m)* raide
1557	ew	talutage *(m)*
873	ew	taluter
1587	am	tamis *(m)*
1742	ew,hy, co,si	tamis *(m)*
1589	ew,co,hy	tamisage *(m)*
189	tc	tapis *(m)* de branches à rejets
191	tc	tapis *(m)* de branches de saules
557	tc	tapis *(m)* de fascines
190	tc	tapis *(m)* de roseaux
191	tc	tapis *(m)* de saules
2006	ve	tapis *(m)* végétal
1673	ve	tapissant (le sol)
380	rm	tas *(m)* de boue
883	gm,ew	tassement *(m)* initial
1078	si	teneur *(f)* en humidité
1127	si	teneur *(f)* en nutriment
1810	co,ew,de	tension *(f)*
1567	ew,co,hy	tension *(f)* de cisaillement
1980	de,co	tension *(f)* de rupture
1876	de	terme *(m)* technique
812	co,si	terrain *(m)* d'assise de fondation
763	co, de	terrain *(m)* de fondation
772	gm,de	terrain *(m)* en pente
1992	np	terrain *(m)* instable
1892	ew	terrasse *(f)*
617	rw	terrasse *(f)* alluviale
487	ew	terrassement *(m)*
1894	co	terrassement *(m)*
1893	co	terrasser
1779	co	terrasser en gradin
741	ve	terre *(f)* agricole
484	ew	terre *(f)* armée
974	si	terre *(f)* glaise
484	ew	terre *(f)* renforcée
1159	si	terre *(f)* tourbeuse
1926	si	terre *(f)* végétale
793	rw	tête *(f)* d'épi
820	rm	tête *(f)* du cône de déjection
1895	si	texture *(f)*
1896	hy,rm	thalweg *(m)* [d'une rivière]
1775	pl	tige *(f)*
49	am	tirant *(m)*
2035	hy	tirant *(m)* d'eau
1915	am	tissu *(m)* [géotextile]
737	tc	toit *(m)* engazonné
307	am	tôle *(f)* ondulée
1929	rm	torrent *(m)*
1965	pl	touffe *(f)*
203	pl	touffe *(f)*
1158	ve,ec	tourbe *(f)*
156	gm	tourbière *(f)*
1864	hy	tourbillon *(m)*
1760	de	traçage *(m)*; pîquetage *(m)*
1015	de	tracé *(m)*
1759	de	tracer
613	hy	traces *(f,pl)* du niveau de crue
1885	de	traction *(f)*
1597	fo	traitement *(m)* sylvicole
1958	ew	tranchée *(f)*
344	ew	tranchée *(f)*
936	fo	tranchée *(f)* [en forêt]
1106	np	tranchée *(f)* naturelle
640	hy	transition *(f)* de l'écoulement
1941	hd	transpiration *(f)*
1942	hd	transpirer
1945	ec	transplantation *(f)*
1343	ma	transplantation *(f)*
1944	ma	transplanter
1858	hy	transport *(m)* de matière en suspension
1508	hy	transport *(m)* de sédiments
2097	np,gm	transport *(m)* éolien
487	ew	travail *(m)* de terrassement
331	co,de,ma	travail *(m)* des sols

1006	ma	travaux *(m,pl)* d'entretien
531	ew	travaux *(m,pl)* d'excavation
1746	ew	travaux *(m,pl)* de consolidation
970	tc	traverse *(f)* buissonnante
1629	tc	treillage *(m)*
1114	tc	treillage *(m)* de branche
2116	ew	treillage *(m)* de rondin
1114	tc	treillis *(m)* de branchage
980	tc	treillis *(m)* de branches
2116	ew	treillis *(m)* en bois
71	pl	tremble *(m)*
2064	tc	tressage *(m)*
1381	tc,rw	tressage *(m)* de berge
2095	tc	tressage *(m)* de saules
2065	tc	tressage *(m)* diagonal
2066	tc	tressage *(m)* en croisillon
2066	tc	tressage *(m)* en nid d'abeille
2096	am	treuil *(m)*
1370	pl	troche *(f)*
1504	de	tronçon *(m)*
1313	rm,np	tronçon *(m)* à érosion latente
446	rm	tronçon *(m)* aval (du ruisseau)
18	rm,hy	tronçon *(m)* d'atterrissement
389	rm	tronçon *(m)* d'érosion
633	rw	tronçon *(m)* de décharge des eaux
1403	rm	tronçon *(m)* de rivière
334	rm	tronçon *(m)* en courbe
504	hy	tronçon *(m)* en équilibre
1792	rm, rw	tronçon *(m)* rectiligne
1483	ma, fo	tronçonnage *(m)*
1193	ew	trou *(m)*
457	ew	trou *(m)* de drainage
1217	pl	trou *(m)* de plantation
1856	hy	troubles *(m,pl)*
202	pl	tubercule *(m)*
1229	rw	tunage *(m)*
1966	hy	turbidité *(f)* de l'eau
1967	hy	turbulence *(f)*
1191	am	tuyau *(m)*
460	am,co	tuyau *(m)* de drainage
1192	co,rw	tuyauterie *(f)*
1975	tc	type *(m)* de construction
1976	ve	type *(m)* de croissance
2009	ve	type *(m)* de croissance de la végétation
786	ve	type *(m)* de morphologie
1697	si	type *(m)* de sol
120	hy,np	usure *(f)* des matériaux charriés
2028	de	utilisation *(f)* des eaux
925	ec	utilisation *(f)* des sols
2068	hy	vague *(f)*
876	ec	valeur *(f)* indicatrice
958	de	valeur *(f)* limite
1054	de	valeur *(f)* mesurée
1978	gm	vallée *(f)* en u
2039	hy	variation *(f)* du niveau des eaux
2056	rw	variation *(f)* du niveau du plan d'eau
1646	rm	vase *(f)*
1618	am	vase *(f)*
1647	ew	vaseux
1365	tc	végétalisation *(f)*
521	tc	végétalisation *(f)* de talus
2005	ve	végétation *(f)*
1581	ve,pl	végétation *(f)* buissonnante
830	ve	végétation *(f)* herbacée
1392	ve	végétation *(f)* riveraine
1392	ve	végétation *(f)* rivulaire
1111	ve	végétation *(f)* stationnelle
444	gm	versant *(m)*
837	gm	versant *(m)*
1623	gm	versant *(m)*; pente *(f)*
1088	gm	versant *(m)* (d'une montagne)
1638	si, hy	versant *(m)* humide
2014	de	vertical
417	de	viabiliser
757	fa	viandis *(m)*
161	rw	vidange *(f)* de fond
1145	ve,fo,ma	vieillissement *(m)*
2015	ve	vitalité *(f)*
2013	hy	vitesse *(f)* d'approche
428	hy	vitesse *(f)* d'écoulement
641	hy	vitesse *(f)* d'écoulement
642	hy	vitesse *(f)* d'écoulement
1307	hd,hy	vitesse *(f)* d'élévation du niveau d'eau
1535	ed,si	vitesse *(f)* d'infiltration
1543	hy	vitesse *(f)* de décantation
1568	hy	vitesse *(f)* de frottement
1852	hy	vitesse *(f)* de surface
1041	hy	vitesse *(f)* moyenne de l'eau
1363	hy	volume *(m)* de rétention
1790	hy	volume *(m)* de stockage

1790	hy	volume *(m)* du réservoir
1938	hy	volume *(m)* total des matériaux transportés
1153	rw	voûtage *(m)*
2002	co	voûte *(f)*
1610	de	vue *(f)* en plan
105	fa, ec	zone *(f)* à barbeau
811	ve	zone *(f)* à bois dur
1666	ve	zone *(f)* à bois tendre
179	fa, ec	zone *(f)* à brême
754	fa, ec	zone *(f)* à ombre
364	de	zone *(f)* à risques
1963	fa	zone *(f)* à truite
61	ve	zone *(f)* à végétation aquatique
249	hd	zone *(f)* climatique
30	gm	zone *(f)* d'altitude
93	np,rm	zone *(f)* d'arrachement de berge
1595	rm,hy	zone *(f)* d'atterrissement
508	np	zone *(f)* d'érosion
516	gm	zone *(f)* d'érosion
2123	np	zone *(f)* d'érosion
1533	ew	zone *(f)* d'infiltration
611	rw	zone *(f)* d'inondation
783	fo	zone *(f)* de croissance
364	de	zone *(f)* de danger
632	de,rw, hy	zone *(f)* de débordement; zone *(f)* d'inondation
1766	np	zone *(f)* de décrochement
2122	gm,rm	zone *(f)* de dépôt
1465	np	zone *(f)* de dépôt d'avalanche
2124	hd	zone *(f)* de fluctuation
1165	si	zone *(f)* de permafrost
1244	hd	zone *(f)* de précipitation; impluvium *(m)*
1276	de	zone *(f)* de protection
2042	ec	zone *(f)* de protection des eaux
1731	rm,ec	zone *(f)* de protection des sources
1530	rm	zone *(f)* de résurgence
545	gm, np	zone *(f)* de rupture
2125	si	zone *(f)* de saturation
1517	rm	zone *(f)* de sédimentation
1888	ew	zone *(f)* de tension
1888	ew	zone *(f)* de traction
2010	ve,ök	zone *(f)* de végétation
985	fo	zone *(f)* défrichée
1730	hd, rm	zone *(f)* des sources
668	ve	zone *(f)* forestière
2082	si	zone *(f)* humide
1638	si, hy	zone *(f)* humide de pente
632	de,rw, hy	zone *(f)* inondable
1121	si	zone *(f)* non saturée
1331	ec	zone *(f)* refuge
200	ec	zone *(f)* tampon
1877	gm	zone *(f)* tempérée

Dizionario d'ingegneria naturalistica

Lista in ordine alfabetico (compresi i sinonimi)

No rif.	Mot clef	Italiano
1996	rm	a monte
1555	pl	a radicazione strisciante superficiale
1797	ew,hd,si	a strati
444	gm	a valle
446	rm	a valle
404	gm	abbassamento *(m)*
1001	hy	abbassamento *(m)* del livello dell'acqua
463	hd	abbassamento *(m)* della falda freatica
774	hd	abbassamento *(m)* della falda freatica
387	fo	abbattere
346	ma	abbattimento *(m)*
563	fo,ma	abbattimento *(m)*
585	pl	abete *(m)* bianco
1739	pl	abete *(m)* rosso
4	hy	abrasione *(f)*
8	de	accessibilità *(f)*; alleciamento *(m)*
86	am	accetta *(f)*
785	ve	accrescimento *(m)*
875	pl	accrescimento *(m)*
2026	rm	accumulo *(m)* d'acqua
872	rw	accumulo *(m)* d'acqua
257	rm	accumulo *(m)* di ghiaia
257	rm	accumulo *(m)* di sedimenti grossolani
1012	pl	acero *(m)*
10	si	acidità *(f)* del terreno
2023	rm,hy,hd	acqua *(f)*
89	hy	acqua *(f)* a monte
1534	hd	acqua *(f)* artesiana
217	si	acqua *(f)* capillare
1237	si,ew	acqua *(f)* contenuta nei pori
1536	ew,hd,si	acqua *(f)* di infiltrazione
1536	ew,hd,si	acqua *(f)* di percolazione
2022	hy	acqua *(f)* di rifiuto
1732	rm	acqua *(f)* di sorgente
1642	si	acqua *(f)* di versante
683	hd	acqua *(f)* dolce
1237	si,ew	acqua *(f)* interstiziale
1556	rm	acqua *(f)* poco profonda
1351	hy	acqua *(f)* residua
1833	hd	acqua *(f)* sotterranea
1872	hy	acqua *(f)* sotterranea
1163	si	acqua *(f)* stagnante

No rif.	Mot clef	Italiano
1757	hd,si,ew	acqua *(f)* stagnante
445	hd	acquazzone *(m)*
1319	de,ec	acque *(f,pl)* balneabili
648	rm	acque *(f,pl)* correnti
1853	rm	acque *(f,pl)* di superficie
2022	hy	acque *(f,pl)* luride
62	ew,hd,si	acquifero *(m)*
1603	de	acquisizione *(f)* d'appezzamento
1839	pl,de	adatto alle caratteristiche stazionali
1683	am	additivi *(m,pl)* del terreno
19	am	additivo *(m)*
11	am	adesivo *(m)*
14	si	aerobico
20	de	aerofotographia *(f)*
1961	rm	affluente *(m)*; afflusso *(m)*
73	de	aggiudicazione *(f)* dei lavori
419	rw	aggottamento *(m)* [di un fiume]
1952	pl	albero *(m)*
1480	pl	albero *(m)* giovane
1451	tc,rw	albero *(m)* intero
1827	tc	albero *(m)* intero sommerso
1774	pl	alburno *(m)*
22	fa	alghe *(f,pl)*
902	rm,np	allagamento *(m)*
471	rm	allagato
840	ma	allentamento *(m)* del terreno
177	si	allentamento *(m)* del terreno
1495	ma	allentamento *(m)* della superficie del suolo
330	pl	allevamento *(m)*
1880	ma	allevamento *(m)*
1206	pl	allevamento *(m)* di piante in vivaio
26	rm	alluvionale
609	de,hy	alluvione *(f)*
29	rm	alluvium *(m)*
2071	np	alterazione *(f)*
42	hd	altezza *(f)* d'evaporazione
871	hy	altezza *(f)* d'invaso
2069	hy	altezza *(f)* dell'onda
608	hy	altezza *(f)* della lama tracimante
43	hd	altezza *(f)* delle precipitazioni
546	rw,hy	altezza *(f)* di caduta

No rif.	Mot clef	Italiano
1038	hy	altezza *(f)* idrometrica media
1791	hy	altezza *(f)* massima d'invaso
32	si,de	altitudine *(f)* sul livello del mare
1870	gm	altopiano *(m)*
1148	rm	alveo *(m)* abbandonato
1930	rm	alveo *(m)* del torrente
1132	rm	alveo *(m)* fluviale originario
126	rm	alveo *(m)* sassoso
1682	de	ammendamento *(m)* del terreno
50	co	ammorsamento *(m)*
2103	am	ammorsamento *(m)*; ali *(f,pl)* incastrate; ali *(f,pl)* immorsate; muro *(m)* d'ala
235	rw,hy	ampliamento *(m)* del canale
235	rw,hy	ampliamento *(m)* del corso d'acqua
45	si	anaerobico
308	de	analisi *(f)* costi/benefici
308	de	analisi *(f)* costi/ricavi
1388	de	analisi *(f)* dei rischi
1692	de,ew	analisi *(f)* del terreno
1684	co	analisi *(f)* del terreno di fondazione
1604	si	analisi *(f)* della stazione
1685	si,de	analisi *(f)* pedologica
730	ew,hy	analisi *(f,pl)* granulometriche
1588	ew,co,hy	analisi *(f,pl)* granulometriche a setacciamento
1259	ew,si	analizzare
46	am,co	ancoraggio *(m)*
50	co	ancoraggio *(m)*
1410	am	ancoraggio *(m)* in roccia
44	fa	anfibio *(m)*
1643	ew,de	angolo *(m)* ammesso possibile
52	ew,si	angolo *(m)* d'attrito interno
51	de,ew,hy	angolo *(m)* d'inclinazione
1624	de	angolo *(m)* d'inclinazione
1624	de	angolo *(m)* della scarpata [in gradi]
1643	ew,de	angolo *(m)* della scarpata [in gradi] ammesso
1105	de	angolo *(m)* di naturale declivio (del terreno)
859	hd	annuario *(m)* idrologico

No rif.	Mot clef	Italiano
112	rm	ansa *(f)*
993	rm	ansa *(f)*
1047	rm	ansa *(f)* di meandro
886	rm	ansa *(f)* piccola
439	rw,ew	apertura *(f)* di fondo; dolina *(f)*
1602	de	appezzamento *(m)*
309	co,ew	apportare humus
1247	hd	apporto *(m)* delle precipitazioni
2051	de	approvvigionamento *(m)* idrico
417	de	aprire
1583	ve,fo	arbusteto *(m)*
1577	pl,ve	arbusto *(m)*
1738	ve	arbusto *(m)* con capacità di propagazione vegetativa
929	de	architettura *(f)* del paesaggio
1488	si	ardesia *(f)*
1595	rm,hy	area *(f)* d'interramento
325	hy	area *(f)* della sezione trasversale
623	de,rw	area *(f)* di ritenuta
985	fo	area *(f)* di tagliata a raso
2042	ec	area *(f)* di tutela dell'acqua
1766	np	area *(f)* franosa
515	np	area *(f)* in erosione
792	rw	area *(f)* interclusa tra due pennelli
1276	de	area *(f)* protetta [urbanistica]
611	rw	areale *(m)* di piena
1668	si	areazione *(f)* del suolo
1478	si	arenaria *(f)*
1479	si	arenaria *(f)* calcarea
2096	am	argano *(m)*
243	si	argilla *(f)*
1632	si,gm,ew	argilla *(f)* di versante
245	si	argilloso
976	si	argilloso
421	rw	argine *(m)*
496	rw	argine *(m)*
992	rw,co	argine *(m)* di deviazione
374	rw	argine *(m)* di difesa dalle lave torrentizie
350	rw	argine *(m)* di difesa spondale
416	rw	argine *(m)* di protezione dalle piene

620	rw	argine *(m)* di protezione dalle piene
351	rw	argine *(m)* di ritenuta
1021	rw	argine *(m)* in muratura
1424	rw	argine *(m)* in pietrame sciolto
485	ew,co	argine *(m)* in terra
1940	rw	argine *(m)* longitudinale
80	co	argine *(m)* paravalanghe
629	rw	argine *(m)* posteriore
475	hd,si	aridità *(f)*
2104	hd,si	aridità *(f)* fisiologica
2104	hd,si	aridità *(f)* invernale
1338	am	armatura *(f)*
2115	am	armatura *(f)* in legno
1559	ew	arrotondamento *(m)*
1455	ew	arrotondamento *(m)*; scoronamento *(m)*
86	am	ascia *(f)*
3	np	asportare
1813	ew	asportare
103	rw,ew	asportazione *(f)* artificiale della sponda
397	np	asportazione *(f)* di territorio
1896	hy,rm	asse *(m)* d'impluvio [di un fiume]
1805	rm,de	asse *(m)* del fiume
87	rw,de	asse *(m)* del letto
87	rw,de	asse *(m)* del torrente
1431	pl	asse *(m)* della radice
1541	np,ew	assestamento *(m)*
923	si,ew,np	assestamento *(m)* del terreno
883	gm,ew	assestamento *(m)* iniziale
1502	ew	assestamento *(m)* secondario del terreno
1335	fa,ma	assestamento *(m)* venatico
1335	fa,ma	assestamento *(m)* venatorio
250	ve	associazione *(f)* climax
661	fo, ve	associazione *(f)* forestale
1202	ve	associazione *(f)* vegetale
1708	hd	assolazione *(f)*
986	dc	astone *(m)*
1228	dc	astone *(m)*
1481	pl	astone *(m)*
969	dc	astone *(m)* con facoltà di propagazione vegetativa
1429	pl	attecchire; emettere radici
144	de	attitudine *(f)* biotecnica d'una pianta
684	ew,hy	attrito *(m)*
1386	hd,hy	aumento *(m)* [della piena]
1863	hy	aumento *(m)* brusco
874	ew	aumento *(m)* di pendenza del versante
1540	ec	autodepurazione *(f)*
254	hy	autoimpermeabilizzazione *(f)*
438	de	bacchetta *(f)* da rabdomante
628	rw	bacino *(m)* d'accumulazione; cassa *(f)* d'espansione
1362	rw	bacino *(m)* di accumulazione; serbatoio *(m)*; cassa *(f)* d'espansione
275	rw	bacino *(m)* di compensazione
1542	rw	bacino *(m)* di decantazione
1542	rw	bacino *(m)* di decantazione per materiale fine
221	hd	bacino *(m)* di deflusso
1513	rw	bacino *(m)* di deposito
1782	rw	bacino *(m)* di dissipazione
300	rw	bacino *(m)* di ritenuta
1362	rw	bacino *(m)* di ritenuta
628	rw	bacino *(m)* di ritenuta della piena
1361	rw	bacino *(m)* di ritenzione idrica
1517	rm	bacino *(m)* di sedimentazione
1518	rw	bacino *(m)* di sedimentazione
1782	rw	bacino *(m)* di smorzamento; dissipatore *(m)*
1399	hd,de	bacino *(m)* fluviale
1244	hd	bacino *(m)* idrografico; impluvio *(m)*
1244	hd	bacino *(m)* imbrifero
222	hd	bacino *(m)* imbrifero idrografico
454	hd	bacino *(m)* imbrifero idrologico
1822	hd	bacino *(m)* imbrifero parziale
822	hd	bacino *(m)* imbrifero superiore
1932	hd	bacino *(m)* torrentizio
2024	ew	bagnare
649	rw	bagnare; dilavare
2057	si	bagnato
31	rm	banchi *(m,pl)* che s'alternano

1891	rw	banchina *(f)*; banquette *(f)*
745	rm	banco *(m)* alluvionale
744	rm	banco *(m)* di ghiaia
1477	rm,hy	banco *(m)* di sabbia
1233	co	barcone *(m)*
1119	co	barriera *(f)* antirumore
587	rw	barriera *(f)* per i pesci
1918	gm,ew	base *(f)* del versante
468	co	battere
1117	ec,pl	batteri *(m,pl)* radicali
136	ec	bentos *(m)*
972	fa	bestiame *(m)* al pascolo
146	pl	betulla *(f)*
123	hy	bilancio *(m)* del materiale di fondo
1511	hy	bilancio *(m)* del materiale solido
1025	de	bilancio *(m)* delle masse
857	hd	bilancio *(m)* idrico
2055	hd	bilancio *(m)* idrico
1689	si	bilancio *(m)* idrico del terreno
2044	hd	bilancio *(m)* idrologico
140	ec	biocenosi *(f)*
139	ec	bioindicatore *(m)*
143	ec	biologia *(f)*
40	de	bonifica *(f)*
921	de	bonifica *(f)* integrale
1578	ve,fo	boscaglia *(f)*
1583	ve,fo	boscaglia *(f)*
669	ve	boscato
669	ve	boschivo
660	fo	bosco *(m)*
303	fo	bosco *(m)*; ceduo *(m)*
287	fo	bosco *(m)* di conifere
28	ve	bosco *(m)* di golena
381	ve	bosco *(m)* di latifoglie
1270	fo	bosco *(m)* di protezione
1072	fo,ve	bosco *(m)* misto
28	ve	bosco *(m)* ripario
1380	ve	bosco *(m)* ripario
647	pl	bottone *(m)* fiorale
447	de	bozza *(f)*
1398	rm	braccio *(m)* fluviale
743	am	breccino *(m)*
239	rw	briglia *(f)*
1476	rw	briglia *(f)*
115	rw	briglia *(f)* a finestre; briglia *(f)* trave; briglia *(f)* selettiva; briglia *(f)* filtrante

752	rw	briglia *(f)* a gravità
1498	rw	briglia *(f)* a pettine
115	rw	briglia *(f)* aperta a elementi orizzontali
359	rw	briglia *(f)* aperta di tipo reticolato
981	rw	briglia *(f)* bassa in legname con coronamento in pali lungo la linea di deflusso
240	rw	briglia *(f)* di consolidamento
627	rw	briglia *(f)* di dosaggio
378	rw	briglia *(f)* di trattenuta
1507	rw	briglia *(f)* di trattenuta
359	rw	briglia *(f)* filtrante
1169	rw	briglia *(f)* filtrante
1621	rw	briglia *(f)* filtrante
1169	rw	briglia *(f)* filtrante; briglia *(f)* selettiva
1476	rw	briglia *(f)* formata con sacchi di sabbia
698	rw	briglia *(f)* in gabbioni metallici
2114	rw	briglia *(f)* mista in legname e pietrame
971	rw	briglia *(f)* viva
150	co	brillamento *(m)*
1217	pl	buca *(f)* di messa a dimora
1217	pl	buca *(f)* di piantagione a dimora
1493	gm,rm	buca *(f)* formata dal gorgo
1193	ew	buco *(m)*
202	pl	bulbo *(m)*
349	am	burga *(f)*; gabbione *(m)* cilindrico
804	gm,rm	burronamento *(m)*
694	gm	burrone *(m)* a forma di cuneo
800	np,gm	burrone *(m)* a profilo trapezoidale
1960	gm	burrone *(m)* a profilo triangolare
801	rm	burrone *(m)* torrentizio
1420	dc,tc	buzzone *(m)*; fascina *(f)* zavorrata e sommersa
1735	pl	cacciare *(m)* di piante
1572	pl	cacciata *(f)*
1574	pl	cacciata *(f)*
13	pl	cacciata *(f)* avventizia
1439	pl	cacciata *(f)* sotterranea
470	rw,gm,rm	caduta *(f)*

1423	np	caduta *(f)* di sassi
957	si	calcare *(m)*
210	si	calcareo
957	si	calce *(f)*
282	am	calcestruzzo *(m)*
805	am	calcestruzzo *(m)* a proiezione
285	am	calcestruzzo *(m)* armato
950	am	calcestruzzo *(m)* di sottofondo
1287	am	calcestruzzo *(m)* pompato
	de	calcolo *(m)* dei volumi
601	hy,hd	calcolo *(m)* della piena
622	hd,de	calcolo *(m)* della ritenzione
280	de	calcolo *(m)* delle masse
	hd,de	calcolo *(m)* delle opere di difesa
1816	de	calcolo *(m)* statico
226	fa, gm	calpestio *(m)*
2108	am	calza *(f)* metallica
230	hy,rw,rm	cambiamento *(m)* della sezione trasversale [fiume]
640	hy	cambiamento *(m)* di regime idraulico
640	hy	cambio *(m)* del flusso
231	de,ew,hy	cambio *(m)* di pendenza
229	hy	cambio *(m)* di sezione
1471	ew,co,de	campionamento *(m)*; prelevamento *(m)* di campioni
1471	ew,co,de	campionatura *(f)*
1692	de,ew	campione *(m)* di terreno
1514	hy,rw,ew	campioni *(m,pl)* di materiali trasportati
212	rw	canale *(m)*
1450	rw	canale *(m)* a fondo scabroso
271	ew	canale *(m)* collettore
911	rw	canale *(m)* d'irrigazione
821	rw	canale *(m)* di adduzione dell'acqua d'alimentazione
433	rw	canale *(m)* di derivazione
432	ew	canale *(m)* di derivazione
456	rw	canale *(m)* di prosciugamento
1341	rw	canale *(m)* di scarico
1871	rw	canale *(m)* di scarico
371	rw	canale *(m)* di scarico (del cono di deiezione alluvionale) artificiale
602	hy,rw	canale *(m)* di scarico per le piene
1130	ew	canale *(m)* di scolo
1426	rm	canale *(m)* in roccia
1156	rw	canale *(m)* selciato
1141	rw	canale *(m)* sfioratore
1141	rw	canale *(m)* tracimatore
2118	rw	canaletta *(f)* [in legno]
999	hy,rm	canaletta *(f)* di magra
242	rw	canaletta *(f)* di recapito; acquidoccio *(m)*
214	rw	canalizzare
213	rw	canalizzazione
496	rw	canalizzazione *(f)*
1192	co,rw	canalizzazione *(f)*
1426	rm	canalone *(m)*
1330	pl	canna *(f)*
1330	pl	canneto *(m)*
293	co	cantiere *(m)*
1	pl	capace di ricacciare
2025	si	capacità *(f)* d'assorbimento
5	si,ew	capacità *(f)* d'assorbimento
142	ec	capacità *(f)* d'autodepurazione biologica
288	pl	capacità *(f)* d'espandersi
2025	si	capacità *(f)* d'imbibizione
1788	hy	capacità *(f)* d'invaso
1605	fo	capacità *(f)* del sito
116	ew,co,de	capacità *(f)* di carico
904	ve	capacità *(f)* di diffusione
288	pl	capacità *(f)* di diffusione [di piante]
1737	pl	capacità *(f)* di propagazione vegetativa
1446	pl	capacità *(f)* di radicazione
2	ve	capacità *(f)* di rigenerazione
1788	hy	capacità *(f)* di ritenuta
6	hd	capacità *(f)* di ritenzione delle precipitazioni
2048	ew,si	capacità *(f)* di ritenzione idrica
1698	si	capacità *(f)* di ritenzione idrica del terreno
5	si,ew	capacità *(f)* di suzione del terreno
625	hd,hy,rw	capacità *(f)* di trattenuta delle piene
1605	fo	capacità *(f)* produttiva
808	pl	capillari *(m,pl)* [radici]
1504	de	capitolo *(m)*

1924	ma	capitozzare
779	co,hd	captazione *(f)* della falda freatica
224	rw	captazione *(f)* di una sorgente
894	rw	captazione *(f)* idrica
2033	np,si,pl	carenza *(f)* d'acqua
973	co,ew,de	carico *(m)*
25	de	carico *(m)* ammesso
25	de	carico *(m)* ammissibile
1859	hy	carico *(m)* del materiale solido in sospensione
1979	de	carico *(m)* di rottura
481	de	carico *(m)* dinamico
1990	co,ew,de	carico *(m)* distribuito uniformemente
1142	fa,ec	carico *(m)* eccessivo di bestiame
1510	hy	carico *(m)* solido
1990	co,ew,de	carico *(m)* uniforme
2120	de	carico *(m)* utile
305	co	carota *(f)*
467	co	carota *(f)*
306	ew	carotaggio *(m)*
918	gm	carsico *(m)* [terreno]
1010	de	carta *(f)*
1011	de	carta *(f)* dei corsi d'acqua
422	de	carta *(f)* dei danni
1014	de	carta *(f)* dei pericoli
1687	de	carta *(f)* pedologica
1951	ma	cascame *(m)*
2059	rm	cascata *(f)*
370	rw	cassa *(f)* di deposito
673	am	cassaforma *(f)*
2115	am	cassaforma *(f)* in legname
673	am	cassero *(m)*
1421	ew,rw	cassero *(m)*
926	de	catasto *(m)*
656	ec	catena *(f)* alimentare
1962	de	causa *(f)* scatenante
1292	co	cava *(f)*
750	gm	cava *(f)* di ghiaia
111	co	cavalletto *(m)* per teleferica
542	de	cedere
1649	np,gm	cedimento *(m)*
304	ma	ceduare
337	ma	ceduare
1281	ma	ceduare
854	rw	centrale *(f)* idroelettrica
1819	pl	ceppaia *(f)*
685	np,ew	cerchio *(m)* di slittamento
2089	pl	cespuglio *(m)* di salici flessibili
149	ve	chiaria *(f)*
1102	co	chiodare
141	ec	ciclo *(m)* biologico
858	hd	ciclo *(m)* idrologico
955	de	ciclo *(m)* vitale
1639	ew	ciglio *(m)* della scarpata
544	gm	ciglio *(m)* di distacco
1615	gm	ciglio *(m)* di distacco
1923	pl	cima *(f)*
1923	pl	cimale *(m)*
742	co	ciottolame *(m)* naturale
1496	gm	ciottolame *(m)* naturale
1787	pl	cirmolo *(m)*
1827	tc	ciuffata *(f)*
1965	pl	ciuffo *(m)*
1670	de,si	classificazione *(f)* del suolo
248	hd	clima *(m)*
263	si	coefficiente *(m)* d'allentamento
264	ew,si	coefficiente *(m)* di compressione
264	ew,si	coefficiente *(m)* di costipamento
1460	hy	coefficiente *(m)* di deflusso
1166	si	coefficiente *(m)* di permeabilità [valore k]
1354	ew,hy	coefficiente *(m)* di resistenza
1454	hy	coefficiente *(m)* di scabrezza
1468	de	coefficiente *(m)* di sicurezza
268	ew,si	coerente
266	si,ew	coesione *(f)*
269	ew,si	coesione *(f)*
1093	np	colata *(f)* di fango
373	np	colata *(f)* di fango
1840	ma	colaticcio *(m)*
721	am	colla *(f)*
11	am	collante *(m)*
581	de,co	collaudo *(m)* dei lavori
8	de	collegamento *(m)*
595	co	collegamento *(m)*
1048	rw	collegamento *(m)* di meandri
417	de	collegare
1434	pl	colletto *(m)* radicale
2026	rm	collettore *(m)* d'acqua
1296	hd	collettore *(m)* delle precipitazioni
1341	rw	collettore *(m)* di scarico

1085	ew	collina *(f)* di terra
1302	hy	colmamento *(m)* dell'alveo [artificiale]
17	rm	colmata *(f)*
253	rm,hy	colmata *(f)*
254	hy	colmazione *(f)*
615	hy	colmo *(m)* di piena
330	pl	coltivazione *(f)*
1652	hd	coltre *(f)* nevosa
1928	ew	coltre *(f)* superficiale
1251	tc	coltura *(f)* preparatoria
488	ec	compatibile coll'ambiente
1671	ew	compattamento *(m)*
273	ew,si	compattare
274	ew	compattazione *(f)*
269	ew,si	compattezza *(f)*
1024	ew,de	compensazione *(f)* delle masse
1432	pl	complesso *(m)* radicale
278	ma	composto *(m)*
1686	de,ew	compressione *(f)* del suolo
595	co	concatenamento *(m)*
1857	hy	concentrazione *(f)* del materiale solido in sospensione
201	de	concessione *(f)* edilizia
568	ma	concimazione *(f)*
567	am	concime *(m)*
1829	de	concorso *(m)* d'appalto
782	ve,si	condizioni *(f,pl)* d'accrescimento
1191	am	condotta *(f)* tubazione *(f)*
2040	rw,co	conduttura *(f)* dell'acqua
916	gm	confluenza *(f)*
79	co	coni *(m,pl)* antivalanga; frangivalanghe *(m)*
286	ve	conifera *(f)*
27	rm	cono *(m)* alluvionale
380	rm	cono *(m)* d'una colata di lava torrentizia
549	gm	cono *(m)* di deiezione
1672	ec	conservazione *(f)* del suolo
1781	de	consistenza *(f)*
289	ew	consolidamento *(m)*
1541	np,ew	consolidamento *(m)*
1671	ew	consolidamento *(m)*; costipamento *(m)* del terreno
1745	de,tc	consolidamento *(m)* biologico
170	tc	consolidamento *(m)* d'erosione lineare con ramaglia
838	ew,de	consolidamento *(m)* dei versanti
60	rw	consolidamento *(m)* del fondo
1395	rw	consolidamento *(m)* del fondo fluviale
1919	ew	consolidamento *(m)* del piede
1919	ew	consolidamento *(m)* del piede della scarpata
1694	ew	consolidamento *(m)* del suolo
1625	ew	consolidamento *(m)* della scarpata
97	rw	consolidamento *(m)* della sponda
935	ew	consolidamento *(m)* di frana
883	gm,ew	consolidamento *(m)* iniziale
1257	ew,de	consolidamento *(m)* primario
2028	de	consumo *(m)* d'acqua
727	si	contenuto *(m)* d'acqua del terreno
1078	si	contenuto *(m)* di umidità
2030	si,ew	contenuto *(m)* idrico
24	si	contenuto *(m)* in basi del terreno
1247	hd	contributo *(m)* delle precipitazioni
74	rw	controbriglia *(f)*
1996	rm	controcorrente; a monte del fiume
23	ma	controllo *(m)* delle alghe
1131	gm,de	contropendenza *(f)*
1582	ve	coperto da arbusti
313	gm	copertura *(f)*
316	tc	copertura *(f)*
764	co	copertura *(f)* del suolo
764	co	copertura *(f)* del terreno
190	tc	copertura *(f)* diffusa con culmi di canna
189	tc	copertura *(f)* diffusa con ramaglia viva
191	tc	copertura *(f)* diffusa con ramaglia viva di salici
734	tc	copertura *(f)* erbosa
736	tc	copertura *(f)* erbosa protettiva

2006	ve	copertura *(f)* vegetale
2007	ve	copertura *(f)* vegetale
1783	fo	copertura *(f)*; soprassuolo *(m)*; popolamento *(m)*
1673	ve	coprente il suolo
1098	tc	coprire con mulch
1098	tc	coprire con uno strato di materiale vegetale
1447	am	corda *(f)*
942	tc	cordonata *(f)* viva di salici con pali
1921	ve	cordone *(m)* di zolle erbose di tetestata
327	rw	coronamento *(m)* del muro
353	rw	coronamento *(m)* della diga
899	de	correlazione *(f)*
634	hy	corrente *(f)*
1997	hy	corrente *(f)* ascendente
1532	ew,hd,si	corrente *(f)* d'infiltrazione
1532	ew,hd,si	corrente *(f)* di percolazione
1946	hy	corrente *(f)* trasversale
646	hy	corrente *(f)* veloce
987	dc	correnti *(f,pl)*
1401	rw	correzione *(f)* del corso d'acqua
1682	de	correzione *(f)* del terreno; miglioramento *(m)*
1933	rw	correzione *(f)* del torrente
1382	hy	corrugamento *(m)*
1648	rm	corsi *(m,pl)* idrici a deflusso lento
2031	rm	corso *(m)* d'acqua
1050	rm	corso *(m)* d'acqua a meandri
212	rw	corso *(m)* d'acqua artificiale
1315	rw	corso *(m)* d'acqua collettore; collettore *(m)*
232	rm	corso *(m)* d'acqua naturale
1003	rm,hy	corso *(m)* d'acqua principale
167	rm	corso *(m)* d'acqua ramificato
1834	hd	corso *(m)* d'acqua sotterraneo
2016	rm	corso *(m)* d'acqua sporadico
1000	rm	corso *(m)* inferiore
1066	rm	corso *(m)* medio
1995	rm	corso *(m)* superiore
106	pl	corteccia *(f)*
258	rm	costa *(f)*
274	ew	costipamento *(m)*
1981	co	costruzione *(f)* a secco [senza cemento]
553	tc	costruzione *(f)* di fascinate
1531	ew	costruzione *(f)* di fossi drenanti
138	co	costruzione *(f)* di gradoni
980	tc	costruzione *(f)* di graticciata con ramaglia
893	rw	costruzione *(f)* di pennelli
1531	ew	costruzione *(f)* di pozzi d'infiltrazione
1359	tc	costruzione *(f)* di sostegno
810	co	costruzione *(f)* rigida
810	co	costruzioni *(f,pl)* con materiali inerti
847	de	costruzioni *(f,pl)* idrauliche
320	gm,np	crepa *(f)*
914	rm	crepa *(f)*
780	pl	crescere
785	ve	crescita *(f)*
1376	gm	cresta *(f)*
1412	np	crollo *(m)*
1423	np	crollo *(m)*
977	np	crollo *(m)* piccolo
79	co	cumuli *(m,pl)* di ritardo per le valanghe
452	ew	cuneo *(m)* filtrante
82	ew	cuneo *(m)* spartivalanga
960	rw	cunetta *(f)*
739	tc	cunetta *(f)* rinverdita
242	rw	cunettone *(m)*
1156	rw	cunettone *(m)* rivestito di pietrame
1882	ma	cura *(f)* colturale
145	ma	cura *(f)* dei biotopi
1764	ma	cura *(f)* del soprassuolo
1880	ma	cure *(f,pl)* colturali
1007	ma	cure *(f,pl)* di manutenzione
479	de,hd	curva *(f)* dei valori classificati
1756	hy	curva *(f)* di deflusso
731	hy,ew,si	curva *(f)* granulometrica
333	rw,de	curvatura *(f)*
2032	hy	cuscino *(m)* d'acqua
835	pl	d'alto fusto [pianta]
361	fo	danni *(m,pl)* boschivi
702	fa	danni *(m,pl)* della selvaggina
361	fo	danni *(m,pl)* forestali
360	np	danno *(m)*
605	de	danno *(m)* alluvionale
815	fo	danno *(m)* d'esbosco
510	np	danno *(m)* da erosione

605	de	danno *(m)* da piena
415	ec	decapitazione *(f)* del profilo del suolo
383	am	decomposizione *(f)*
1815	fa	decorticatura *(f)* da selvaggina
638	hd	defluire
54	hd,hy	deflusso *(m)* annuale
643	hy	deflusso *(m)* critico
775	hd	deflusso *(m)* della falda freatica
1040	hd	deflusso *(m)* della portata media
108	hd,hy	deflusso *(m)* di base
616	hy,np	deflusso *(m)* di massima piena
1030	hy	deflusso *(m)* di massima piena
1036	hd,hy	deflusso *(m)* medio annuo
1040	hd	deflusso *(m)* medio pluriannuale
644	hy	deflusso *(m)* minimo
618	hy	deflusso *(m)* nelle aree extraarginali o golenali
645	hy	deflusso *(m)* normale
1122	hy	deflusso *(m)* normale
1832	hd	deflusso *(m)* sotterraneo
1143	hd	deflusso *(m)* superficiale
1461	hy	deflusso *(m)* superficiale
646	hy	deflusso *(m)* torrentizio
347	ma,fo	deforestazione *(f)*
393	de	delimitazione *(f)* delle zone a rischio
395	rm	delta *(m)*
1761	fo	densità *(f)* del soprassuolo
704	fa	densità *(f)* della selvaggina
397	np	denudamento *(m)*
3	np	denudare
399	ew	depositare
709	gm	depositi *(m,pl)* antichi
1316	gm	depositi *(m,pl)* recenti
402	rm, hy	deposito *(m)*
927	ec,de	deposito *(m)*
1340	gm	deposito *(m)* antico
1316	gm	deposito *(m)* colluviale
29	rm	deposito *(m)* di materiale alluvionale; materiale *(m)* solido
1473	si,rm,hy	deposito *(m)* di sabbia
1931	gm,rm	deposito *(m)* di un torrente
652	rm	deposito *(m)* fluviale
1094	rm,ma	deposizione *(f)* di limo o fango
1675	ew	deposizione *(f)* di materiale
1675	ew	deposizione *(f)* di terra
404	gm	depressione *(f)*
1867	gm	depressione *(f)* [del versante]
1107	gm	depressione *(f)* naturale del terreno
409	rw	derivazione *(f)*
1604	si	descrizione *(f)* della situazione
2072	gm	detriti *(m,pl)*
368	gm	detrito *(m)*
1497	gm	detrito *(m)* di falda
1873	gm,si	detrito *(m)* di falda
1632	si,gm,ew	detrito *(m)* di falda
208	np,rm,hy	deviare
78	co	deviatore *(m)* di valanghe
238	rw	deviazione *(f)* artificiale del letto
1809	rw	deviazione *(f)* del letto
856	hy,hd	diagramma *(m)* dei deflussi
612	hy,hd	diagramma *(m)* di piena
728	ew,hy	diametro *(m)* dei grani
1042	ew,hy	diametro *(m)* medio
1818	ba	dicioccatura *(f)*
1269	de	difesa *(f)* con le specie legnose
259	de	difesa *(f)* costiera
184	fa	difesa *(f)* dal morso
509	de,hy,ew	difesa *(f)* dall'erosione
98	rw	difesa *(f)* di sponda [acque correnti]
1879	rw	difesa *(f)* provvisoria
239	rw	diga *(f)*; traversa *(f)*
434	rw	diga *(f)* di deviazione
350	rw	diga *(f)* di difesa spondale
351	rw	diga *(f)* di retenuta
265	rw,ew	diga *(f)* di ritenuta
1789	rw	diga *(f)* di ritenuta
1912	tc,rw	diga *(f)* di ritenuta in legno
1789	rw	diga *(f)* di sbarramento
107	rw	diga *(f)* in cemento armato
2020	ma	dilavamento *(m)*
650	rw	dilavamento *(m)*
946	si	dilavamento *(m)*
1678	np	dilavamento *(m)*
945	si	dilavare

2021	rm	dilavato
410	de	dimensionamento *(m)*
1901	ma, fo	diradamento *(m)*
1539	fo,ma	diradamento *(m)* selettivo
1902	ma	diradare
671	rm	diramazione *(f)*
84	np,gm	direttrice *(f)* della valanga
537	si	direzione *(f)* d'inclinazione
1609	co,de	direzione *(f)* dei lavori locale
636	hy,de	direzione *(f)* di flusso
1002	hy	direzione *(f)* principale della corrente
470	rw,gm,rm	dirupo *(m)*
1814	co	disarmo *(m)*
387	ma,fo	disboscare
927	ec,de	discarica *(f)*
2076	ma	diserbo *(m)*
2071	np	disfacimento *(m)* meteorico
1411	ma	disgaggio *(m)*
690	np	disgregazione *(f)* da gelo
691	np	disgregazione *(f)* da gelo
391	ve	disidratazione *(f)*
908	de	disomogeneità *(f)*
2047	de,si	disponibilità *(f)* d'acqua
1127	si	disponibilità *(f)* di sostanze nutrizionali
298	de	dispositivo *(m)* di controllo
1475	rw	dissabbiatore *(m)*
474	np	disseccamento *(m)* del terreno
1713	tc	disseminazione *(f)*
498	rw,hy	dissipazione *(f)* energetica
388	fo	dissodamento *(m)*
177	si	dissodamento *(m)* del terreno
451	de	distanza *(f)* di drenaggio
1252	hy,ew	distribuzione *(f)* della pressione
2012	hy	distribuzione *(f)* della velocità
1811	co,ew,de	distribuzione *(f)* delle sollecitationi
2081	ew,hy	distribuzione *(f)* granulometrica uniforme
560	gm	disturbo *(m)*
1177	gm,ec	diversità *(f)* strutturale
433	rw	diversivo *(m)*
1263	ec,fa	divieto *(m)* di pascolo
1440	pl	divisione *(f)* dei cespi
440	si	dolomia *(f)*
440	si	dolomite *(f)*
441	ve	dormienza *(f)*
1216	tc	dotazione *(f)* di piante; messa *(f)* a dimora
234	ma	dragaggio *(m)* del letto
453	ma,ew	drenaggio *(m)*
2113	tc,ew	drenaggio *(m)* a palificata in legname
220	ew	drenaggio *(m)* collettore
277	ew	drenaggio *(m)* completo
165	tc	drenaggio *(m)* con cassoni
315	tc,ew	drenaggio *(m)* con stangame
967	tc	drenaggio *(m)* con stangame
358	co	drenaggio *(m)* d'un muro
554	ew,tc	drenaggio *(m)* di fascine
157	ew	drenaggio *(m)* di terreno paludoso
1626	ew	drenaggio *(m)* di un versante
746	ew	drenaggio *(m)* filtrante con riempimento di sassi
1152	ew	drenaggio *(m)* parziale
884	ew,co	drenaggio *(m)* preventivo
747	ew	drenaggio *(m)* sotterraneo
1080	ew	drenaggio *(m)* sotterraneo
1459	ew	drenaggio *(m)* sotterraneo filtrante con pietrame e legno
1644	ew	drenaggio *(m)* sotterraneo filtrante con pietrame e legno
1070	ew	drenaggio *(m)* superficiale secondario
1948	ew	drenaggio *(m)* trasversale
478	rm,gm	duna *(f)*
1067	gm	duna *(f)* instabile; duna *(f)* erratica
1067	gm	duna *(f)* mobile
480	hd	durata *(f)* dell'insolazione
1245	hd	durata *(f)* della precipitazione
955	de	durata *(f)* della vita
489	ec	ecologia *(f)*
670	de, fo	economia *(f)* forestale
2046	pr	economia *(f)* idrica
490	ec	ecosistema *(m)*
491	ec	ecotipo *(m)*
135	ec,de	effetti *(m,pl)* benefici del bosco

1950	hy	effetto *(m)* a pettine
64	co	effetto *(m)* d'arco
363	hy	effetto *(m)* dell'invasamento
363	hy	effetto *(m)* di barriera
870	hy	effetto *(m)* di ritenuta
1249	am	elementi *(m,pl)* prefabbricati in calcestruzzo
1250	dc	elemento *(m)* prefabbricato
1651	ma	eliminazione *(f)* delle erbe infestanti
1526	pl	embrione *(m)*
1534	hd	emergenza *(f)* d'acqua di sorgente
770	hd	emersione
1315	rw	emissario *(m)*
499	hy	energia *(f)* specifica
887	rw	entrata *(f)*
502	de	equilibrio *(m)*
827	pl	erba *(f)*
828	ve	erbaceo
2075	ma	erbe *(f,pl)* infestanti
831	ma	erbicida *(m)*
505	np	erodere
507	np	erosione *(f)*
1379	np	erosione *(f)* a placche
696	np	erosione *(f)* a solchi
1379	np	erosione *(f)* a solchi
2070	np,rm	erosione *(f)* battente
919	np	erosione *(f)* carsica
517	np,rm,hy	erosione *(f)* crescente
1396	np	erosione *(f)* del letto del fiume
1396	np	erosione *(f)* del letto fluviale
1677	np	erosione *(f)* del suolo
1678	np	erosione *(f)* del terreno
92	np,rm	erosione *(f)* di sponda
1584	gm,rm,np	erosione *(f)* di sponda
1569	gm,np	erosione *(f)* diffusa
2098	np	erosione *(f)* eolica
2036	np	erosione *(f)* idrica
1903	hy	erosione *(f)* incipiente; erosione *(f)* iniziale
1584	gm,rm,np	erosione *(f)* laterale
405	np,hy	erosione *(f)* lineare profonda concentrata
1656	np	erosione *(f)* nivale
803	np	erosione *(f)* per burronamento
1297	np	erosione *(f)* pluviale
517	np,rm,hy	erosione *(f)* progressiva
518	np,rm,hy	erosione *(f)* regressiva
2070	np,rm	erosione *(f)* spondale causata dalle onde
1846	gm,np	erosione *(f)* superficiale
1569	gm,np	erosione *(f)* superficiale
1936	np	erosione *(f)* torrentizia
803	np	erosioni *(f,pl)* di canaloni
519	np	erosivo
420	co	esaurimento *(m)* delle acque (di una fossa di scavo
225	am	escavatore *(m)* a cingoli per palude
532	de	esecuzione *(f)*
1608	pl	esigenze *(f,pl)* ecologiche
1608	pl	esigenze *(f,pl)* stazionali
570	de	esperienza *(f)* in situ
537	si	esposizione *(f)*
940	de	estendere
1820	co	estrazione *(f)* delle ceppaie
523	si,ec	eutrofizzazione *(f)*
524	hd	evaporazione *(f)*
1679	si	evaporazione *(f)* del suolo
525	hd	evapotraspirazione *(f)*
610	hy,hd,rm	evento *(m)* di piena
2034	pl	fabbisogno *(m)* idrico
718	pl	facoltà *(f)* germinativa
131	pl	faggio *(m)*
1091	ma	falciare
63	hd	falda *(f)* acquifera
773	hd	falda *(f)* freatica
1414	gm	falesia *(f)*
542	de	fallire
1618	am	fanghiglia *(f)*; muco *(m)*
1646	rm	fango *(m)*
1647	ew	fangoso
550	tc	fascina *(f)*
2090	tc	fascina *(f)* di salici
552	dc	fascinata *(f)*
550	tc	fascinata *(f)*
1420	dc,tc	fascinata *(f)* sommersa
1600	tc	fascinata *(f)* sommersa
194	rw	fascinata *(f)* spondale; graticciata *(f)* di ramaglia a strati
551	tc,rw	fascinata *(f)* spondale viva
554	ew,tc	fascinata *(f)* viva drenante
1753	de	fase *(f)*
1334	ma,fo	fase *(f)* di rinnovazione
1836	ve	fase *(f)* di successione

1175	ve	fase *(f)* di sviluppo
1175	ve	fase *(f)* evolutiva
885	ve	fase *(f)* iniziale
1890	ve	fase *(f)* terminale
1468	de	fattore *(m)* di sicurezza
1607	si	fattori *(m,pl)* stazionali
561	fa	fauna *(f)*
715	am	feltro (di geotessile) *(m)*
2078	rw,ew	feritoia *(f)* piccola
1338	am	ferri *(m,pl)*
1339	am	ferro *(m)* per armature
567	am	fertilizzante *(m)*
568	ma	fertilizzazione *(f)*
317	co	fessura *(f)*
592	gm	fessura *(f)*
1564	gm,np	fessura *(f)* da taglio
1887	gm,co	fessura *(f)* da trazione
1615	gm	fessura *(f)* di distacco
914	rm	fessura *(f)*; gola *(f)*
1088	gm	fianco *(m)* di montagna
262	am	fibre *(f,pl)* di cocco
1905	am	filo *(m)* di ferro
2106	am	filo *(m)* di ferro
104	am	filo *(m)* spinato
959	hy	filone *(m)* della corrente
575	am	filtro *(m)*
593	co	fissaggio *(m)*
2107	co	fissare con filo di ferro
594	co	fissare con pali
1207	ve	fitosociologia *(f)*
1390	rm	fiume *(m)*
1808	rm	fiume *(m)* a carattere torrentizio
1752	rm	fiume *(m)* a regime
1405	rm	fiume *(m)* accumulante; fiume *(m)* sedimentante
1405	rm	fiume *(m)* che deposita materiale
1808	rm	fiume *(m)* con deflusso rapidamente variabile
1407	rm	fiume *(m)* erodente
1408	hd	fiume *(m)* grande
1752	rm	fiume *(m)* in equilibrio
1407	rm	fiume *(m)* in erosione
1807	rm	fiume *(m)* permanente
1462	rm	fiume *(m)* piccolo
1406	rm	fiume *(m)* ramificato
1462	rm	fiume *(m)* secondario
1937	rm	fiume *(m)* torrentizio
634	hy	flusso *(m)*
776	hd	flusso *(m)* dell' acqua sotterranea
776	hd	flusso *(m)* della falda freatica
1176	hd	fluttuazione *(f)* della falda freatica
653	si,ew	flysch *(m)*
1402	rm	foce *(f)*
514	gm	focolaio *(m)* d'erosione
379	rm,gm,hy	focolaio *(m)* di portata solida
947	pl	foglia *(f)*
655	pl	fogliazione *(f)*
332	ew, co	fognolo *(m)*; tombino *(m)*
674	co	fondare
675	co	fondazione *(f)*
678	am	fondazione *(f)*
677	am	fondazione *(f)* in legno
1181	co	fondazione *(f)* su pali
1181	co	fondazione *(f)* su piloti
1394	rm	fondo *(m)* del fiume
117	rm, hy	fondo *(m)* del letto
1170	hy	fondo *(m)* del letto permeabile
117	rm, hy	fondo *(m)* del torrente
771	rw	fondo *(m)* limoso
968	rm	fondo *(m)* mobile del fiume
1602	de	fondo *(m)*; parcella *(f)*
2000	gm	fondovalle *(m)*
2080	hd	fontana *(f)*
765	ew	fontanazzo *(m)*
1711	de	fonte *(f)* di pericolo
660	fo	foresta *(f)*
251	fo,ve	foresta *(f)* climax
1261	fo	foresta *(f)* produttiva
1467	pl	forma *(f)* a sciabola [albero]
118	hy	forma *(f)* del fondo
786	ve	forma *(f)* di accrescimento
786	ve	forma *(f)* di sviluppo
2009	ve	forma *(f)* di vegetazione
1046	rm	formare dei meandri
1676	si	formazione *(f)* del suolo
804	gm,rm	formazione *(f)* di canaloni
591	co,gm	formazione *(f)* di fessure
672	gm	formazione *(f)* geologica
1193	ew	foro *(m)*
457	ew	foro *(m)* di drenaggio
2078	rw,ew	foro *(m)* di drenaggio; barbacane *(m)*; foro *(m)* di chiavica
465	co	foro *(m)* trivellato per l'iniezione

801	rm	forra *(f)*
1309	rm	forra *(f)*; borro *(m)*; burrone *(m)* torrentizio
59	ew,co,hy	forza *(f)* agente
276	ec	forza *(f)* concorrenziale
2099	hd	forza *(f)* del vento
1563	ew,co	forza *(f)* di taglio
1562	hy	forza *(f)* di trascinamento
321	hy	forza *(f)* di trascinamento critica
128	hy	forza *(f)* di trascinamento unitaria
529	ew	fossa *(f)*
1489	hy, rm	fossa *(f)*
1513	rw	fossa *(f)* di deposito
530	co	fossa *(f)* di scavo
429	rm	fossato *(m)* a pareti inclinate
271	ew	fossato *(m)* collettore
430	ew,rm	fosso *(m)*
432	ew	fosso *(m)* di derivazione
448	ew	fosso *(m)* di drenaggio
1130	ew	fosso *(m)* di drenaggio
436	ew	fosso *(m)* di guardia
448	ew	fosso *(m)* drenante
169	ew,rw	fosso *(m)* secondario
20	de	fotografia *(f)* aerea
1486	np	frana *(f)*
543	np	frana *(f)*
281	np	frana *(f)* a forma di conchiglia
1571	gm	frana *(f)* a forma di conchiglia
1613	gm	frana *(f)* a forma di foglia
1571	gm	frana *(f)* a forma di nicchia
1262	np	frana *(f)* attiva
1412	np	frana *(f)* di crollo; frana *(f)* di scoscendimento
1425	np	frana *(f)* di roccia
1627	gm	frana *(f)* di versante
1449	np	frana *(f)* per scivolamento
1620	np	frana *(f)* per scivolamento
1262	np	frana *(f)* progressiva
1850	np	frana *(f)* superficiale
543	np	franamento *(m)*
934	np	franamento *(m)*
1196	np	franamento *(m)* a placche
100	np	franamento *(m)* della sponda
1614	np	franamento *(m)* di traslazione
93	np,rm	franamento *(m)* spondale
1620	np	franamento *(m)*; movimento *(m)* franoso
681	hy,rw	franco *(m)* bordo
178	rw	frangiflutti *(m)*
176	rm	frangiflutti *(m)* [moto ondoso]
2101	tc	frangivento *(m)*
70	pl	frassino *(m)*
680	gm	frastagliato
175	np	frattura *(f)*; fessura *(f)*; crepa *(f)*
680	gm	fratturato
732	ew,hy	frazione *(f)* granulometrica
1716	fa	fregola *(f)*
682	de	frequenza *(f)* di ritorno
684	ew,hy	frizione *(f)*
688	co	fronte *(m)*
820	rm	fronte *(m)* del cono di deiezione
819	np	fronte *(m)* di una colata di lava torrentizia
1769	am	fune *(f)* metallica a trefoli
693	pl	fungo *(m)*
1277	de,fo	funzioni *(f,pl)* di protezione del bosco
1537	rm	fuoriuscita *(f)*
1998	hd	fuoriuscita *(f)* d'acqua freatica
1136	np	fuoriuscita *(f)* del torrente
1529	rm	fuoruscire [acqua]
832	fo	fustaia *(f)*
832	fo	fusto *(m)* alto
835	pl	fusto *(m)* alto
697	rw	gabbione *(m)*
1421	ew,rw	gabbione *(m)* di legno e sassi; palificata *(f)* in legno e pietrame [a parete doppia]
2109	am	gabbione *(m)* metallico
689	hd	gelo *(m)*
1680	si,np	gelo *(m)* del suolo
2105	hd,si	gelo *(m)* invernale
482	hd,si	gelo *(m)* precoce
938	hd,si	gelo *(m)* tardivo
199	pl	gemma *(f)*
442	pl	gemma *(f)* dormiente
647	pl	gemma *(f)* floreale
1889	pl	gemma *(f)* terminale
711	gm,ew,si	geologia *(f)*
712	gm	geomorfologia *(f)*
713	am	geotessile *(m)*
713	am	geotessuto *(m)*
714	am	geotessuto *(m)* biodegradabile
716	pl	germinare

717	pl	germinazione *(f)*
1115	pl	germoglio *(m)*
719	ma, pl	germoinibitore *(m)*
664	fo	gestione *(f)* forestale
674	co	gettare le fondazioni
996	ew	gettata *(f)* di pietre
1384	rw,co	gettata *(f)* di sassi
1572	pl	getto *(m)*
1574	pl	getto *(m)*
13	pl	getto *(m)*
1925	pl	getto *(m)* terminale
742	co	ghiaia *(f)*
743	am	ghiaia *(f)* di frantumazione; pietrisco *(m)*
576	am	ghiaia *(f)* filtrante
328	co	ghiaia *(f)* frantumata
1722	am	ghiaino *(m)* di frantumazione
1458	am	ghiaione *(m)* [artificiale]
1466	pl	giunchi *(m,pl)*
533	co	giunto *(m)* di dilatazione
720	si	gley *(m)*
722	si	gneiss *(m)*
723	gm, rm	gola *(f)*
1309	rm	gola *(f)*
617	rw	golena *(f)*
492	hy	gorgo *(m)*
1494	rm,rw	gorgo *(m)*
1491	rw	gorgo *(m)* a valle di una briglia
1489	hy, rm	gorgo *(m)*; scavo *(m)*
724	ew	gradazione *(f)* granulometrica
215	ve	grado *(m)* di copertura
1203	ve	grado *(m)* di copertura del terreno
726	fo	grado *(m)* di mescolanza
727	si	grado *(m)* di saturazione
1894	co	gradonamento *(m)*; coltivazione *(f)* a gradini
197	tc	gradonata *(f)* suborizzontale con ramaglia viva
825	tc	gradonata *(f)* viva con latifoglie radicate
826	tc	gradonata *(f)* viva con latifoglie radicate
137	co	gradoncino *(m)*; berma *(f)*
137	co	gradone *(m)*
1891	rw	gradone *(m)*
740	pl	graminacee *(f,pl)*
1969	pl	graminacee *(f,pl)* a pulvino
1969	pl	graminacee *(f,pl)* non cespitose
807	hd	grandine *(f)*
733	si	granito *(m)*
729	de,hy	granulometria *(f)*
762	dc	grata *(f)*
1629	tc	grata *(f)* in legno
2116	ew	grata *(f)* in legno
2067	tc	graticciata *(f)*
2064	tc	graticciata *(f)*
2066	tc	graticciata *(f)* a camera
1114	tc	graticciata *(f)* di ramaglia
174	tc	graticciata *(f)* di ramaglia a strati (con piloti, con sas
2095	tc	graticciata *(f)* di salici
1381	tc,rw	graticciata *(f)* spondale
760	tc	graticciata *(f)* viva di salice interrata
762	dc	griglia *(f)*
1294	dc	griglia *(f)* di presa
209	am	gru *(f)* a cavo
209	am	gru *(f)* a funi
658	rw	guado *(m)* con cunetta di passaggio per il deflusso di magra
806	fa	habitat *(m)* per animali
589	fa,ec	habitat *(m)* per i pesci
844	si	humus *(m)*
1310	si	humus *(m)* grezzo
853	hy	idraulica *(f)*
1129	hy	idraulica *(f)* dei canali
855	ec	idrobiologia *(f)*
860	hd	idrologia *(f)*
706	hy	idrometro *(m)*
862	tc	idrosemina *(f)*
1727	tc	idrosemina *(f)*
1638	si, hy	imbibimento *(m)* del versante
2058	si	imbibizione *(f)*
1314	fo	imboschimento *(m)*
15	fo	imboschimento *(m)*
1436	pl	imbozzimatura *(f)*
1825	rw	immergere
637	rm	immettersi; sboccare in
887	rw	immisione *(f)*
1484	am	impalcatura *(f)*
864	hy	impatto *(m)* [dell'acqua]
866	ew,rw,co	impermeabile
2063	co	impermeabile
865	ew,rw,co	impermeabilità *(f)*

679	gm	linea *(f)* di rottura
1631	de	linea *(f)* di scarpata
799	de	linea *(f)* direttiva
94	rm,hy	linea *(f)* spondale
1650	ma	liquame *(m)*
1840	ma	liquame *(m)*
945	si	lisciviare
946	si	lisciviazione *(f)* [terreno]
725	ew	livellare
922	de,ew	livellare
953	co	livellare
954	co,de	livellare [misurazione]
766	de	livello *(m)* del terreno
2038	hy	livello *(m)* dell'acqua
85	rw,hy	livello *(m)* dell'acqua [medio]
778	hd	livello *(m)* della falda freatica
1031	hy	livello *(m)* di massima piena
109	np,rm, hy,rw	livello *(m)* di partenza dell'erosione regressiva di un corso d'acqua
624	hy	livello *(m)* di piena
1044	hy	livello *(m)* medio dell'acqua
978	si	loess *(m)*
1172	ma	lotta *(f)* antiparassitaria
1715	co,de	luce *(f)*
439	rw,ew	luce *(f)* di fondo
92	np,rm	lunata *(f)*
1601	si,de	luogo *(m)*; sito *(m)*
206	ve	macchia *(f)*
1458	am	macereto *(m)*
1497	gm	macereto *(m)*; ghiaione *(m)*
998	hy,hd	magra *(f)*
692	pl	malattia *(f)* fungina
1636	dc	mantellata *(f)*
284	dc	mantellate *(f)* verdi
939	ve	manto *(m)* erboso
1652	hd	manto *(m)* nevoso
260	rw	manufatto *(m)* costiero
301	rw	manufatto *(m)* di regolazione; opera *(f)* di sistemazione [idraulica]
1817	co	manufatto *(m)*; costruzione *(f)*
1004	ma	manutenzione *(f)*
1010	de	mappa *(f)*
613	hy	marcatura *(f)*
383	am	marcitura *(f)*
159	de	margine *(f)*
494	ve	margine *(m)* del bosco
1435	dc	margotta *(f)* radicale
1016	si	marna *(f)*

1017	si	marna *(f)* calcarea
596	hy,hd	massima piena *(f)* di breve durata
90	rw	masso *(m)* di disturbo
162	gm	masso *(m)* di roccia
557	tc	materasso *(m)* di fascine
124	hy	materiale *(m)* sotto lo strato superficiale
19	am	materiale *(m)* aggiuntivo
75	am	materiale *(m)* ausiliario
291	co	materiale *(m)* da costruzione
1856	hy	materiale *(m)* da dilavamento in sospensione
65	hy	materiale *(m)* di copertura
119	hy	materiale *(m)* di fondo
994	gm,si	materiale *(m)* di roccia incoerente
579	am	materiale *(m)* filtrante
584	si	materiale *(m)* fine
607	rm	materiale *(m)* galleggiante
598	hy,rw	materiali *(m,pl)* trasportati per galleggiamento
1965	pl	mazzetto *(m)*
	rm	meandreggiare
1045	rm	meandro *(m)*
1688	de,ew	meccanica *(f)* delle terre
833	pl	megaforbie *(f,pl)*
377	ma	messa *(f)* allo scoperto di detrito
1219	tc	messa *(m)* a dimora di talee di salice
1060	de	metodo *(m)* cartografico
1975	tc	metodo *(m)* costruttivo
1975	de	metodo *(m)* d'indagine
1059	ew, de	metodo *(m)* del cerchio d'attrito; metodo *(m)* ad elementi finiti
1059	ew, de	metodo *(m)* del cerchio di slittamento
1061	tc	metodo *(m)* di piantagione
907	de	metodo *(m)* di ricerca
1062	de	metodo *(m)* di rilevamento
1063	tc	metodo *(m)* di semina
1058	de	metodo *(m)* di valutazione
1959	tc	mettere in tagliola
1173	ma	mezzi *(m,pl)* di lotta antiparassitari
831	ma	mezzo *(m)* di lotta alle erbe infestanti
1064	si	micascisto *(m)*

66	np,hy	pavimentazione *(f)* del fondo del letto
1417	rw	pavimentazione *(f)* in pietrame
1437	pl	peli *(m,pl)* radicali
2052	hy	pelo *(m)* dell'acqua
1622	de,hy,ew	pendenza *(f)*
503	hy	pendenza *(f)* d'equilibrio
129	hy	pendenza *(f)* del fondo
1635	hy	pendenza *(f)* del pelo dell'acqua
1634	hy	pendenza *(f)* di deposito
1634	hy	pendenza *(f)* di interrimento
322	ew,hy	pendenza *(f)* limite
991	de	pendenza *(f)* longitudinale
1039	hy	pendenza *(f)* media del fondo
1069	hy,co	pendenza *(f)* minima
323	ew,co, hy,de	pendenza *(f)* tranversale
326	ew,co, hy,de	pendenza *(f)* trasversale
837	gm	pendio *(m)*
1487	ew	pendio *(m)* ripido
1623	gm	pendio *(m)*; scarpata *(f)*
1160	de,co,ew	penetrare
790	rw	pennello *(m)*
1740	rw	pennello *(m)*
495	rw,ew	pennello *(m)* a dorso d'elefante o di tartaruga
841	rw	pennello *(m)* ad uncino
794	rw	pennello *(m)* con sommità al livello delle portate di magra; pennello di magra
797	rw	pennello *(m)* con sommità al livello delle portate medie
1347	rw	pennello *(m)* declinante; pennello *(m)* a schiaffo
795	rw	pennello *(m)* declinante
555	rw	pennello *(m)* di fascine
58	rw	pennello *(m)* di fondo [interrato]
699	rw	pennello *(m)* di gabbioni metallici
845	rw	pennello *(m)* di graticciate
1185	rw	pennello *(m)* di rulli cilindrici sommersi e piloti
982	rw	pennello *(m)* in legname e pietrame [tipo palificata]
1182	rw	pennello *(m)* in pali di legno
798	rw	pennello *(m)* inclinato
795	rw	pennello *(m)* inclinato verso valle
58	rw	pennello *(m)* interrato
798	rw	pennello *(m)* obliquo ascendente
1347	rw	pennello *(m)* obliquo discendente
794	rw	pennello *(m)* sommergibile con sommità al livello delle portate di magra
1826	rw	pennello *(m)* sommerso
796	rw,tc	pennello *(m)* vivo
2049	si,pl	penuria *(f)* d'acqua
1528	ew,si	percolare
1164	hd	percolazione *(f)*
386	hd	percolazione *(f)* profonda
1464	np	percorso *(m)* d'arresto d'una frana
633	rw	percorso *(m)* di scarico [di un fiume]
686	ew,hy	perdita *(f)* d'attrito
457	ew	perforazione *(f)* di drenaggio
466	co	perforazione *(f)*; sondaggi *(m)*
1389	np	pericolo *(m)* di franamento
606	hy,hd, np,de	pericolo *(m)* di piena
1389	np	pericolo *(m)* di scivolamento; smottamento *(m)*
365	np	pericolo *(m)* naturale
390	de	pericolosità *(f)* potenziale
2085	hy	perimetro *(m)* bagnato
1448	mq	periodo *(m)* di rotazione
2008	ve	periodo *(m)* vegetativo
534	de	perizia *(f)*
949	co,rw	permeabile
1167	si	permeabilità *(f)* del terreno
1168	hd	permeabilità *(f)* idrica
1227	am	pertica *(f)*
1230	fo	pertica *(f)*
560	gm	perticaia *(f)*
586	fa	pesce *(m)*
367	de	peso *(m)* proprio
1719	ew,hy	peso *(m)* specifico
1828	si,ew	peso *(m)* specifico sott'acqua
1173	ma	pesticidi *(m,pl)*; presidi *(m,pl)* sanitari
1661	pl	pezzo *(m)* di cotico erboso
292	de	pianificazione *(f)* dei lavori

1320	ve	piante *(f,pl)* giovani
294	tc	piante *(f,pl)* in contenitori
294	tc	piante *(f,pl)* in vasetto
1943	dc	piantina *(f)*
1612	gm,co	piastra *(f)* spessa
1222	am	piattaforma *(f)* [di servizio]
370	rw	piazza *(f)* di deposito
1725	tc	piazzette *(f,pl)*
1778	dc	piazzola *(f)*
1760	de	picchettamento *(m)*
1759	de	picchettare
1758	am	picchetto *(m)*
1830	ew, np	piccola frana *(f)*; sprofondamento *(m)* [del terreno; delle fondamenta]
1739	pl	picea *(f)*
791	rw	piede *(m)* del pennello
1918	gm,ew	piede *(m)* del versante
356	rw	piede *(m)* dell'argine
1916	np,gm	piede *(m)* della frana
657	ew	piede *(m)* della scarpata
1917	rw	piede *(m)* della scarpata spondale
7	co,rw	piedritto *(m)*; appoggio *(m)*; spalla *(f)* di un ponte
559	gm	piega *(f)*
599	hy	piena *(f)*
55	hy	piena *(f)* annuale
219	hy,de	piena *(f)* catastrofica
609	de,hy	piena *(f)* catastrofica
1657	hd	piena *(f)* dovuta allo scioglimento della neve
539	hy	piena *(f)* eccezionale
1029	hy	piena *(f)* massima
1239	hy	piena *(f)* massima possibile
1784	am	pietra *(f)*
261	co	pietra *(f)* da pavimentazioni
163	gm	pietraia *(f)*
1722	am	pietrisco *(m)*
777	hd	piezometro *(m)*
1184	dc	pilastro *(m)*
1180	am	piloti *(m,pl)*; picchetto *(m)*
1186	pl	pino *(m)*
1787	pl	pino *(m)* cembro
1665	tc	pinzollamento *(m)* artificiale
1298	hd	pioggia *(f)*
1768	hd	pioggia *(f)* continua
1768	hd	pioggia *(f)* persistente
255	hd	pioggia *(f)* torrenziale
1235	pl	pioppo *(m)*
71	pl	pioppo *(m)* tremulo
1661	pl	piota *(f)* erbosa
1328	dc	piote *(f)* di canneto
1199	fa, ec	plancton *(m)*
1009	de	planimetria *(f)*
1452	tc	platea *(f)* grezza; platea *(f)* ruvida
1907	rw	platea *(f)* in legno per la protezione contro lo scavo a valle di una briglia
1552	rm	poco profondo
1224	si	podzol *(m)*
1821	pl	pollone *(m)*
1439	pl	pollone *(m)* radicale
1284	am	pompa *(f)*
1286	am	pompa *(f)* sommersa
1484	am	ponteggio *(m)*
1233	co	pontone *(m)*
1910	fo	popolamento *(m)*
1238	si,ew	porosità *(f)*
1521	pl,tc	portaseme *(m)*
116	ew,co,de	portata *(f)*
236	hy	portata *(f)* d'acqua
121	hy	portata *(f)* del materiale di fondo
423	hy	portata *(f)* di deflusso
412	hy	portata *(f)* di progetto
394	hd	portata *(f)* di una sorgente
423	hy	portata *(f)* idrica
1043	hy	portata *(f)* media estiva
1038	hy	portata *(f)* media; modulo *(m)*
1508	hy	portata *(f)* solida
1509	hy	portata *(f)* solida
1858	hy	portata *(f)* solida in sospensione
1938	hy	portata *(f)* solida totale
1665	tc	posa *(f)* in opera di manto erboso
1717	fa	posto *(m)* ove i pesci vanno in fregola
1231	ma	potare a capitozza
1283	ma	potatura *(f)* di allevamento
122	hy,np	potenziale *(m)* di trasporto solido
1838	pl	potere *(m)* d'assorbimento [pianta]
1838	pl	potere *(m)* di suzione [pianta]
1285	am	pozzetto *(m)* d'ispezione
1762	am	pozzetto *(m)* di controllo

1551	co	pozzo *(m)*
2080	hd	pozzo *(m)*
270	ew	pozzo *(m)* collettore
450	ew	pozzo *(m)* di drenaggio
461	am	pozzo *(m)* di drenaggio
1285	am	pozzo *(m)* di pompaggio
741	ve	prateria *(f)*
1033	ve	prato *(m)*
1035	ve	prato *(m)* magro
1034	ve	prato *(m)* pingue
1666	ve	prato *(m)* ripario con specie a legno tenero
56	hd	precipitazione *(f)* annuale
823	hd	precipitazione *(f)* intensa
1258	hd	precipitazione *(f)* massima probabile
1037	hd	precipitazione *(f)* media annua
1243	hd	precipitazioni *(f,pl)*
1904	hd	precipitazioni *(f,pl)* temporalesche
2121	fo	prelievo *(m)* totale
224	rw	presa *(f)* di una sorgente
2045	si	presenza *(f)* d'acqua
483	ew	pressione *(f)* delle terre
850	hy	pressione *(f)* idrica
850	hy	pressione *(f)* idrostatica
1254	hy	pressione *(f)* idrostatica
522	de	preventivo *(m)* di spesa
1255	de	prevenzione *(f)*
703	fa,ma	prevenzione *(f)* dei danni da selvaggina
1256	de	prevenzione *(f)* dei pericoli
1256	de	prevenzione *(f)* dei rischi
621	de,rw	prevenzione *(f)* delle piene
659	de	previsione *(f)*
267	si,ew	privo di coesione
619	de	probabilità *(f)* di piena
1108	np	processo *(m)* naturale
2072	gm	prodotti *(m,pl)* di disgregazione; deposito *(m)*, recente
1260	ec	produttore *(m)*
873	ew	profilare; scoronare; mostellare
503	hy	profilo *(m)* d'equilibrio
1691	si	profilo *(m)* del suolo
988	de,hy	profilo *(m)* longitudinale
1765	de,ew,rw	profilo *(m)* normale
1977	hy	profilo *(m)* tipo
1505	de	profilo *(m)*, trasversale [geometrico]
676	de	profondità *(f)* d'interramento
1492	hy	profondità *(f)* del gorgo
2035	hy	profondità *(f)* dell'acqua
406	hd	profondità *(f)* della falda
408	co,ew,de	profondità *(f)* della fondazione
407	de,ew	profondità *(f)* dello scavo
1492	hy	profondità *(f)* dello scavo
1161	de,ew,si	profondità *(f)* di penetrazione
1265	de	progettare
1264	de	progetto *(m)*
218	de	progetto *(m)* pilota
1267	pl	propagazione *(f)* per semi
348	pl	propagazione *(f)* per talee
343	pl	propaggine *(f)*
944	tc	propaggine *(f)*
453	ma,ew	prosciugamento *(m)*; bonifica *(f)* idraulica
462	tc	prosciugamento *(m)* biotecnico
358	co	prosciugamento *(m)* d'un muro
449	ma,ew	prosciugare
1133	st,pr	prospezione *(f)* di giacimenti
501	ec	protezione *(f)* ambientale
1269	de	protezione *(f)* con specie legnose
603	de,rw	protezione *(f)* contro le piene
1271	de	protezione *(f)* contro le valanghe
1920	rw	protezione *(f)* contro lo scalzamento
259	de	protezione *(f)* costiera
1118	de	protezione *(f)* dal rumore
509	de,hy,ew	protezione *(f)* dall'erosione
1272	ec	protezione *(f)* dei biotopi
60	rw	protezione *(f)* del fondo
1397	rw	protezione *(f)* del fondo fluviale
930	ec	protezione *(f)* del paesaggio
1112	ec,de	protezione *(f)* della natura
1576	rw	protezione *(f)* della riva [del mare]
98	rw	protezione *(f)* della sponda
1848	co	protezione *(f)* della superficie
2027	ec	protezione *(f)* delle acque

No.	Field	Term
2073	am	resistenza *(f)* agli agenti atmosferici
1750	de	resistenza *(f)* al ribaltamento
314	pl,ve	resistenza *(f)* al ricoprimento
1565	ew,co	resistenza *(f)* al taglio
687	ew,hy	resistenza *(f)* all'attrito
512	np	resistenza *(f)* all'erosione
469	ew	resistenza *(f)* alla battitura
279	ew,co	resistenza *(f)* alla compressione
1883	ew,pl	resistenza *(f)* alla trazione
1617	ew	resistenza *(f)* allo scivolamento
1154	ew	resistenza *(f)* del terreno
639	hy	resistenza *(f)* della corrente
1355	de	restauro *(m)*; riattazione *(f)*
1351	hy	restituzione *(f)*; deflusso *(m)* minimo
2001	np,gm	restringimento *(m)* della vallata
917	am	rete *(f)* di juta
1869	am	rete *(f)* di materiale sintetico
2110	am	rete *(f)* di protezione contro la caduta di sassi
1793	rw	rettificazione *(f)* [d'un fiume]
2092	tc	ribalta *(f)* viva
1115	pl	ricaccio *(m)*
906	de	ricerca *(f)*
1133	st,pr	ricerca *(f)* di giacimento
1322	ec,de	ricoltivazione *(f)*
738	tc,ve	ricoperto di erba
312	co	ricopertura *(f)*
316	tc	ricoprimento *(m)*
313	gm	ricoprimento *(m)* [con materiali]
376	np,gm	ricoprimento *(m)* con colata di fango
1098	tc	ricoprimento *(m)* con mulch
1098	tc	ricoprimento *(m)* con uno strato di materiale vegetale
1318	de	ricostituzione *(f)*
597	co	ridurre la pendenza
1323	hy	riduzione *(f)* della capacità di deflusso
1557	ew	riduzione *(f)* della pendenza; scoronamento *(m)*
1557	co,ew	riempimento *(m)*
961	co	riempimento *(m)* a blocchi giustapposti
1416	ew	riempimento *(m)* con pietrame
88	ew,co	riempimento *(m)* posteriore
705	ec	rifiuti *(m,pl)* solidi
1951	ma	rifiuti *(m,pl)*; scarto *(m)*
1378	rm	rigagnolo *(m)*; rivoletto *(m)*
134	co	rigidità *(f)* alla flessione
1863	hy	rigonfiamento *(m)*
492	hy	rigurgito *(m)*
1854	de	rilevamento *(m)*
477	ew	rilevato *(m)*
1415	co	rilevato *(m)* [in pietrame]
72	de	rilievo *(m)* dei danni alluvionali
1013	de	rilievo *(m)* del terreno
1855	de	rilievo *(m)* topografico
15	fo	rimboschimento *(m)*
1314	fo	rimboschimento *(m)*
1783	fo	rimboschimento *(m)*
16	fo	rimboschimento *(m)* a collettivo
16	fo	rimboschimento *(m)* a gruppi
834	fo	rimboschimento *(m)* d'alta quota
1512	wb	rimozione *(f)* di materiale solido
1367	ec	rinaturalizzazione *(f)*
1337	co	rinforzo *(m)*
1780	am	rinforzo *(m)*
1321	ma,fo	ringiovanimento *(m)*
1321	ma,fo	rinnovazione *(f)*
1332	ma,fo	rinnovazione *(f)*
69	fo	rinnovazione *(f)* artificiale
1109	fo	rinnovazione *(f)* naturale
17	rm	rinterro *(m)*; interramento *(m)*
1365	tc	rinverdimento *(m)*
521	tc	rinverdimento *(m)* della scarpata
1723	ec	rinverdimento *(m)* spontaneo
1268	de	riordinamento *(m)* parcellare
1596	rm,hy	ripascimento *(m)*
1773	gm,ew,co	ripidità *(f)*
1770	de	ripido
572	co,ew	riporto *(m)*
1415	co	riporto *(m)*
441	ve	riposo *(m)* vegetativo
2011	pl	riproduzione *(f)* vegetativa
725	ew	riprofilare; appianare
1845	rm	risacca *(f)*
770	hd	risalita *(f)* dell'acqua
849	hy	risalto *(m)* idraulico
1355	de	risanamento *(m)*

1356	ma	risanamento *(m)* del bosco di protezione
935	ew	risanamento *(m)* di frana
1346	ma	risarcimento *(m)* della piantagione
1352	de	rischio *(m)* residuo
76	si	riserva *(f)* d'acqua
1357	rm	risorgente *(f)*
425	hy	ritardo *(m)* del deflusso
1914	hd,hy	ritardo *(m)* del deflusso
392	ve,pl	ritardo *(m)* nella crescita
869	hy	ritenuta *(f)*
872	rw	ritenuta *(f)*
1360	hd	ritenzione *(f)*
897	ve,hd	ritenzione *(f)* della vegetazione [idrica]
1690	si	ritenzione *(f)* idrica del terreno
2050	hd	ritiro *(m)* dell'acqua
1575	rm	riva *(f)* [del mare]
95	rm,rw	riva *(f)* del torrente
1365	tc	rivegetazione *(f)*
962	rw	rivestimento *(m)*
1153	rw	rivestimento *(m)*
1785	am	rivestimento *(m)* con pietrame a faccia vista
1659	tc	rivestimento *(m)* con piote erbose
237	rw	rivestimento *(m)* del canale
237	rw	rivestimento *(m)* del corso d'acqua
431	ew,co	rivestimento *(m)* del fosso
1198	rw	rivestimento *(m)* di protezione spondale in tavole
99	rw, tc	rivestimento *(m)* di sponda
1385	rw	rivestimento *(m)* di sponda con pietrame a secco
189	tc	rivestimento *(m)* vegetale
186	tc	rivestimento *(m)* vegetale dei burroni torrentizi
187	tc	rivestimento *(m)* vegetale dei burroni torrentizi
188	tc	rivestimento *(m)* vegetale di burroni torrentizi
940	de	rivestire; guarnire
1367	ec	rivitalizzazione *(f)*
1368	pl	rizoma *(m)*
1369	dc	rizomi *(m,pl)* sminuzzati
1709	gm,si	roccia *(f)* coerente
329	gm,si	roccia *(f)* cristallina

540	si	roccia *(f)* eruttiva
1151	si	roccia *(f)* inalterata
994	gm,si	roccia *(f)* incoerente
127	gm,si	roccia *(f)* madre
710	ew,rw, co,si	roccia *(f)* madre
1151	si	roccia *(f)* madre
1516	si,gm	roccia *(f)* sedimentaria
1278	gm	roccia *(f)* sporgente
1327	tc	rotolo *(m)* di canneto
354	rw	rotta *(f)* arginale
175	np	rottura *(f)*
354	rw	rottura *(f)* di una diga
1453	hy	rugosità *(f)*
1474	hy	rugosità *(f)* equivalente alla sabbia
272	ew	rullare
349	am	rullo *(m)*
1018	am	rullo *(m)* con pani di canna
1018	am	rullo *(m)* di canne
1841	rw,tc	rullo *(m)* di fascine sommerso
1600	tc	rullo *(m)* sommerso
1327	tc	rullo *(m)* spondale con zolle di canna
155	rm	rupe *(f)*
1143	hd	ruscellamento *(m)*
182	rm	ruscelletto *(m)*
1804	rm	ruscello *(m)*
1472	si	sabbia *(f)*
582	si	sabbia *(f)* fine
1593	si	sabbia *(f)* finissima; argilla *(f)* limosa
1293	np,si	sabbia *(f)* trasportata
768	rw	sagoma *(f)* bassa
1558	co,de	sagomatura *(f)*
2088	pl	salice *(m)*
2091	pf	salice *(m)* a capitozza
1386	hd,hy	salita *(f)* [della piena]
1387	hd	salita *(f)* del livello della falda freatica
1469	fa	salmonidi *(m,pl)*
1470	hy	saltazione *(f)*
1178	ma	sarchiatura *(f)*; asciatura *(f)*
1651	ma	sarchiatura *(f)*; diserbo *(m)* meccanico
2060	si,ew	saturato d'acqua
1482	si,ew	saturazione *(f)*
1693	si	saturazione *(f)* del suolo
434	rw	sbarramento *(m)* di deviazione

375	rw	sbarramento *(m)* di deviazione delle lave torrentizie
863	np	sbarramento *(m)* di ghiaccio
1402	rm	sbocco *(m)*
1137	rw	sbocco *(m)*
372	rm	sbocco *(m)* della vallata
1999	gm	sbocco *(m)* vallivo
1453	hy	scabrezza *(f)*
1375	pl	scagliola *(f)* palustre
1485	de	scala *(f)*
588	rw	scala *(f)* di risalita per i pesci
1986	np,hy	scalzamento *(m)*
1987	np,hy	scalzamento *(m)* spondale
1984	hy	scalzare
1985	rm	scalzare
1382	hy	scanalatura *(f)*; striscia *(f)* in rilievo
399	ew	scaricare
161	rw	scaricatore *(m)* di fondo
1137	rw	scarico *(m)*
1721	rw	scarico *(m)* della piena
541	de	scarpa *(f)*
873	ew	scarpare
1487	ew	scarpata *(f)*
110	co,ew	scarpata *(f)*
338	ew	scarpata *(f)* in scavo
340	ew	scarpata *(f)* in trincea
735	tc,rw	scarpata *(f)* rinverdita
520	ew,de	scarpata *(f)* ripida
464	rw, ma	scavare
526	ew	scavare
1490	rm	scavare
252	am	scavatore *(m)* a ragno
527	ew	scavo *(m)*
528	ew	scavo *(m)*
1986	np,hy	scavo *(m)*
1491	rw	scavo *(m)* a valle di una briglia
1494	rm,rw	scavo *(m)* d'erosione
529	ew	scavo *(m)* di fondazione
338	ew	scavo *(m)* in trincea
241	fo,de	scelta *(f)* della specie
2100	fo	schianti *(m,pl)* da vento
654	ec	schiuma *(f)*
447	de	schizzo *(m)*
1611	de	schizzo *(m)* a mano
1654	hd	scioglimento *(m)* delle nevi
1488	si	scisto *(m)*
153	ew,rw	scogliera *(f)*
995	rw	scogliera *(f)*
1384	rw,co	scogliera *(f)*
90	rw	scogliera *(f)*
178	rw	scogliera *(f)* artificiale
153	ew,rw	scogliera *(f)* elastica a massi giustapposti
1383	rw	scogliera *(f)* in massi ordinati
2003	ew,tc	scogliera *(f)* rinverdita
1721	rw	scolmamento *(m)*
1559	ew	scoronamento *(m)*
635	am,hd	scorrere
1812	gm	scorrimento *(m)* d'uno strato roccioso
1815	fa	scortecciatura *(f)*
398	co,np	sedimentazione *(f)*
400	rm	sedimentazione *(f)*
402	rm, hy	sedimentazione *(f)* [processo]
403	hy,gw,np	sedimentazione *(f)* del materiale di fondo
1473	si,rm,hy	sedimentazione *(f)* della sabbia
1856	hy	sedimenti *(m,pl)* fini; torbida *(f)*
400	rm	sedimento *(f)* [risultato]
1506	rm,hy	sedimento *(m)*
1483	ma, fo	segare a pezzi
1590	np	segni *(m,pl)* precursori delle frane
96	rw	selciato *(m)* spondale
261	co	selciato *(m)*; lastricato *(m)*
701	fa	selvaggina *(f)*
2087	pl	selvaggione *(f)*
1598	fo	selvicoltura *(f)*
1524	ve	sementazione *(f)*
1519	pl	semente *(f)*
310	pl	semente *(f)* di copertura
310	pl	semente *(f)* per consociazione
310	pl	semenzale *(m)*
1525	pl	semina *(f)*
476	tc	semina *(f)* a secco
809	tc	semina *(f)* a mano
	tc	semina *(f)* a mulch
1725	tc	semina *(f)* a piazzole
1457	tc	semina *(f)* a righe
180	tc	semina *(f)* a spaglio
809	tc	semina *(f)* a spaglio
1097	tc	semina *(f)* a spessore
180	tc	semina *(f)* a tutto campo; semina *(f)* normale
816	tc	semina *(f)* con fiorume
148	tc	semina *(f)* con paglia e

		bitume
1096	tc	semina *(f)* di copertura
1953	tc	semina *(f)* di piante legnose
1096	tc	semina *(f)* di rivestimento
1878	tc	semina *(f)* provvisoria
1655	tc	semina *(f)* su manto nevoso
1655	tc	semina *(f)* su neve
1803	tc	semina *(f)* su strato di paglia
1523	tc	semina *(f)* su strato di paglia coprente
1520	tc	seminare
1712	tc	seminare
1778	dc	sentieramento *(m)*
300	rw	serbatoio *(m)* di ritenzione; bacino *(m)* d'invaso
1056	de	serie *(f)* di misure
1004	ma	servizio *(m)*
666	de,ma	servizio *(m)* forestale
1714	ve	sesto *(m)* d'impianto
1589	ew,co,hy	setacciamento *(m)*
1587	am	setaccio *(m)*
497	de	settore *(m)* a rischio
1504	de	sezione *(f)*
1947	ew,hy, co,de	sezione *(f)*
1505	de	sezione *(f)* [geometrica]
2085	hy	sezione *(f)* bagnata
1348	hy	sezione *(f)* determinante
424	hy	sezione *(f)* di deflusso
2086	hy	sezione *(f)* di deflusso
1123	rw	sezione *(f)* di deflusso
1123	rw	sezione *(f)* di gaveta [opera]
604	rw,hy	sezione *(f)* di piena
2086	hy	sezione *(f)* di scorrimento
339	ew,de	sezione *(f)* nuova di sterro o di riporto
324	hy	sezione *(f)* trasversale
1091	ma	sfalciare
1092	ma	sfalcio *(m)*
1914	hd,hy	sfasamento *(m)* [del deflusso]
163	gm	sfasciumi *(m,pl)* di roccia
1139	rw	sfioratore *(m)*
319	rw	sfioratore *(m)* dal coronamento
1545	co	sfioratore *(m)* della canalizzazione
1586	rw	sfioratore *(m)* laterale
637	rm	sfociare
2018	hy	sfregamento *(m)* contro

		parete
1897	np	sgelare
475	hd,si	siccità *(f)*
824	ve	siepe *(f)*
564	dc	siepe *(f)*
2101	tc	siepe *(f)* frangivento
765	ew	sifonamento *(m)*
1500	co	sigillatura *(f)*
1501	co	sigillazione *(f)* del suolo
1865	ec	simbionti *(m,pl)*
1866	ec	simbiosi *(f)*
1867	gm	sinclinale *(m)*
1868	ec	sinecologia *(f)*
1075	co	sistema *(m)* di costruzione a blocchi
1075	co	sistema *(m)* di costruzione modulare
1441	pl	sistema *(m)* radicale
138	co	sistemazione *(f)* a gradoni; costruzione (f) di terrazze
1745	de,tc	sistemazione *(f)* a verde
228	rw	sistemazione *(f)* con briglie a gradinata
2062	ec	sistemazione *(f)* dei bacini imbriferi
1935	rw	sistemazione *(f)* dei torrenti
838	ew,de	sistemazione *(f)* dei versanti
1640	ew,tc	sistemazione *(f)* del pendio
932	de	sistemazione *(f)* delle aree verdi
802	tc	sistemazione *(f)* di canaloni
802	tc	sistemazione *(f)* di fossi
839	tc	sistemazione *(f)* di versante con tecniche d'ingegneria naturalistica
1275	de	sistemazione *(f)* idraulica
1400	rw	sistemazione *(f)* idraulica
1336	rw	sistemazione *(f)* idraulica di un corso d'acqua
1113	de,tc,rw	sistemazione *(f)* naturaliforme
81	co	sistemazione *(f)* paravalanghiva
1449	np	slittamento *(m)*
1512	wb	smaltimento *(m)* del trasporto solido
1619	np,gm	smottamento *(m)*
977	np	smottamento *(m)*
1830	ew, np	smottamento *(m)* [del terreno, delle fondamenta]

571	ve	specie *(f)* legnose di campagna
1547	pl	specie *(f)* ombrivaga
1190	pl	specie *(f)* pioniera
1547	pl	specie *(f)* sciafila
1208	pl	specie *(f)* vegetale
1546	ve	specie *(f,pl)* legnose ombrivaghe
1546	ve	specie *(f,pl)* sciafile
1777	ec	specie *(f,pl)* stenoecie
1005	ma	spese *(f,pl)* di manutenzione
1899	de,si,ew	spessore *(m)*
1900	hd	spessore *(m)* della falda freatica
597	co	spianare
953	co	spianare
1344	ma	spietramento *(m)* del terreno
493	gm	spigolo *(m)*
160	de	spigolo *(m)* inferiore
1922	de,ew	spigolo *(m)* superiore della scarpata
1561	ew,co,hy	spinta *(f)*
1994	hy	spinta *(f)* d'Archimede
483	ew	spinta *(f)* del terreno
1994	hy	spinta *(f)* di galleggiamento
1087	gm,ew	spinta *(f)* di versante
1154	ew	spinta *(f)* passiva del terreno
91	rm	sponda *(f)*
95	rm,rw	sponda *(f)* del torrente
1134	rm	sponda *(f)* esterna
1135	rm,rw	sponda *(f)* esterna
506	rm	sponda *(f)* in erosione
889	rm	sponda *(f)* interna
1553	rm	sponda *(f)* pianeggiante
1771	rm	sponda *(f)* ripida
1809	rw	spostamento *(m)* del letto
1726	ma	spruzzare
651	ew,de	spurgo *(m)*
1280	ma	sramare
997	ma	sramatura *(f)*
1282	ma,fo	sramatura *(f)*
1751	de	stabile
1748	de,ew,co	stabilità *(f)* al ribaltamento
1749	ew,de	stabilità *(f)* allo slittamento
1641	ew	stabilità *(f)* del versante
1641	ew	stabilità *(f)* di un pendio; stabilità *(f)* della scarpata
1851	de	stabilità *(f)* superficiale
1743	de	stabilizzazione *(f)*
1694	ew	stabilizzazione *(f)* del suolo
1637	ew	stabilizzazione *(f)* della scarpata
1640	ew,tc	stabilizzazione *(f)* della scarpata
1744	tc	stabilizzazione *(f)* delle dune
1742	ew,hy, co, si	staccio *(m)* a maglie quadrate
1753	de	stadio *(m)*
1755	fo	stadio *(m)* di sviluppo
1232	rm,rw	stagno *(m)*
1720	ve	stagno *(m)*
68	rw	stagno *(m)* artificiale
68	rw	stagno *(m)* di sbarramento
1227	am	stangame *(m)*; palo *(m)*; stanga *(f)*
1601	si,de	stazione *(f)*
708	hy	stazione *(f)* di misura
707	hy	stazione *(f)* di misura del deflusso
1767	hd	stazione *(f)* idrometrica
2084	gm	stazione *(f)* umida
2082	si	stazione *(f)* umida
1197	dc	steccato *(m)*
206	ve	sterpaglia *(f)*; cespugliame *(m)*; boscaglia *(f)*
528	ew	sterro *(m)*
527	ew	sterro *(m)*; asporto *(m)* del terreno; escavazione *(f)*
1226	co	stilatura *(f)* dei giunti
1312	co,tc	stilatura *(f)* dei giunti
789	ve	stimolazione *(f)* della crescita
1463	pl	stolone *(m)*
9	de	strada *(f)* d'accesso
665	co,de	strada *(f)* forestale
1140	rm,np,hy	stramazzare
1138	rw	stramazzo *(m)*
319	rw	stramazzo *(m)* dal coronamento
614	rw	stramazzo *(m)* della piena
631	np,hy	straripamento *(m)*
1537	rm	straripamento *(m)*
173	tc	strati *(m,pl)* di rami
1796	si,gm	stratificato
1794	ew,hd,si	stratificazione *(f)*
1795	ve	stratificazione *(f)* della vegetazione
941	ew,hd,si	strato *(m)*

63	hd	strato *(m)* acquifero
1957	ve	strato *(m)* arboreo
1580	ve	strato *(m)* arbustivo
185	tc	strato *(m)* basale di ramaglia fine con rami vivi o morti
65	hy	strato *(m)* di copertura
311	co	strato *(m)* di copertura
1095	am	strato *(m)* di copertura
1802	tc	strato *(m)* di copertura a mulch
1802	tc	strato *(m)* di copertura in paglia
556	tc	strato *(m)* di fascine
455	si,ew	strato *(m)* di prosciugamento
1616	np,ew	strato *(m)* di scorrimento; piano *(m)* di scorrimento
458	ew,si	strato *(m)* drenante grossolano
577	ew	strato *(m)* filtrante
749	si,ew	strato *(m)* filtrante di ghiaia
1800	ew,hd,si	strato *(m)* geologico
867	ew,hd,si	strato *(m)* impermeabile
1927	si	strato *(m)* più superficiale del terreno
311	co	strato *(m)* superficiale
723	gm, rm	stretta *(f)*; forra *(f)*
1103	rw,rm	strettoia *(f)*
1103	rw,rm	strozzatura *(f)*; anfratto *(m)*
1895	si	struttura *(f)*
943	ew,hd,si	struttura *(f)* a strati
1763	fo	struttura *(f)* del soprassuolo
1696	si	struttura *(f)* del suolo
1696	si	struttura *(f)* del terreno
1844	ew,co	struttura *(f)* di supporto
1275	de	struttura *(f)* protettiva
1799	ew,hd,si	struttura *(f)* stratificata
562	de	studio *(m)* di fattibilità
715	am	stuoia *(f)*
1057	am	stuoia *(f)* armata
557	tc	stuoia *(f)* di fascine
578	am	stuoia *(f)* filtrante
1801	tc	stuoia *(f)* in juta preseminata
1823	de	subappaltatore *(m)*
1829	de	submissione *(f)*
923	si,ew,np	subsidenza *(f)*
710	ew,rw, co,si	substrato *(m)* geologico
127	gm,si	substrato *(m)* pedogenetico
1835	ve	successione *(f)*
1209	ve	successione *(f)* vegetale

580	am	succhieruola *(f)*
1667	si	suolo *(m)*
1699	si	suolo *(m)* acido
1700	si	suolo *(m)* basico
211	si	suolo *(m)* calcareo
1701	si,ew	suolo *(m)* compattato
1701	si,ew	suolo *(m)* costipato
1702	si	suolo *(m)* gelato
1311	si	suolo *(m)* grezzo; suolo *(m)* minerale
975	si	suolo *(m)* limoso
1068	si	suolo *(m)* minerale
1705	si	suolo *(m)* molto bagnato
1704	si	suolo *(m)* permeabile
1311	si	suolo *(m)* sterile
1703	si	suolo *(m)* stratificato
1707	si	suolo *(m)* vegetale
1707	si	suolo *(m)* vergine
1824	hy	superare il limite medio d'invaso
548	ve	superficie *(f)* abbandonata
924	gm	superficie *(f)* del terreno
924	gm	superficie *(f)* dell'area
623	de,rw	superficie *(f)* di ritenuta
515	np	superficie *(f)* in erosione
1266	de	supervisione *(f)* di un progetto
7	co,rw	supporto *(m)*
1842	am	supporto *(m)*
391	ve	suzione *(f)*; captazione *(f)*
233	ma	svaso *(m)*
1924	ma	svettare
1295	pl,fo	sviluppo *(m)* diametrico o radiale
208	np,rm,hy	tagliar fuori; aggirare
335	ma	tagliare
936	fo	tagliata *(f)* a striscia
1048	rw	taglio *(m)*
563	fo,ma	taglio *(m)*
1561	ew,co,hy	taglio *(m)*
1934	rw	taglio *(m)*
347	ma,fo	taglio *(m)*; disboscamento *(m)*
341	rw	taglio *(m)* d'un corso d'acqua [nuovo inalveamento]
1049	rw	taglio *(m)* d'un meandro
1499	ma	taglio *(m)* di cespugli
1333	ma,fo	taglio *(m)* di rinnovazione
336	ma	taglio *(m)* parziale del fusticino

345	ma	taglio *(m)* parziale del fusticino
246	fo	taglio *(m)* raso
1538	ma	taglio *(m)* selettivo
342	dc	talea *(f)*
1972	dc	talea *(f)*
948	dc	talea *(f)* apicale
1573	dc,pl	talea *(f)* di culmo
1776	dc,pl	talea *(f)* di culmo [di canna]
1371	dc	talea *(f)* di rizomi
1435	dc	talea *(f)* radicale
1660	pl	tappeto *(m)* erboso pronto
1660	pl	tappeto (m) preconfezionato; rullo (m) di tappeto erboso
1673	ve	tappezzante
789	ve	tasso *(m)* d'accrescimento
1898	am	tavolone *(m)*
1061	tc	tecnica *(f)* di piantagione
1364	de	tempo *(m)* di ritorno
266	si,ew	tenacità *(f)* [terreno]
1078	si	tenore *(m)* d'acqua
1810	co,ew,de	tensione *(f)*
1980	de,co	tensione *(f)* di rottura
1567	ew,co,hy	tensione *(f)* di trascinamento tangenziale al fondo
1876	de	termine *(m)* tecnico
484	ew	terra *(f)* armata
183	si	terra *(f)* bruna
484	ew	terra *(f)* rinforzata
1926	si	terra *(f)* vegetale
485	ew,co	terrapieno *(m)*
421	rw	terrapieno *(m)*; diga *(f)*; diga *(f)* arginale
1892	ew	terrazza *(f)*
1894	co	terrazzamento *(m)*
1779	co	terrazzare
1893	co	terrazzare
763	co, de	terreno *(m)* di fondazione
812	co,si	terreno *(m)* di fondazione con capacità portante
812	co,si	terreno *(m)* di fondazione solido
573	co	terreno *(m)* di riempimento
1860	rm,gm	terreno *(m)* fangoso
1702	si	terreno *(m)* gelato; permafrost *(m)*
975	si	terreno *(m)* limoso
1706	co,ew	terreno *(m)* malamente gradonato
1068	si	terreno *(m)* minerale
158	gm,si	terreno *(m)* paludoso
1019	ew,si	terreno *(m)* paludoso
1290	gm,rm,si	terreno *(m)* paludoso
1159	si	terreno *(m)* torboso
668	ve	territorio *(m)* forestale
1895	si	tessitura *(f)*
917	am	tessuto *(m)* di juta
1869	am	tessuto *(m)* di materiale sintetico
1915	am	tessuto *(m)* geotessile
2108	am	tessuto *(m)* metallico
793	rw	testa *(f)* del pennello
820	rm	testata *(f)* del cono di deiezione
817	hy,np,de	testimoni *(m,pl)* muti
737	tc	tetto *(m)* verde
1976	ve	tipo *(m)* d'accrescimento
1697	si	tipo *(m)* di suolo
1975	tc	tipologia *(f)* costruttiva
49	am	tirante *(m)*
1886	am	tirante *(m)*
2035	hy	tirante *(m)*
1813	ew	togliere
1153	rw	tombamento *(m)*
181	rw	tombino *(m)*
979	am	tondame *(m)*
1099	fa	topo *(m)* muschiato
1158	ve,ec	torbiera *(f)*
1301	gm,ec	torbiera *(f)* alta
1929	rm	torrente *(m)*
1089	rm	torrente *(m)* di montagna
614	rw	trabocco *(m)* della piena
613	hy	traccia *(m)* di massima piena
1760	de	tracciamento *(m)*
1759	de	tracciare
1015	de	tracciato *(m)*
84	np,gm	tracciato *(m)* di valanga
1140	rm,np,hy	tracimare; straripare
1139	rw	tracimatore *(m)*; stramazzo *(m)*
1146	rw	tracimazione *(f)* di un argine o di una diga
1343	ma	transplantazione *(f)*
1945	ec	transplantazione *(f)*
1944	ma	trapiantare
963	pl	trapianto *(m)*
1126	pl	trapianto *(m)*
1343	ma	trapianto *(m)*
1945	ec	trapianto *(m)* [di pianta]

1942	hd	traspirare
1941	hd	traspirazione *(f)*
1093	np	trasporto *(m)* di fango
2097	np,gm	trasporto *(m)* eolico
1508	hy	trasporto *(m)* solido
184	fa	trattamento (m) antiselvaggina; prevenzione (f) del morso
1597	fo	trattamento *(m)* selvicolturale
868	hy	trattenere
1313	rm,np	tratto *(m)* in erosione latente
633	rw	tratto *(m)* di scarico
1403	rm	tratto *(m)* di torrente
504	hy	tratto *(m)* in equilibrio
389	rm	tratto *(m)* in erosione
18	rm,hy	tratto *(m)* interrato
1792	rm, rw	tratto *(m)* rettilineo
334	rm	tratto *(m)* sinuoso d'un corso d'acqua
352	rw	trave *(f)* di sbarramento
101	rw	trave *(f)* di sponda
437	rw	traversa *(f)* di derivazione
627	rw	traversa *(f)* di dosaggio dei detriti
240	rw	traversa *(f)* di torrente
443	rw	traversa *(f)* viva
970	tc	traversa *(f)* viva
1885	de	trazione *(f)*
1961	rm	tributario *(m)*
1958	ew	trincea *(f)* [artificiale]
466	co	trivellazione *(f)*
535	de,ew	trivellazione *(f)* esplorativa
979	am	tronchetto *(m)*
47	dc	tronchetto *(m)* d'ancoraggio
1775	pl	tronco *(m)*
504	hy	tronco *(m)* in equilibrio
1192	co,rw	tubazione *(f)*
1116	pl	tubercoli *(m,pl)* radicali
1191	am	tubo *(m)*
459	ew	tubo *(m)* di drenaggio
460	am,co	tubo *(m)* di drenaggio
1179	si,hd	tubo *(m)* piezometrico
1570	co	tura *(f)*
265	rw,ew	tura *(f)*
1912	tc,rw	tura *(f)* in legno
1967	hy	turbolenza *(f)*
1077	si	umidità *(f)*
843	hd	umidità *(f)* atmosferica
569	si	umidità *(f)* del terreno
265	hd	umidità *(f)* dell'aria
265	gm	unione *(f)*
298	de	unità *(f)* di controllo
864	hy	urto *(m)*
120	hy,np	usura *(f)* del materiale solido trasportato
2121	fo	utilizzazione *(f)*
925	ec	utilizzazione *(f)* del suolo
1587	am	vaglio *(m)*
77	np	valanga *(f)*
1978	gm	valle *(f)* a conca
1174	si	valore *(m)* del pH
958	de	valore *(m)* limite
1054	de	valore *(m)* misurato
2056	rw	variazione *(f)* del livello di acqua
2005	ve	vegetazione *(f)*
2006	ve	vegetazione *(f)*
1581	ve,pl	vegetazione *(f)* arbustiva
830	ve	vegetazione *(f)* erbacea
1111	ve	vegetazione *(f)* naturale
1392	ve	vegetazione *(f)* spondale
2013	hy	velocità *(f)* d'arrivo delle acque
1568	hy	velocità *(f)* d'attrito
1535	ed,si	velocità *(f)* d'infiltrazione
1307	hd,hy	velocità *(f)* d'innalzamento [del livello dell'acqua]
642	hy	velocità *(f)* di corrente
428	hy	velocità *(f)* di deflusso
641	hy	velocità *(f)* di flusso
1535	ed,si	velocità *(f)* di percolazione
641	hy	velocità *(f)* di scorrimento
1543	hy	velocità *(f)* di sedimentazione
1852	hy	velocità *(f)* di superficie
1041	hy	velocità *(f)* media
2054	rm,gm	vena *(f)* d'acqua
1427	pl	verga *(f)*
1971	pl	verga *(f)*
1623	gm	versante *(m)*
1088	gm	versante *(m)* di montagna
772	gm,de	versante *(m)* inclinato
1992	np	versante *(m)* instabile
1772	gm	versante *(m)* ripido
444	gm	verso valle
2014	de	verticale *(f)* a piombo
746	ew	vespaio *(m)*
590	fa	via *(f)* di migrazione per i

		pesci
2064	tc	viminata *(f)*
2067	tc	viminata *(f)*
2066	tc	viminata *(f)* con disposizione romboidale
2065	tc	viminata *(f)* diagonale
1373	tc	viminata *(f)* viva romboidale
1381	tc,rw	viminata *(f)* viva spondale
2094	dc	vimine *(m)*
936	fo	viottolo *(m)* tagliato nel bosco
2015	ve	vitalità *(f)*
1124	pl	vivaio *(m)*
1955	pl	vivaio *(m)*
1955	pl	vivaio *(m)* forestale
1717	fa	vivaio *(m)* per pesci
150	co	volata *(f)* di mine
2002	co	volta *(f)*
1790	hy	volume *(m)* d'invaso
1236	si,ew	volume *(m)* dei pori
880	hd	volume *(m)* di percolazione
1363	hy	volume *(m)* di ritenzione
849	hy	vortice *(m)*
1864	hy	vortice *(m)*
1178	ma	zappatura *(f)*
1968	pl	zolla *(f)* con strato vegetale
1658	dc	zolla *(f)* erbosa
1968	pl	zolla *(f)* erbosa; piota *(f)*
1370	pl	zolle *(f,pl)* di rizomi
364	de	zona *(f)* a rischio
216	si	zona *(f)* capillare
249	hd	zona *(f)* climatica
1165	si	zona *(f)* con suolo gelato permanentemente
30	gm	zona *(f)* d'alta quota
1465	np	zona *(f)* d'arresto della valanga
516	gm	zona *(f)* d'erosione
632	de,rw, hy	zona *(f)* d'inondazione
611	rw	zona *(f)* d'inondazione
811	ve	zona *(f)* dei legni duri
1963	fa	zona *(f)* dei salmonidi
1165	si	zona *(f)* del permafrost
814	pl	zona *(f)* del raccolto
814	pl	zona *(f)* della messe
1666	ve	zona *(f)* delle delle specie a legno tenero
61	ve	zona *(f)* delle piante acquatiche
783	fo	zona *(f)* di crescita
2122	gm,rm	zona *(f)* di deposito
751	rw	zona *(f)* di deposito
1595	rm,hy	zona *(f)* di deposito
1517	rm	zona *(f)* di deposito; zona *(f)* di sedimentazione
751	rw	zona *(f)* di deposito della ghiaia
1465	np	zona *(f)* di deposito della valanga
545	gm, np	zona *(f)* di distacco
1766	np	zona *(f)* di distacco
2124	hd	zona *(f)* di fluttuazione del livello di falda
1090	de	zona *(f)* di montagna
1276	de	zona *(f)* di protezione
2042	ec	zona *(f)* di protezione delle acque
1731	rm,ec	zona *(f)* di protezione delle sorgenti
1331	ec	zona *(f)* di rifugio
1731	rm,ec	zona *(f)* di rispetto
545	gm, np	zona *(f)* di rottura
1888	ew	zona *(f)* di sollecitazione a trazione
632	de,rw, hy	zona *(f)* di straripamento
2010	ve,ök	zona *(f)* di vegetazione naturale
668	ve	zona *(f)* forestale
508	np	zona *(f)* in erosione
2123	np	zona *(f)* in erosione
1550	de,hd	zona *(f)* in ombra
1121	si	zona *(f)* non satura
2083	si	zona *(f)* paludosa
1391	rm	zona *(f)* rivierasca
2125	si	zona *(f)* satura
1391	rm	zona *(f)* spondale
200	ec	zona *(f)* tampone
1877	gm	zona *(f)* temperata
2082	si	zona *(f)* umida

Notizen • Notes • Note

Notizen • Notes • Note

Notizen • Notes • Note

Notizen • Notes • Note